GÉOMÉTRIE
D'EUCLIDE.

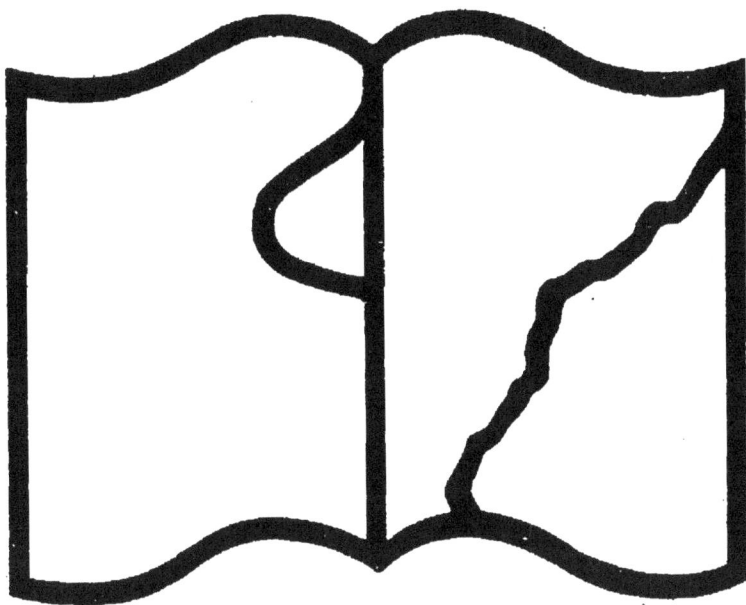

Texte détérioré — reliure défectueuse

NF Z 43-120-11

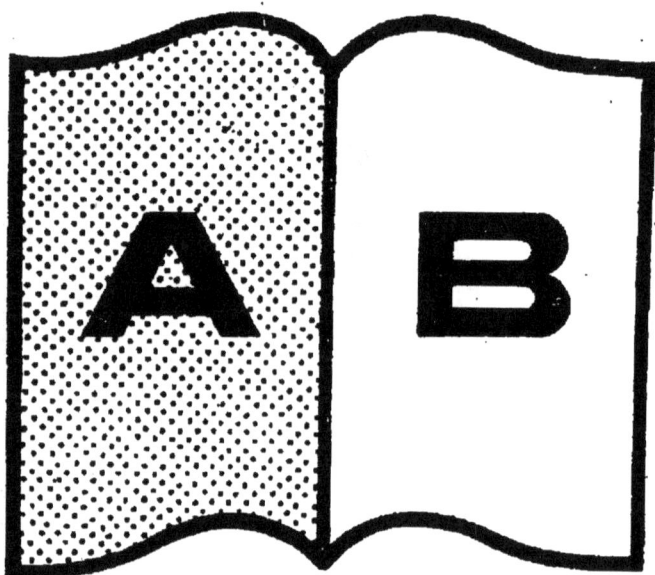

Contraste insuffisant
NF Z 43-120-14

LES ÉLÉMENS

DE

GÉOMÉTRIE

D'EUCLIDE,

traduits littéralement, et suivis d'un Traité du Cercle,
du Cylindre, du Cône et de la Sphère; de la mesure
des Surfaces et des Solides; avec des Notes;

Par F. PEYRARD, Bibliothécaire
de l'École Polytechnique.

OUVRAGE APPROUVÉ PAR L'INSTITUT NATIONAL.

Et nova sunt semper. — OVID....

A PARIS,

CHEZ F. LOUIS, LIBRAIRE, RUE DE SAVOIE, N° 12.

AN XII — 1804.

RAPPORT

fait à la Classe des Sciences physiques et mathématiques de l'Institut national,

par les citoyens LAGRANGE et DELAMBRE.

Séance du lundi 28 ventôse an XII.

PEU d'ouvrages ont été aussi souvent traduits, commentés et reproduits, que les Elémens d'Euclide; mais il n'est pas d'auteur avec qui ses traducteurs aient pris d'aussi étranges libertés. Sous prétexte de donner aux démonstrations plus de clarté et de simplicité, il n'est presque pas de proposition dont ils n'aient changé ou modifié les preuves. Pour ne parler que des traducteurs français, il suffit de jeter les yeux sur l'Euclide de Dechalles, réimprimé plusieurs fois successivement par Ozanam et Audierne, pour voir que ces éditeurs n'ont presque rien respecté dans l'auteur original, si ce n'est l'ordre et l'énoncé des théorêmes. Mais malgré tous leurs soins et leurs prétentions, ils n'ont pas fait oublier le véritable Euclide; on trouve même encore quelques savans qui, soit avec raison, soit par un goût un peu trop exclusif pour les méthodes des anciens, prétendent que malgré les talens et les succès des auteurs modernes, les Elémens d'Euclide sont, à quelques endroits près, le meilleur ouvrage que nous ayons en ce genre. Sans prendre aucun parti sur cette question, on peut conclure au moins de leur opinion, que le citoyen Peyrard a fait une chose utile en traduisant fidèlement un ouvrage dont nous n'avons pas eu de traduction exacte depuis plus de deux cents ans, et,

3

dont les bonnes éditions, soit grecques soit latines, sont assez rares, et à la portée de peu de savans, sans compter les difficultés des deux langues, qui diminuent encore assez considérablement le nombre des lecteurs.

Nous avons lu avec soin la nouvelle traduction, en la comparant à l'original grec, du moins quant à l'énoncé de chaque proposition, et pour les parties essentielles des démonstrations; car c'eût été un travail aussi long qu'inutile que de suivre le traducteur dans des détails qui ne peuvent se traduire de deux manières. Par-tout le citoyen Peyrard nous a paru rendre avec exactitude le sens et même les expressions de son auteur.

L'ouvrage d'Euclide, quelqu'estimable qu'il soit, est pourtant incomplet à plusieurs égards. Il y manque sur-tout nombre de propositions importantes relatives à la surface du Cercle, de la Sphère, du Cylindre et du Cône, et à la solidité de ces trois derniers corps. Le traducteur en a fait la matière d'un Supplément, qu'il commence par deux propositions empruntées d'Archimède, en avertissant dans une note que la seconde lui paroît impossible à démontrer bien rigoureusement. Il ajoute que c'est sans doute pour cette raison qu'Euclide n'a rien dit de la surface du Cercle ni de celle de la Sphère. Il s'agit de prouver que le contour du Polygone circonscrit est plus grand que celui du Cercle. Pour y parvenir, Archimède avoit posé en principe que *de deux lignes concaves du même côté et qui ont mêmes extrémités, celle qui environne l'autre est la plus grande des deux.* Il est vrai que ce principe méritoit bien une démonstration, mais il n'est pas prouvé que ce soit précisément cette difficulté qui ait arrêté Euclide. Quand il composa ses Elémens,

Archimède n'étoit peut-être pas né, il est bien probable au moins qu'il n'avoit encore publié ni son Traité de la Sphère et du Cylindre, ni celui de la mesure du Cercle. Les Théorêmes que contient cet ouvrage étoient encore inconnus pour la plupart, et la réputation qu'ils ont acquise à leur auteur, le prix qu'il y attachoit lui-même, nous prouvent combien on les avoit jugés difficiles. Il est donc tout simple d'imaginer qu'Euclide les ignoroit entièrement; car s'il les eût connus, ils sont d'une telle importance, qu'il auroit dû, ce me semble, les indiquer, sauf à convenir de ce que la démonstration pouvoit renfermer d'hypothétique.

Tous les Théorêmes sont démontrés dans le Supplément du citoyen Peyrard, à la manière d'Euclide, et en se servant autant qu'il a été possible des propositions qui se trouvent dans les Elémens. Ces démonstrations sont presque toutes indirectes, c'est-à-dire qu'elles prouvent, non pas qu'une chose soit de telle ou de telle manière, mais qu'il y auroit de l'absurdité à la supposer autrement.... Quelques-unes des démonstrations du citoyen Peyrard ressemblent beaucoup à celles qu'on trouve dans l'ouvrage du citoyen Legendre; mais quand on compose un livre d'Elémens, on ne s'impose pas l'obligation d'être toujours neuf, toujours inventeur; tout le monde sait bien que c'est la chose impossible. On trouvera du moins plusieurs propositions importantes qui sont démontrées d'une manière nouvelle; ainsi pour arriver au théorême sur la solidité de la Sphère, le citoyen Peyrard emploie la proposition XVII du livre XIIᵉ, et ce théorême paroît en effet un corollaire assez simple de cette proposition. La démonstration qu'elle fournit est plus facile que celle d'Archimède. Mais cette proposition n'étoit qu'imparfaitement démontrée dans Euclide. Robert Simson y avoit relevé plusieurs omissions et inexactitudes. Le citoyen Peyrard en a complété la démonstration d'une manière qui ne laisse rien à desirer.

Le Supplément est terminé par quelques théorêmes connus, d'un usage très-fréquent dans la mesure des Lignes, des Surfaces et des Solides, et qui ne se trouvoient pas assez expressément énoncés dans les Elémens d'Euclide....

L'ouvrage est terminé par des notes où l'on rapporte et l'on discute quelques objections et quelques corrections proposées par Robert Simson.

L'auteur, dans sa Préface, annonce un travail semblable, qu'il a commencé, sur Archimède. Nous pensons que la Classe, en approuvant celui qu'il vient de faire sur Euclide, doit engager le citoyen Peyrard à terminer la traduction, non moins importante, et bien plus difficile, d'Archimède.

Signé LAGRANGE *et* DELAMBRE.

La Classe approuve le Rapport et en adopte les conclusions.

Signé DELAMBRE, *Secrétaire perpétuel.*

PRÉFACE.

Lorsque je fus nommé Bibliothécaire de l'Ecole Polytechnique, je formai le projet de donner au public une traduction littérale des Œuvres d'Euclide et d'Archimède, les deux plus grands Géomètres de l'antiquité. Je pensois qu'il étoit en quelque sorte de mon devoir de consacrer mes momens de loisir à des travaux qui fussent analogues à ceux de l'Ecole Polytechnique. Je publierai, dans le courant de l'an XIII, une traduction littérale des Œuvres complètes d'Archimède; cette traduction sera accompagnée d'un Commentaire pour faciliter l'intelligence des endroits difficiles (1). Je fais paroître au-

(1) La souscription pour la traduction littérale des Œuvres complètes d'Archimède, avec un commentaire et des planches, par *F. Peyrard*, Bibliothécaire, de l'Ecole Polytechnique, est ouverte d'ici au 1er vendémiaire an XIII. Cet ouvrage sera imprimé par *Crapelet*, sur caractère dit saint-augustin, format *in-4°*. papier fin d'Angoulême. Prix 36 fr., et en papier vélin 72 fr. Tous les exemplaires seront numérotés.

jourd'hui la traduction des Livres de la
Géométrie d'Euclide, auxquels j'ai ajouté
un Traité du Cercle, du Cylindre, du
Cône et de la Sphère ; la mesure des Surfaces et des Solides. J'ai traduit Euclide
littéralement, et même mot à mot, quand
le génie de la langue française a pu me le
permettre. Dans mon Supplément, j'ai
adopté les principes d'Archimède, et je
me suis conformé, autant qu'il a été en
mon pouvoir, à la méthode et à la marche
d'Euclide. Dans les notes qui accompa-
gnent ce Supplément, je me suis appliqué
à éclaircir quelques endroits obscurs; je
rapporte et je discute quelques objections
proposées par Robert Simson. Je fais voir
dans ces notes que Robert Simson est

et livrés suivant l'ordre des souscriptions. La liste des
souscripteurs sera imprimée en tête du volume. Il ne
sera pas tiré un seul exemplaire au-delà du nombre
des souscriptions ; ainsi il sera absolument impossible
de s'en procurer autrement qu'en souscrivant. Cet
ouvrage paroîtra dans le courant de l'an XIII. On
souscrit à Paris, chez l'Editeur, à l'Ecole Polytechnique, et chez F. Louis, Libraire, rue de Savoie,
n° 12.

tombé dans une erreur très-grave au sujet de la définition x du Livre xi.

Au lieu du Supplément que j'ai composé pour servir de suite à la Géométrie d'Euclide, je devois donner la traduction littérale du Traité du Cylindre et de la Sphère et du Traité de la mesure du Cercle d'Archimède; mais ayant fait réflexion que ces deux Traités ne sont pas assez élémentaires, je me suis décidé à composer un Traité succinct du Cercle, du Cylindre, du Cône et de la Sphère, qui fût à la portée de ceux qui apprennent les mathématiques, et dont toutes les propositions fussent rigoureusement démontrées.

La démonstration d'Archimède, qui regarde la mesure de la sphère, est tellement compliquée, qu'il faut la plus grande contention d'esprit pour la comprendre; la démonstration que je lui substitue est courte et facile à saisir, et cependant elle a toute la rigueur qu'on peut exiger.

Je ne ferai pas l'éloge d'Euclide; on se méfie toujours de l'éloge d'un auteur fait

par son traducteur. Je laisserai parler deux
illustres Géomètres, Montucla et Bossut.

« C'est sur-tout à ses Elémens qu'Euclide
doit la célébrité de son nom. Il ramassa dans
cet ouvrage, le meilleur encore de tous ceux
de ce genre, les vérités élémentaires de la Géométrie, découvertes avant lui. Il y mit cet en-
chaînement si admiré par les amateurs de la
rigueur géométrique, et qui est tel, qu'il n'y a
aucune proposition qui n'ait des rapports né-
cessaires avec celles qui la précèdent ou qui la
suivent. En vain divers Géomètres, à qui l'ar-
rangement d'Euclide a déplu, ont tâché de le
réformer, sans porter atteinte à la force des
démonstrations. Leurs efforts impuissans ont
fait voir combien il est difficile de substituer à la
chaîne formée par l'ancien géomètre, une chaîne
aussi ferme et aussi solide. Tel étoit le sen-
timent de l'illustre M. Leibnitz, dont l'au-
torité doit être d'un grand poids en ces ma-
tières; et M. Wolf, qui nous l'apprend, con-
vient d'avoir tenté inutilement d'arranger les
vérités géométriques dans un ordre différent,
sans supposer des choses qui n'étoient point
encore démontrées, ou sans se relâcher beaucoup sur la solidité de la démonstration. Les
Géomètres anglais, qui semblent avoir le mieux

conservé le goût de la rigoureuse géométrie, ont toujours pensé ainsi ; et Euclide a trouvé chez eux de zélés défenseurs dans divers Géomètres habiles. L'Angleterre voit moins éclore de ces ouvrages, qui ne facilitent la science qu'en l'énervant ; Euclide y est presque le seul auteur élémentaire connu, et l'on n'y manque pas de Géomètres.

» Le reproche de désordre fait à Euclide, m'oblige à quelques réflexions sur l'ordre prétendu qu'affectent nos auteurs modernes d'élémens, et sur les inconvéniens qui en sont la suite. Peut-on regarder comme un véritable ordre, celui qui oblige à violer la condition la plus essentielle à un raisonnement géométrique, je veux dire, cette rigueur de démonstration, seule capable de forcer un esprit disposé à ne se rendre qu'à l'évidence métaphysique ? Or rien n'est plus commun chez les auteurs dont on parle, que ces atteintes portées à la rigueur géométrique. Mais il leur falloit nécessairement se relâcher jusqu'à ce point, ou commencer à traiter d'un certain genre d'étendue, avant que d'avoir épuisé ce qu'il y avoit à dire d'un autre plus simple, et ils ont mieux aimé ne démontrer qu'à demi, c'est-à-dire, ne point démontrer du tout, que de blesser un prétendu ordre dont ils étoient épris.

» Il y a même, à mon avis, une sorte de pué-
rilité dans cette affectation de ne point parler
d'un genre de grandeur, des triangles, par exemple, avant que d'avoir traité au long des lignes
et des angles : car pour peu que, s'astreignant
à cet ordre, on veuille observer la rigueur géométrique, il faut faire les mêmes frais de démonstrations, que si l'on eût commencé par ce
genre d'étendue plus composé, et d'ailleurs si
simple, qu'il n'exige pas qu'on s'y élève par
degrés. J'ose aller plus loin, et je ne crains
point de dire que cet ordre affecté va à rétrécir
l'esprit, et à l'accoutumer à une marche contraire à celle du génie des découvertes. C'est
déduire laborieusement plusieurs vérités parti-
culières, tandis qu'il n'étoit pas plus difficile
d'embrasser tout d'un coup le tronc, dont elles
ne sont que les branches. Que sont en effet la
plupart de ces propositions sur les perpendiculaires et les obliques, qui remplissent plusieurs sections des ouvrages dont on parle,
sinon autant de conséquences fort simples de
la propriété du triangle isocèle ? Il étoit bien
plus lumineux, et même plus court, de commencer à démontrer cette propriété, et d'en déduire ensuite toutes ces autres propositions ».
(*Histoire des Mathématiques*, par J. F. Montucla. *Paris*, an VII, tom. I, pag. 205.)

« Jamais livre de science n'a eu un succès comparable à celui des Elémens d'Euclide. Ils ont été enseignés exclusivement pendant plusieurs siècles dans toutes les écoles de mathématiques, traduits et commentés dans toutes les langues; preuve certaine de leur excellence ». (*Essai sur l'Histoire générale des Mathématiques,* par Ch. Bossut. *Paris,* 1802, tom. 1., pag. 45.)

N. B. Il est indispensable de faire les corrections indiquées dans l'*errata,* avant d'entreprendre la lecture d'Euclide.

TABLE.

ÉLÉMENS

DE

GÉOMÉTRIE

D'EUCLIDE.

LIVRE PREMIER.

DÉFINITIONS.

1. L<small>E</small> point est ce qui n'a aucune partie.

2. La ligne est une longueur sans largeur.

3. Les extrémités d'une ligne sont des points.

4. La ligne droite est celle qui est toute également interposée entre ses points (1).

5. Une superficie est ce qui a longueur et largeur seulement.

---

(1) Dans la suite nous dirons une droite au lieu de dire une ligne droite.

A

6. Les extrémités d'une superficie sont des lignes.

7. Une superficie pleine est celle qui est également interposée entre ses lignes droites.

8. Un angle plan est l'inclinaison mutuelle de deux lignes qui se touchent dans un plan et qui ne sont point placées dans la même direction.

9. Lorsque des lignes droites comprennent un angle, l'angle s'appelle rectiligne.

10. Lorsqu'une droite tombant sur une droite fait les angles de suite égaux entr'eux, chacun des angles égaux est droit. La droite tombante est dite perpendiculaire à celle sur laquelle elle tombe.

11. L'angle obtus est celui qui est plus grand que l'angle droit.

12. L'angle aigu est celui qui est plus petit que l'angle droit.

13. On appelle terme ou *limite* ce qui est l'extrémité de quelque chose.

14. On appelle figure ce qui est compris entre une ou plusieurs limites.

15. Le cercle est une figure plane comprise dans une seule ligne qu'on appelle circonférence; toutes les droites menées à la circonférence d'un seul point de ceux qui sont placés dans les figures, sont égales entr'elles.

16. Ce point se nomme le centre du cercle.

17. Le diamètre du cercle est une droite menée par le centre et terminée de part et d'autre par la circonférence du cercle ; le diamètre partage le cercle en deux parties égales.

18. Un demi-cercle est une figure comprise entre le diamètre et la portion de la circonférence qui est interceptée par le diamètre.

19. Un segment de cercle est une portion du cercle comprise entre une droite et la circonférence du cercle.

20. Les figures rectilignes sont celles qui sont terminées par des droites.

21. On appelle trilatères ou *triangles* les figures terminées par trois droites.

22. Quadrilatères, celles qui sont terminées par quatre.

23. Multilatères ou *polygones,* celles qui sont terminées par plus de quatre droites.

24. Parmi les figures trilatères, celle qui est terminée par trois côtés égaux se nomme triangle équilatéral.

25. Celle qui a seulement deux côtés égaux se nomme triangle isocèle.

26. Celle dont tous les côtés sont inégaux se nomme triangle scalène.

27. Parmi les figures trilatères, celle qui a un angle droit se nomme triangle rectangle.

28. Celle qui a un angle obtus se nomme triangle amblygone ou *triangle obtus-angle*.

29. Celle qui a ses trois angles aigus, triangle oxygone ou *triangle acutangle*.

30. Parmi les figures quadrilatères, celle qui ses côtés égaux et ses angles droits, se nomme quarré.

31. Celle qui a ses angles droits, mais qui n'a pas ses côtés égaux, se nomme quarré oblong ou *rectangle*.

32. Celle qui a ses côtés égaux, mais qui n'a pas ses angles droits, se nomme rhombe.

33. Celle dont les côtés et les angles opposés sont égaux, mais dont tous les côtés ne sont pas égaux et dont les angles ne sont pas droits, se nomme rhomboïde.

34. Les autres quadrilatères, ceux-là exceptés, se nomment trapèzes (1).

35. Enfin, les parallèles sont des droites qui, étant placées sur un même plan, et qui étant

---

(1) On nomme aujourd'hui trapèze un quadrilatère dont deux de ses côtés seulement sont parallèles, et les autres quadrilatères, excepté le trapèze et les quadrilatères dont parle Euclide, se nomment ordinairement quadrilatères simplement dits.

prolongées de part et d'autre à l'infini, ne se rencontrent nulle part.

DEMANDES. *on postulats*

1. Conduire une droite d'un point quelconque à un point quelconque.

2. Prolonger continuellement, selon sa direction, une droite finie.

3. D'un point quelconque et avec un intervalle quelconque décrire une circonférence de cercle.

Notions communes ou axiomes.

1. Les quantités qui sont égales à une même quantité sont égales entr'elles.

2. Si à des quantités égales on ajoute des quantités égales, les tous seront égaux.

3. Si de quantités égales on retranche des quantités égales, les restes seront égaux.

4. Si à des quantités inégales on ajoute des quantités égales, les tous seront inégaux.

5. Si de quantités inégales on retranche des quantités égales, les restes seront inégaux.

6. Les quantités qui sont doubles d'une même quantité sont égales entr'elles.

7. Les quantités qui sont les moitiés d'une même quantité sont égales entr'elles.

8. Les choses qui se conviennent mutuellement sont égales entr'elles.

9. Le tout est plus grand que sa partie.

10. Tous les angles droits sont égaux (1).

11. Si une droite tombant sur deux droites fait les angles intérieurs du même côté plus petits que deux droits, les deux droites prolongées à l'infini se rencontreront du côté où les angles sont plus petits que deux droits.

12. Deux droites ne renferment point un espace.

PROPOSITION PREMIÈRE.

PROBLÈME.

Sur une droite donnée et finie, construire un triangle équilatéral.

Soit AB (fig. 1) la droite donnée et finie : il faut construire sur la droite AB un triangle équilatéral.

Du centre A et avec un intervalle AB, décrivez la circonférence BCD (dem. 3); ensuite du centre B et avec l'intervalle BA décrivez la circonférence ACE; et du point C, où les cir-

---

(1) Dans quelques manuscrits les axiomes 10 et 11 se trouvent placés parmi les demandes.

conférences se coupent mutuellement, conduisez aux points A, B, les droites CA, CB
(dem. 1).

Car puisque le point A est le centre du cercle CDB, la droite AC sera égale à la droite AB
(déf. 15); de plus, puisque le point B est le
centre du cercle CAE, la droite BC sera égale
à la droite BA; mais il a été démontré que la
droite CA étoit égale à la droite AB : donc chacune des droites CA, CB est égale à la droite
AB; or les quantités qui sont égales à une même
quantité sont égales entr'elles; donc la droite
CA est égale à la droite CB : donc les trois droites
CA, AB, BC sont égales entr'elles.

Donc le triangle ABC (déf. 24) est équilatéral, et de plus il est construit sur la ligne
donnée et finie AB; ce qu'il falloit faire.

PROPOSITION II.

PROBLÊME.

D'un point donné conduire une droite égale à une
droite donnée.

Soit A (fig. 2) le point donné et BC la droite
donnée : il faut conduire du point A une droite
égale à la droite BC.

Conduisez du point A au point B la droite

4

AB (dem. 1); sur cette droite construisez le triangle équilatéral DAB (prop. 1), et prolongez les droites AE, BF dans la direction des côtés DA, DB; du centre B et avec l'intervalle BC, décrivez la circonférence CGH (dem. 3); et du centre D et avec l'intervalle DG décrivez ensuite la circonférence GKL.

En effet, puisque le point B est le centre du cercle CGH, la droite BC sera égale à la droite BG (déf. 15); de plus, puisque le point D est le centre du cercle GKL, la droite DL sera égale à la droite DG; mais la droite DA est égale à la droite DB : donc la droite AL sera égale à la droite BG (axiome 3); mais il a été démontré que la droite BC est égale à la droite BG : donc les droites AL, BC sont égales chacune à la droite BG. Mais les quantités qui sont égales à une même quantité sont égales entr'elles : donc la droite AL est égale à la droite BC.

Donc du point donné B on a conduit une droite AL égale à la ligne donnée BC; ce qu'il falloit faire.

PROPOSITION III.

PROBLÈME.

Deux droites inégales étant données, retrancher de la plus grande une droite égale à la plus petite.

Soient AB et C (fig. 3) les deux droites inégales données dont la plus grande soit AB : il faut de la plus grande AB retrancher une droite qui soit égale à la plus petite C.

Du point A conduisez une droite AD égale à la droite C (prop. 2), et du centre A et avec un intervalle AD décrivez la circonférence DEF (dem. 3).

Puisque le point A est le centre du cercle DEF, la droite AE sera égale à la droite AD ; mais la droite C est égale à la droite AD : donc les deux droites AE, C sont égales chacune à la droite AD : donc la droite AE est égale à la droite C.

Donc les deux droites inégales AB, C ayant été données, il a été retranché de la plus grande AB une droite AE égale à la plus petite C ; ce qu'il falloit faire.

PROPOSITION IV.

THÉORÈME.

Si deux côtés d'un triangle sont égaux à deux côtés d'un autre triangle chacun à chacun, et si les-deux angles compris entre les côtés égaux de ces deux triangles sont aussi égaux, la base de l'un sera égale à la base de l'autre ; ces deux triangles seront égaux, et les autres angles compris entre les côtés égaux de ces deux triangles seront aussi égaux entr'eux.

Soient les deux triangles ABC, DEF (fig. 4) dont les deux côtés AB, AC sont égaux aux deux côtés DE, DF chacun à chacun, c'est-à-dire, le côté AB égal au côté DE, et le côté AC au côté DF ; que l'angle BAC soit aussi égal à l'angle EDF : je dis que la base BC est égale à la base EF, que le triangle ABC est égal au triangle DEF, et que les autres angles compris entre les côtés égaux de ces deux triangles sont aussi égaux chacun à chacun ; l'angle ABC égal à l'angle DEF, et l'angle ACB égal à l'angle DFE.

Car si le triangle ABC est appliqué sur le triangle DEF, le point A étant posé sur le point D, la droite AB sur la droite DE, le point B tombera sur le point E, parce que la droite AB est égale à la droite DE : mais la droite AB s'appliquant exactement sur la droite DE, la droite AC s'appliquera de même exactement sur la droite DF, parce que l'angle BAC est égal à l'angle EDF ; le point C tombera sur le point F, parce que la ligne AC est égale à la ligne DF; mais le point B tombe sur le point E : donc la base BC est égale à la base EF, car si le point B tombant sur le point E, et le point C sur le point F, la base BC ne s'applique pas exactement sur la base EF, il faut nécessairement que deux lignes droites comprennent un espace, ce qui est impossible (axiome 12); donc la base BC s'appliquera exactement sur la base EF, et lui sera égale ; donc aussi le triangle entier ABC s'appliquera exactement sur le triangle entier DEF et lui sera égale. Par conséquent les autres angles de l'un des triangles s'appliqueront exactement sur les autres angles de l'autre triangle et seront par conséquent égaux aussi entr'eux ; c'est-à-dire l'angle ABC égal l'angle DEF, et l'angle ACB égal à l'angle DFE.

Donc si deux côtés d'un triangle sont égaux à deux côtés d'un autre triangle chacun à chacun, et si les deux angles compris entre les côtés égaux de ces deux triangles sont aussi égaux , la base de l'un sera égale à la base de l'autre ; ces deux triangles seront égaux, et les autres angles compris entre les côtés égaux des deux triangles seront aussi égaux entr'eux ; ce qu'il falloit démontrer.

PROPOSITION V.

THÉORÈME.

Dans les triangles isocèles les angles placés sur la base sont égaux entr'eux, et les côtés égaux étant prolongés, les angles placés au-dessous de la base seront aussi égaux entr'eux.

Soit le triangle isocèle ABC (fig. 5) dont le côté AB est égal au côté AC ; prolongez les droites AB, AC, vers D et vers E (dem. 2) : je dis que l'angle ABC est égal à l'angle ACB et que l'angle CBD est encore égal à l'angle BCE.

Car prenons sur la droite BD un point quelconque F, et de la droite AE retranchons la droite AG égale à la droite AF, qui est plus petite que la droite AE (prop. 3), et conduisons les droites FC et GB.

Puisque la droite AF est égale à la droite AG et la droite AB à la droite AC, les deux droites FA, CA seront égales aux deux droites GA, BA chacune à chacune ; mais ces droites compren-

nent l'angle commun FAG : donc (prop. 4) la
base FC sera égale à la base GB ; le triangle AFC
sera égal au triangle AGB et les autres angles
compris entre les côtés égaux de ces deux
triangles seront aussi égaux entr'eux , c'est-à-
dire, l'angle ACF égal à l'angle ABG, et l'angle
AFC à l'angle AGB ; mais comme la droite A F
est égale à la droite AG et la droite AB à la
droite AC , la droite BF égalera la droite CG
(axiome 3) ; mais il a été démontré que la droite
FC est égale à la droite GB : donc les deux droites
BF, FC sont égales aux droites CG, GB chacune à chacune ; mais l'angle BFC est égal à
l'angle CGB et la droite BC est la base commune de ces deux triangles : donc le triangle
BFC sera égal au triangle CGB et les autres
angles compris entre les côtés égaux de ces
deux triangles seront aussi égaux chacun à chacun (prop. 4) : donc l'angle FBC est égal à
l'angle GCB, et l'angle BCF égal aussi à l'angle CBG. Mais comme il a été démontré que
l'angle total ABG étoit égal à l'angle total ACF
et que l'angle CBG étoit aussi égal à l'angle
BCF, l'angle restant ABC (axiome 3) et l'angle
restant ACB placés sur la base seront égaux. Il
a été démontré aussi que les angles FBC et GCB
placés au-dessous de la base etoient aussi égaux.

Donc dans les triangles isocèles les angles placés sur la base sont égaux entr'eux, et les côtés égaux étant prolongés, les angles placés au-dessous de la base seront aussi égaux entre eux; ce qu'il falloit démontrer.

PROPOSITION VI.

THÉORÈME.

Si deux angles d'un triangle sont égaux entr'eux, les côtés opposés à ces angles égaux seront aussi égaux entr'eux.

Soit le triangle ABC (fig. 6) ayant l'angle ABC égal à l'angle ACB : je dis que le côté AC est égal au côté AB.

Car si le côté AC n'est pas égal au côté AB, l'un d'eux sera plus grand que l'autre. Soit AB le plus grand; retranchez de AB qui est le plus grand côté (prop. 3) la droite DB égal au plus petit côté AC, et menez la droite DC.

Puisque DB est égal à la droite AC, et que la droite BC est le côté commun, les deux droites DB, BC sont égales aux deux droites AC, CB chacune à chacune; mais l'angle DBC est égal à l'angle ACB : donc la base DC est égale à la base AB et le triangle ABC égal au triangle DCB; c'est-à-dire que le plus grand est

égal au plus petit : ce qui est absurde. Donc la
droite A B n'est pas plus grande que la droite
A C, donc elle lui est égale.

Donc si deux angles d'un triangle sont égaux
entr'eux, les côtés opposés aux angles égaux
seront aussi égaux entr'eux ; ce qu'il falloit démontrer.

PROPOSITION VII.

THÉORÊME.

*Ayant conduit par les extrémités d'une droite
deux droites qui se rencontrent, il est impossible de mener des mêmes extrémités deux autres
droites qui leur soient égales chacune à chacune, si le point où se rencontrent les deux
dernières droites est placé du même côté et n'est
pas le même que celui où se rencontrent les deux
premières.*

Supposons qu'il soit possible de conduire par
les extrémités A, B de la droite AB (fig. 7), deux
droites A D, D B égales chacune à chacune à
deux autres droites A C, CB conduites aussi par
les mêmes extrémités A, B, et se rencontrant
au point C qui est placé du même côté et qui
n'est pas le même que celui où se rencontrent
les deux droites A D, D B, de manière que

les deux droites CA, DA partant de la même extrémité A soient égales entr'elles, et que les deux droites CB, DB partant de la même extrémité B soient aussi égales entr'elles; conduisez la droite CD.

Puis donc que la droite AC est égale à la droite AD, l'angle ACD est égal à l'angle ADC (prop. 5); d'où il suit que l'angle ADC est plus grand que l'angle DCB, et que l'angle CDB est beaucoup plus grand que DCB; de plus puisque la droite CB est égale à la droite DB, l'angle CDB sera égal à l'angle DCB; mais il a été démontré qu'il est beaucoup plus grand, ce qui est impossible.

Donc ayant conduit par les extrémités d'une droite deux droites qui se rencontrent, il est impossible de conduire par les mêmes extrémités deux autres droites qui leur soient égales chacune à chacune, lorsque le point où se rencontrent ces deux dernières droites est placé du même côté et n'est pas le même que celui où se rencontrent les deux premières; ce qu'il falloit démontrer.

PROPOSITION VIII.

THÉORÈME.

Si deux côtés d'un triangle sont égaux à deux côtés d'un autre triangle, chacun à chacun, et si la base de l'un est égale à la base de l'autre, les deux angles compris entre les côtés égaux seront aussi égaux.

Soient les deux triangles ABC, DEF (fig. 8) ayant les deux côtés AB, AC égaux aux côtés DE, DF, chacun à chacun, c'est-à-dire le côté AB égal au côté DE, et le côté AC égal au côté DF; que la base BC soit aussi égale à la base EF: je dis que l'angle BAC est égal à l'angle EDF.

Car si le triangle ABC est appliqué sur le triangle DEF, le point B sur le point E, et la droite BC sur la droite EF, le point C tombera sur le point F, parce que la droite BC est égale à la droite EF. La droite BC s'appliquant exactement sur la droite EF, les droites BA, AC s'appliqueront exactement sur les droites DE, DF : car si la base BC s'appliquant exactement sur la base EF, les côtés BA, AC ne s'appliquant pas exactement sur les côtés DE, DF, et prenoient une autre position comme EG,

B

GF, il seroit possible, après avoir conduit par les extrémités d'une droite deux droites qui se rencontrent, de mener par les mêmes extrémités deux autres droites qui leur seroient égales chacune à chacune, lors même que le point où se rencontroient les deux dernières seroit placé du même côté et ne seroit pas le même que celui où se rencontrent les deux premières ; mais cela est impossible (prop. 7) : donc la base BC s'appliquant exactement sur la base EF, il est impossible que les côtés AB, AC ne s'appliquent pas exactement sur les côtés ED, DF : donc ils s'appliquent exactement les uns sur les autres : donc l'angle BAC s'applique exactement sur l'angle EDF : donc il lui est égal.

Si donc deux côtés d'un triangle sont égaux à deux côtés d'un autre triangle, chacun à chacun, et si la base de l'un est égale à la base de l'autre, les deux angles compris entre les côtés égaux seront égaux ; ce qu'il falloit démontrer.

PROPOSITION IX.

PROBLÊME.

Partager un angle rectiligne donné en deux parties égales.

Soit BAC (fig. 9) l'angle rectiligne donné : il faut le partager en deux parties égales.

Prenez sur la droite AB un point quelconque D, retranchez de la droite AC la droite AE égale à la droite AD (prop. 3), conduisez la droite DE, sur la droite DE construisez le triangle équilatéral DEF (prop. 1), et conduisez la droite AF.

Puisque la droite AD est égale à la droite AE et que la droite AF est commune, les deux droites DA, AF seront égales aux deux droites EA, AF, chacune à chacune ; mais la base DF est égale à la base EF : donc l'angle DAF est égal à l'angle EAF (prop. 8) : donc l'angle rectiligne donné BAC est partagé en deux parties égales par la ligne AF ; ce qu'il falloit faire.

PROPOSITION X.

PROBLÊME.

*Partager une droite donnée et finie en deux
parties égales.*

Soit AB (fig. 10) la droite donnée et finie :
il faut partager cette droite AB en deux parties
égales.

Construisez sur cette ligne un triangle équilatéral ABC (prop. 1), et partagez l'angle ACB
en deux parties égales (prop. 9) : je dis que la
droite AB est partagée en deux parties égales au
point D.

Car puisque la droite AC est égale à la droite
CB, et que la droite CD est commune, les deux
droites AC, CD sont égales aux deux droites
BC, CD, chacune à chacune ; mais l'angle ACD
est égal à l'angle BCD : donc la base AD est
égale à la base BD (prop. 4).

Donc la droite donnée et finie AB est partagée en deux parties égales au point D ; ce
qu'il falloit faire.

PROPOSITION XI.

PRODLÊME.

Sur une droite donnée et d'un point donné dans cette ligne, conduire une droite qui fasse deux angles droits avec la droite donnée.

Soit AB (fig. 11) la droite donnée et C le point donné dans cette droite : il faut par le point C conduire à la droite AB une droite qui fasse deux angles droits.

Prenez dans la ligne AC un point quelconque D, faites CE égale à CD (prop. 3), construisez sur la droite DE un triangle équilatéral F DE (prop. 1), et menez la droite FC : je dis que la droite CF, conduite par le point C sur la droite donnée AB, fait deux angles droits avec elle.

Car puisque la droite CD est égale à la droite CE et que la droite FC est commune, les deux droites DC, CF sont égales aux deux droites EC, CF, chacune à chacune; mais la base DF est égale à la base EF : donc l'angle DCF est égal à l'angle ECF (prop. 8). Or ces deux angles sont de suite; mais quand une droite fait avec une autre les angles de suite égaux entr'eux, chacun des angles égaux est droit (déf. 10.) : donc chacun des angles DCF, FCE est droit.

3

Donc la droite FC, conduite par le point C sur la droite AB, fait deux angles droits avec la droite AB ; ce qu'il falloit faire.

PROPOSITION XII.

PROBLÊME.

Sur une droite donnée et indéfinie et d'un point placé hors d'elle, mener une perpendiculaire.

Soit AB (fig. 12) la droite donnée et indéfinie, et C le point donné placé hors de cette droite : il faut sur cette droite donnée et indéfinie AB, conduire du point donné C, pris hors de cette droite, une droite perpendiculaire.

Prenez de l'autre côté de la droite AB un point quelconque D, et du centre C et avec un intervalle CD décrivez une circonférence EFG (dem. 3), partagez la droite EG en deux parties égales au point H (prop. 10), et conduisez les droites CG, CH, CE : je dis que sur la droite indéfinie AB et du point donné C placé hors de cette droite on a mené une perpendiculaire CH.

Car puisque la droite GH est égale à la droite HE, et que la droite CH est commune, les deux droites GH, HC sont égales aux deux droites EH, HC, chacune à chacune ; mais la base CG

est aussi égale à la base CE (déf. 15) : donc
l'angle CHG est égal à l'angle EHC (prop. 8).
Or ces deux angles sont de suite ; mais lorsqu'une droite tombant sur une droite fait avec
elle les angles de suite égaux entr'eux , chacun
de ces angles est droit, et la droite tombante
est dite perpendiculaire à celle sur laquelle elle
tombe.

Donc on a conduit une perpendiculaire CH
sur la droite indéfinie AB, du point donné C ,
qui est placé hors de cette droite ; ce qu'il falloit
faire.

PROPOSITION XIII.

THÉORÈME.

Si une droite placée sur une autre droite fait des
angles, elle fera avec elle ou deux angles droits
ou deux angles égaux à deux angles droits.

Qu'une droite quelconque AB (fig. 13) placée
sur une droite DC fasse les angles CBA, ABD :
je dis que les angles CBA, ABD ou seront droits
ou égaux à deux droits.

Car si l'angle CBA est égal à l'angle ABD,
ces deux angles seront droits (déf. 10). Si le
contraire arrive , du point B conduisez la droite
BE de manière qu'elle fasse deux angles droits
avec la droite DC (prop. 11). Puisque l'angle

4

CBE est égal aux deux angles CBA, ABE, si on ajoute un angle commun EBD, les angles CBE, EBD seront égaux aux trois angles CBA, ABE, EBD. De plus, comme l'angle DBA est égal aux deux angles DBE, EBA, si on ajoute un angle commun ABC, les angles DBA, ABC seront égaux aux trois angles DBE, EBA, ABC; or il a été démontré que les angles CBE, EBD sont aussi égaux à ces trois angles : donc puisque les choses qui sont égales à une même chose sont égales entr'elles, les angles CBE, EBD seront égaux aux angles DBA, ABC; mais les angles CBE, EBD sont deux angles droits; donc les angles DBA, ABC sont égaux à deux angles droits.

Donc si une droite placée sur une autre droite forme des angles, elle fera ou deux angles droits ou deux angles égaux à deux droits; ce qu'il falloit démontrer.

PROPOSITION XIV.

THÉORÈME.

*Si dans un point quelconque d'une ligne droite,
deux droites placées de différens côtés font avec
elle deux angles de suite égaux à deux droits,
ces deux droites seront dans la même direction, c'est-à-dire qu'elles ne formeront qu'une
seule et même droite.*

Que dans un point B (fig. 14) de la ligne droite
AB les deux droites BC, BD placées de différens côtés fassent avec elle les angles de suite
ABC, ABD égaux à deux droits : je dis que la
droite BD est dans la direction de la droite CB.

Car si la droite BD n'est point dans la direction de la droite BC, supposons que la droite BE
soit dans la direction de la droite BC (dem. 2).

Puis donc que la droite AB est placée sur la
droite CBE, les angles ABC, ABE seront
égaux à deux droits (prop. 13); mais les angles
ABC, ABD sont égaux à deux droits par supposition : donc les angles CBA, ABE sont égaux
aux angles CBA, ABD. Otez l'angle commun
ABC, l'angle restant ABE sera égal à l'angle
restant ABD, c'est-à-dire que le plus petit sera
égal au plus grand; ce qui est impossible. La

droite BE n'est donc pas dans la direction de la droite BC. Nous démontrerons de la même manière qu'il n'y en a point d'autre qui soit dans la direction de BC, si ce n'est BD. Donc la droite CB est dans la direction BD.

Donc si dans un point d'une ligne droite, deux droites placées de différens côtés font avec elle deux angles de suite égaux à deux droits, ces deux droits seront dans la même direction; ce qu'il falloit démontrer.

PROPOSITION XV.

THÉORÈME.

Si deux droites se coupent mutuellement, elles font les angles au sommet égaux entr'eux.

Que les deux droites AB, CD (fig. 15) se coupent mutuellement au point E : je dis que l'angle AEC est égal à l'angle DEB, et l'angle CEB égal à l'angle AED.

Car puisque la droite AE est placée sur la droite CD, faisant les deux angles CEA, AED, les angles CEA, AED sont égaux à deux droits (prop. 13). De plus, puisque la droite DE est placée sur la droite AB; faisant les deux angles AED, DEB, les angles AED, DEB sont égaux à deux droits (prop. 13). Mais il a été démontré que les angles CEA, AED sont égaux à deux droits : donc les angles CEA, AED sont égaux aux angles AED, DEB. Retranchez l'angle commun AED, l'angle restant CEA égalera l'angle restant BED. On démontrera de la même manière que les angles CEB, DEA sont égaux entr'eux.

Donc si deux droites se coupent mutuellement, elles feront les angles au sommet égaux entr'eux ; ce qu'il falloit démontrer.

COROLLAIRE.

De-là il suit manifestement que quel que soit le nombre des lignes qui se coupent en un point, les angles au point de section sont égaux à quatre angles droits.

PROPOSITION XVI.

THÉORÊME.

Ayant prolongé un côté d'un triangle quelconque, l'angle extérieur est plus grand que chacun des angles intérieurs et opposés.

Soit le triangle ABC (fig. 16), prolongez le côté BC jusqu'en D : je dis que l'angle extérieur ACD est plus grand que chacun des angles intérieurs et opposés CBA, BAC.

Partagez la droite AC en deux parties égales en E (prop. 10); et après avoir conduit la droite BE, prolongez-la jusqu'en F, faites la droite EF égale à la droite BE (prop. 3), conduisez la droite FC et prolongez AC jusqu'en G.

Puisque la droite AE est égale à la droite EC et la droite BE égale aussi à la droite EF, les deux droites AE, EB seront égales aux deux droites CE, EF, chacune à chacune; l'angle AEB est égal à l'angle FEC (prop. 15), puisqu'ils sont opposés au sommet; donc la base AB est égale à la base FC (prop. 4); le triangle ABE est égal au triangle FEC, et les angles opposés à des côtés égaux sont égaux chacun à chacun : donc l'angle BAE est égal à l'angle ECF (ax. 9); mais l'angle ECD est plus grand que l'angle ECF : donc l'angle ACD est plus grand que l'angle BAE. Si on partage le côté BC en deux parties égales, on démontrera de la même manière que l'angle BCG, c'est-à-dire l'angle ACD (prop. 15), est plus grand que l'angle ABC.

Donc, ayant prolongé un côté d'un triangle quelconque, l'angle extérieur est plus grand que chacun des angles intérieurs et opposés; ce qu'il falloit démontrer.

PROPOSITION XVII.

THÉORÈME.

Deux angles d'un triangle quelconque, de quelque manière qu'ils soient pris, sont moindres que deux droits.

Soit le triangle ABC (fig. 17) : je dis que deux angles du triangle ABC, de quelque manière qu'ils soient pris, sont moindres que deux droits. Prolongez la droite BC jusqu'en D (dem. 2). L'angle extérieur ACD du triangle ABC est plus grand que l'angle intérieur et opposé ABC (prop. 16). Donc si nous ajoutons un angle commun ACB, les angles ACD, ACB seront plus grands que les angles ABC, BCA ; mais les angles ACD, ACB sont égaux à deux droits (prop. 13) : donc les angles ABC, BCA sont moindres que deux droits. On démontrera de la même manière que les angles BAC, ACB sont aussi moindres que deux droits ; on démontrera encore la même chose par rapport aux angles CAB, ABC.

Donc deux angles d'un triangle quelconque, de quelque manière qu'ils soient pris, sont moindres que deux angles droits; ce qu'il falloit démontrer.

PROPOSITION XVIII.

THÉORÈME.

Dans tout triangle, un plus grand côté est opposé
à un plus grand angle.

Soit le triangle ABC (fig. 18) ayant le côté
AC plus grand que le côté AB : je dis que l'angle ABC est plus grand que l'angle BCA.

Puisque le côté AC est plus grand que le
côté AB, faites la droite AD égale au côté AB
(prop. 3), et conduisez la ligne BD.

L'angle ADB, qui est un angle extérieur du
triangle BDC, est plus grand que l'angle intérieur et opposé DCB (prop. 16); mais l'angle
ADB est égal à l'angle ABD (prop. 5), parce
que le côté AB est égal au côté AD : donc l'angle ABD est plus grand que l'angle ACB : donc
l'angle ABC est beaucoup plus grand que l'angle ACB.

Donc dans un triangle quelconque, un plus
grand côté est opposé à un plus grand angle ;
ce qu'il falloit démontrer.

PROPOSITION XIX.

THÉORÉME.

Dans tout triangle, un plus grand angle est opposé à un plus grand côté.

Soit le triangle ABC (fig. 19) ayant l'angle ABC plus grand que l'angle BCA : je dis que le côté AC est plus grand que le côté AB.

Car s'il n'est pas plus grand, le côté AC est égal au côté AB, ou bien il est plus petit. Or le côté AC n'est pas égal au côté AB, car alors l'angle ABC seroit égal à l'angle ACB (prop. 5); or l'angle ABC n'èst point égal à l'angle ACB : donc le côté AC ne sera pas égal au côté AB. Le côté AC n'est pas cependant plus petit que le côté AB, car alors l'angle ABC seroit plus petit que l'angle ACB (prop. 18); or l'angle ABC n'est pas plus petit que l'angle ACB; donc le côté AC ne sera pas plus petit que le côté AB. Mais il a été démontré qu'il ne lui est pas égal : donc le côté AC est plus grand que le côté AB.

Donc dans un triangle quelconque, un plus grand angle est opposé à un plus grand côté; ce qu'il falloit démontrer.

PROPOSITION XX.

THÉORÈME.

Deux côtés d'un triangle quelconque, de quelque manière qu'ils soient pris, sont plus grands que le côté restant.

Car soit le triangle ABC (fig. 20) : je dis que deux côtés du triangle ABC, de quelque manière qu'ils soient pris, sont plus grands que le côté restant ; c'est-à-dire que les côtés BA, AC sont plus grands que le côté BC ; les côtés AB, BC plus grands que le côté AC, et les côtés BC, CA plus grands que le côté AB.

Prolongez le côté AB jusqu'au point D, faites la droite DA égale à la droite CA (prop. 3), et conduisez la droite DC.

Puisque la droite DA est égale à la droite AC, l'angle ADC sera égal à l'angle ACD (prop. 5); mais l'angle BCD est plus grand que l'angle ACD (ax. 9) : donc l'angle BCD est plus grand que l'angle ADC : donc, puisque dans le triangle DCB, l'angle BCD est plus grand que l'angle BDC, et qu'un plus grand côté est opposé à un plus grand angle (prop. 19), le côté DB sera plus grand que le côté BC ; mais la droite DB est égale aux côtés AB, AC ; donc les côtés

AB, AC sont plus grands que le côté BC. Nous démontrerons de la même manière que les côtés AB, BC sont plus grands que le côté CA, et les côtés BC, CA plus grands que le côté AB.

Donc deux côtés d'un triangle quelconque, de quelque manière qu'ils soient pris, sont plus grands que le côté restant; ce qu'il falloit démontrer.

PROPOSITION XXI.

THÉORÈME.

Si des extrémités d'un côté d'un triangle on mène deux droites qui se rencontrent dans ce triangle, ces deux droites seront plus courtes que les deux autres côtés du triangle, mais elles comprendront un angle plus grand.

Des extrémités B, C (fig. 21) du côté BC, menez en dedans du triangle ABC les deux droites BD, DC : je dis que les droites BD, DC seront plus petites que les deux autres côtés BA, AC du triangle ABC, et que cependant elles comprendront un angle BDD plus grand que l'angle BAC.

Prolongez la droite BD jusqu'au point E.

Puisque deux côtés d'un triangle quelconque sont plus grands que le côté restant (prop. 20), les deux côtés AB, AE du triangle ABE sont

C

plus grands que le côté BE. Donc si nous ajoutons une droite commune EC, les côtés BA, AC
seront plus grands que les droites BE, EC. De
plus, puisque les deux côtés CE, ED du triangle CED sont plus grands que le côté CD, si
nous ajoutons une droite commune DB, les
droites CE, EB seront plus grandes que les
droites CD, DB; mais on a démontré que les
côtés BA, AC sont plus grands que les droites
BE, EC : donc les côtés BA, AC sont beaucoup plus grands que les côtés BD, DC.

Mais comme un angle extérieur d'un triangle quelconque est plus grand qu'un des angles
intérieurs et opposés (prop. 16), l'angle BDC,
qui est un angle extérieur du triangle CDE,
est plus grand que l'angle CED. Par la même
raison l'angle CEB, qui est un angle extérieur
du triangle ABE, est plus grand que l'angle
BAC; mais il a été démontré que l'angle BDC
est plus grand que l'angle CEB : donc l'angle
BDC est beaucoup plus grand que l'angle BAC.

Donc si des extrémités d'un côté d'un triangle quelconque on mène deux droites qui se
rencontrent dans ce triangle, ces deux droites
seront plus petites que les deux autres côtés du
triangle, et cependant elles comprendront un
plus grand angle ; ce qu'il falloit démontrer.

PROPOSITION XXII.

PROBLÈME.

Avec trois droites égales à trois droites données construire un triangle ; il faut que deux de ces trois droites, de quelque manière qu'elles soient prises, soient plus grandes que la troisième.

Soient données les trois droites A, B, C (fig. 22), dont deux, de quelque manière qu'on les prenne, soient plus grandes que la troisième ; c'est-à-dire les droites A, B plus grandes que la droite C, les droites A et C plus grandes que B, et enfin les droites B et C plus grandes que A : il faut avec trois droites égales aux droites A, B, C construire un triangle.

Supposons la droite DE terminée en D et indéfinie vers E ; faites la droite DF égale à la droite A (prop. 3), la droite FG égale à la droite B et la droite GH égale à la droite C ; ensuite du centre F et avec l'intervalle FD décrivez la circonférence DKL (dem. 3), du centre G avec l'intervalle GH décrivez la circonférence KLH, et conduisez les droites KF, KG : je dis que le triangle KFG est construit avec trois droites égales aux droites A, B, C.

Car puisque le point F est le centre du cercle

DKL, la droite FD est égale à la droite FK
(déf. 15); mais la droite FK est égale à la droite
A : donc la droite KF égale la droite A. De
plus, puisque le point G est le centre du cercle
LKH, la droite GH est égale à la droite GK;
mais la droite GH est égale à la droite C : donc
la droite KG égale la droite C; or la droite KG
est égale à la droite B : donc les trois droites
KF, FG, GK égalent les trois droites A, B, C.

Donc le triangle KFG a été construit avec
trois droites KF, FG, GK qui sont égales aux
trois droites données A, B, C; ce qu'il falloit
démontrer.

PROPOSITION XXIII.

PROBLÈME.

*Sur une droite donnée et à un point donné dans
cette droite, construire un angle égal à un angle
donné.*

Soit AB (fig. 23) la droite donnée et A le
point donné dans cette droite; que DCE soit
l'angle donné : il faut sur la droite donnée AB
et au point donné A construire un angle rectiligne égal à l'angle rectiligne donné DCE.

Soient pris dans l'une et l'autre ligne CD, CE
deux points quelconque D, E; conduisez la

droite DE., et avec trois droites égales aux droites CD, DE, CE, construisez le triangle AFG (prop. 22), de manière que la droite CD soit égale à la droite AF, la droite CE égale à la droite AG, et la droite DE égale à la droite FG.

Puisque les deux droites DC, CE sont égales aux deux droites FA, AG, chacune à chacune, et que la base DE est égale à la base FG, l'angle DCE sera égal à l'angle FAG (prop. 8).

Donc l'angle rectiligne FAG a été construit égal à l'angle rectiligne DCE sur la droite donnée AB, et au point donné A dans cette droite.

PROPOSITION XXIV.

THÉORÊME.

Si deux triangles ont deux côtés égaux à deux côtés, chacun à chacun, et si l'un des angles compris entre ces côtés égaux est plus grand que l'autre, la base de l'un de ces triangles sera aussi plus grande que la base de l'autre.

Soient les deux triangles ABC, DEF (fig. 24) dont les deux côtés AB, AC sont égaux aux deux côtés DE, DF, chacun à chacun, c'est-à-dire le côté AB égal au côté DE et le côté

AC au côté DF ; que l'angle BAC soit plus grand que l'angle EDF : je dis que la base BC est plus grande que la base EF.

Car puisque l'angle BAC est plus grand que l'angle EDF, construisez sur la droite DE et au point D un angle EDG égal à l'angle BAC (prop. 23) ; faites la droite DG égale à l'une ou à l'autre des droites AC, DF (prop. 3), et conduisez les droites GE, FG.

Puisque la droite AB est égale à la droite DE, et la droite AC à la droite DG, les deux droites BA, AC seront égales aux deux droites ED, DG, chacune à chacune ; mais l'angle BAC est égal par construction à l'angle EDG : donc la base BC sera égale à la base EG (prop. 4). De plus, puisque la droite DG est égale à la droite DF, et l'angle DFG égal à l'angle DGF (prop. 5), donc l'angle DFG sera plus grand que l'angle EGF : donc l'angle EFG sera beaucoup plus grand que l'angle EGF ; mais puisque l'angle EFG du triangle EFG est plus grand que l'angle EGF, et qu'un angle plus grand est opposé à un côté plus grand (prop. 19), le côté EG est plus grand que le côté EF ; mais le côté EG est égal au côté BC par construction : donc le côté BC est plus grand que le côté EF.

Donc si deux triangles ont deux côtés égaux
à deux côtés, chacun à chacun, et si l'un des
angles compris entre ces côtés égaux est plus
grand que l'autre, la base de l'un de ces triangles sera plus grande que la base de l'autre.

PROPOSITION XXV.

THÉORÊME.

*Si deux triangles ont deux côtés égaux chacun à
chacun, et si la base de l'un est plus grande que
la base de l'autre, ils auront aussi les angles
compris entre les côtés égaux plus grands l'un
que l'autre.*

Soient ABC, DEF (fig. 25) deux triangles
qui aient les deux côtés AB, AC égaux aux deux
côtés DE, DF, chacun à chacun, c'est-à-dire le
côté AB égal au côté DE, et le côté AC égal
au côté DF; que la base BC soit plus grande
que la base EF : je dis que l'angle BAC est plus
grand que EDF.

Car si l'angle BAC n'est pas plus grand que
l'angle EDF, il lui est égal, ou il est plus petit;
or l'angle BAC n'est pas égal à l'angle EDF,
car alors la base BC seroit égale à la base EF
(prop. 4); mais elle ne lui est pas égale; donc
l'angle BAC n'est pas égal à l'angle EDF. L'an-

gle BAC n'est pas plus petit que l'angle EDF,
car s'il étoit plus petit, la base BC seroit plus
petite que la base EF (prop. 24); or elle n'est
pas plus petite : donc l'angle BAC n'est pas plus
petit que l'angle EDF. Mais il a été démontré
qu'il ne lui est pas égal : donc l'angle BAC est
plus grand que l'angle EDF.

Donc si deux triangles ont deux côtés égaux,
chacun à chacun, et si la base de l'un est plus
grande que la base de l'autre, ils auront aussi
les angles compris entre les côtés égaux plus
grands l'un que l'autre ; ce qu'il falloit démontrer.

PROPOSITION XXVI.

THÉORÈME.

*Si deux triangles ont deux angles égaux, chacun
à chacun, s'ils ont de plus un côté égal à un
côté, ou celui qui est adjacent aux angles égaux
ou celui qui est opposé à un des angles égaux, ils
auront les autres côtés égaux, chacun à chacun,
et le troisième angle de l'un sera encore égal au
troisième angle de l'autre.*

Soient ABC, DEF (fig. 26) deux triangles
qui aient les deux angles ABC, BCA égaux aux
deux angles DEF, EFD, chacun à chacun,

c'est-à-dire l'angle ABC égal à l'angle DEF et l'angle BCA égal à l'angle EFD ; que ces deux triangles aient aussi un côté égal à un côté, et d'abord celui qui est adjacent aux angles égaux, c'est-à-dire le côté BC égal au côté EF : je dis qu'ils auront les autres côtés égaux aux autres côtés, chacun à chacun, c'est-à-dire le côté AB égal au côté DE, et le côté AC égal au côté DF; je dis de plus que l'angle BAC sera encore égal à l'angle EDF.

Car si le côté AB n'est pas égal au côté DE, l'un de ces côtés sera plus grand que l'autre. Soit AB le plus grand côté; faites la droite GB égale au côté DE (prop. 3), et conduisez la droite GC.

Puisque le côté BG est égal au côté DE, et le côté BC égal au côté EF, les deux côtés BG, BC sont égaux aux deux côtés DE, EF, chacun à chacun; mais l'angle GBC est égal à l'angle DEF : donc la base GC est égale à la base DF (prop. 4); le triangle GCB est égal au triangle DEF, et les autres angles qui sont opposés à des côtés égaux sont aussi égaux entre eux : donc l'angle GCB est égal à l'angle DFE; mais l'angle DFE est supposé égal à l'angle BCA : donc l'angle BCG est égal à l'angle BCA, c'est-à-dire que le plus petit est égal au plus

grand, ce qui est impossible : donc les côtés AB
et DE ne sont pas inégaux : donc ils sont égaux ;
mais le côté BC est égal au côté EF : donc les
deux côtés AB, BC sont égaux aux deux côtés
DE, EF, chacun à chacun ; mais l'angle ABC
est égal à l'angle DEF : donc la base AC est
égale à la base DF (prop. 4), et le troisième
angle BAC est égal au troisième angle EDF.

Supposons à présent que les côtés qui sont
opposés aux angles égaux soient égaux, c'est-
à-dire le côté AB égal au côté DE : je dis que
les autres côtés de l'un de ces triangles sont
encore égaux aux autres côtés de l'autre triangle ; c'est-à-dire que le côté AC sera égal au
côté DF, le côté BC égal au côté EF, et le troisième BAC égal aussi au troisième angle EDF.

Car si le côté BC n'est pas égal au côté EF,
l'un de ces côtés sera plus grand que l'autre.
Supposons s'il est possible que BC soit le plus
grand ; faites BH égal au côté EF (prop. 3), et
conduisez la droite AH.

Puisque le côté BH est égal au côté EF et le
côté AB égal au côté DE, les deux côtés AB, BH
seront égaux aux deux côtés DE, EF, chacun
à chacun ; mais ces côtés comprennent des angles égaux : donc la base AH est égale à la base
DF (prop. 4) ; le triangle ABH est égal au trian-

gle DEF, et les autres angles qui sont opposés à des côtés égaux seront aussi égaux, chacun à chacun : donc l'angle BHA est égal à l'angle EFD; mais par supposition l'angle EFD est égal à l'angle BCA : donc l'angle BHA est égal à l'angle BCA, c'est-à-dire que l'angle extérieur BHA du triangle ACH est égal à l'angle BCA intérieur et opposé ; ce qui est impossible (prop. 16) : donc les côtés BC et EF ne sont pas inégaux : donc ils sont égaux. Mais le côté AB est égal au côté DE : donc les deux côtés AB, BC sont égaux aux deux côtés DE, EF, chacun à chacun ; mais ces côtés comprennent des angles égaux : donc la base AC est égale à la base DF (prop. 4); le triangle ABC est égal au triangle DEF, et le troisième angle BAC égal aussi à un troisième angle EDF.

Donc si deux triangles ont deux angles égaux, chacun à chacun, et un côté quelconque égal à un côté, ou celui qui est adjacent aux angles égaux, ou celui qui est opposé à un des angles égaux, les autres côtés sont égaux aux autres côtés, chacun à chacun, et ces deux triangles auront un troisième angle égal à un troisième angle ; ce qu'il falloit démontrer.

PROPOSITION XXVII.

THÉORÈME.

Si une droite tombant sur deux autres droites fait les angles alternes égaux entr'eux, ces deux droites seront parallèles.

Que la droite EF (fig. 27) tombant sur les deux droites AB, CD fasse les angles alternes AEF, EFD égaux entr'eux : je dis que la droite AB est parallèle à la droite CD.

Car si elle ne lui est pas parallèle, les droites AB, CD étant prolongées se rencontreront ou du côté BD ou du côté AC. Prolongez ces droites, et supposons qu'elles se rencontrent du côté BD au point G.

L'angle AEF, qui est hors du triangle EGF, est plus grand que l'angle intérieur et opposé EFG (prop. 16); mais par supposition il lui est égal, ce qui est impossible : donc les droites AB, CD prolongées du côté BD ne se rencontreront point. On démontreroit de la même manière qu'elles ne se rencontreront pas non plus du côté AC; or les droites qui ne se rencontrent d'aucun côté sont parallèles (déf. 25) : donc la droite AB est parallèle à la droite CD.

Donc si une droite tombant sur deux autres

droites fait les angles alternes égaux entr'eux,
ces deux droites seront parallèles ; ce qu'il
falloit démontrer.

PROPOSITION XXVIII.

THÉORÈME.

*Si une droite tombant sur deux autres droites fait
un angle extérieur égal à un angle intérieur
opposé et placé du même côté, ou bien si elle
fait les angles intérieurs et placés du même côté
égaux à deux droits, ces deux droites seront
parallèles.*

Que la droite E F (fig. 28) tombant sur les
deux droites AB, CD fasse l'angle extérieur
EGB égal à l'angle intérieur opposé et placé
du même côté GHD, ou bien les angles intérieurs et placés du même côté BGH, GHD
égaux à deux droits : je dis que la droite AB
est parallèle à la droite CD.

Car puisque l'angle EGB est égal à l'angle
GHD, et que l'angle EGB est égal à l'angle AGH
(prop. 15), l'angle AGH sera égal à l'angle
GHD; mais ces angles sont alternes : donc la
droite AB est parallèle à la droite CD (prop. 27).

De plus, puisque les angles BGH, GHD sont
égaux à deux droits, et que les angles AGH,

BGH sont encore égaux à deux droits (prop. 13),
les angles AGH, BGH seront égaux aux angles
BGH, GHD. Donc si nous retranchons l'angle
commun BGH, l'angle restant AGH sera égal à
l'angle restant GHD; mais ces deux angles sont
alternes : donc la droite AB est parallèle à la
droite CD (prop. 27).

Donc si une droite tombant sur deux autres
droites fait un angle extérieur égal à un angle
intérieur opposé et placé du même côté, ou si
elle fait les angles intérieurs et placés du même
côté égaux à deux droits, ces droites seront
parallèles; ce qu'il falloit démontrer.

PROPOSITION XXIX.

THÉORÊME.

Si une droite tombe sur deux parallèles, les angles
alternes sont égaux entr'eux, l'angle extérieur
est égal à l'angle intérieur opposé et placé du
même côté, et les angles intérieurs placés du
même côté sont égaux à deux droits.

Si la droite EF (fig. 28) tombe sur les parallèles AB, CD, je dis que les angles alternes
AGH, GHD seront égaux entr'eux, l'angle
extérieur EGB sera égal à l'angle intérieur
opposé et placé du même côté GHD, et les

angles intérieurs et placés du même côté BGH, GHD seront égaux à deux droits.

Car si l'angle AGH n'est pas égal à l'angle GHD, l'un de ces angles sera plus grand. Que l'angle AGH soit le plus grand; puisque l'angle AGH est plus grand que l'angle GHD, si on leur ajoute un angle commun BGH, les angles AGH, BGH seront plus grands que les angles BGH, GHD; mais les angles AGH, BGH sont égaux à deux droits (prop. 13): donc les angles BGH, GHD sont moindres que deux droits; mais deux droites étant prolongées à l'infini du côté où les angles intérieurs sont plus petits que deux droits se rencontrent entr'elles (ax. 11): donc les droites AB, CD prolongées à l'infini se rencontreront; mais elles ne se rencontreront pas puisqu'elles sont parallèles : donc les angles AGH, GHD né sont point inégaux, donc ils sont égaux. Mais l'angle AGH est égal à l'angle EGB (prop. 15) : donc l'angle EGB sera égal à l'angle GHD. Donc si nous ajoutons un angle commun BGH, les angles EGB, BGH seront égaux aux angles BGH, GHD; mais les angles EGB, BGH sont égaux à deux droits (prop. 13): donc les angles BGH, GHD sont égaux à deux droits.

Donc si une droite tombe sur deux parallèles,

les angles alternes sont égaux entr'eux, l'angle extérieur est égal à l'angle intérieur opposé et placé du même côté, et les angles intérieurs placés du même côté sont égaux à deux droits; ce qu'il falloit démontrer.

PROPOSITION XXX.

THÉORÈME.

Les droites qui sont parallèles à une même droite sont parallèles entr'elles.

Que chacun des parallèles AB, CD (fig. 29) soit parallèle à la droite EF : je dis que la droite AB est parallèle à la droite CD.

Conduisez sur ces droites la droite GK.

Puisque la droite GK tombe sur les parallèles AB, EF, l'angle AGH est égal à l'angle GHF (prop. 27). De plus puisque la droite GK tombe sur les parallèles EF, CD, l'angle GHF est égal à l'angle GKD (prop. 28). Or il a été démontré que l'angle AGK est égal à l'angle GHF : donc l'angle AGK est égal à l'angle GKD; mais ces angles sont alternes : donc la droite AB est parallèle à la droite CD (prop. 29).

Donc les droites qui sont parallèles à une même droite sont parallèles entr'elles; ce qu'il falloit démontrer.

PROPOSITION XXXI.

PROBLÊME.

*Par un point donné conduire une droite parallèle
à une droite donnée.*

Soit A (fig. 30) le point donné et BC la droite
donnée : il faut par le point A conduire une
droite parallèle à la droite BC.

Prenez sur la droite BC un point quelconque
D, et menez AD ; construisez sur la droite DA
et en un point A un angle DAE égal à l'angle
ADC, et prolongez la droite AF dans la direction de EA.

Puisque la droite AD tombant sur les deux
droites BC, EF fait les angles alternes EAD,
ADC égaux entr'eux, la droite BC sera parallèle à la droite EF (prop. 27).

Donc par le point donné A, la droite EAF
a été menée parallèle à la droite donnée BC ;
ce qu'il falloit faire.

PROPOSITION XXXII.

THÉORÈME.

Ayant prolongé un côté d'un triangle quelconque, l'angle extérieur est égal aux deux angles intérieurs et opposés, et les trois angles intérieurs du triangle sont égaux à deux droits.

Soit le triangle ABC (fig. 31); prolongez le côté BC en D : je dis que l'angle extérieur ACD est égal aux deux angles intérieurs et opposés CAD, ABC, et que les trois angles intérieurs ABC, BCA, CAB sont égaux à deux droits.

Menez par le point C la droite CE parallèle à la droite AB (prop. 21).

Puisque la droite CE est parallèle à la droite AB et que la droite AC tombe sur ces deux droites, les angles alternes BAC, ACE sont égaux entr'eux (prop. 29). De plus, puisque la droite AB est parallèle à la droite CE et que la droite BD tombe sur ces deux droites, l'angle extérieur ECD est égal à l'angle intérieur et opposé ABC. Or il a été démontré que l'angle ACE est égal à l'angle BAC : donc l'angle extérieur total ACD est égal aux deux angles extérieurs et opposés BAC, ABC.

Donc si on ajoute un angle commun ACB, les angles ACD, ACB seront égaux aux trois angles ACB, BCA, CAB; mais les angles ACD, ACB sont égaux à deux droits (prop. 13): donc les angles ACB, CBA, CAB sont égaux à deux droits.

Donc, ayant prolongé un côté de tout triangle, l'angle extérieur est égal aux deux angles intérieurs et opposés, et les trois angles intérieurs du triangle sont égaux à deux droits; ce qu'il falloit démontrer.

PROPOSITION XXXIII.

THÉORÈME.

Les droites qui joignent des mêmes côtés des droites égales et parallèles sont elles-mêmes égales et parallèles.

Soient AB, CD (fig. 32) deux droites égales et parallèles; joignez-les des mêmes côtés par les droites AC, BD: je dis que les droites AC, BD sont aussi égales et parallèles.

Menez la droite BC.

Puisque la droite AB est parallèle à la droite CD et que la droite BC tombe sur ces deux droites, les angles alternes ABC, BCD sont égaux (prop. 29). De plus, puisque la droite

AB est égale à la droite CD et que la droite BC est commune aux deux triangles BCA, BDC, les deux droites AB, BC sont égales aux deux droites CD, BC; mais l'angle ABC est égal à l'angle BCD: donc la base AC est égale à la base BD, le triangle ABC est égal au triangle BCD, et les autres angles qui sont opposés à des côtés égaux sont égaux, chacun à chacun: donc l'angle ACB est égal à l'angle CBD. Puisque la ligne droite BC tombant sur deux droites AC, BD fait les angles alternes égaux entr'eux, la droite AC est parallèle à la droite BD et lui est égale (prop. 27).

Donc les droites qui joignent des mêmes côtés deux droites égales et parallèles, sont elles-mêmes égales et parallèles; ce qu'il falloit démontrer.

PROPOSITION XXXIV.

THÉORÈME.

Les côtés et les angles opposés des parallélogrammes sont égaux, et la diagonale les partage en deux parties égales.

Soit ACDB (fig. 32) un parallélogramme et BC sa diagonale: je dis que les côtés et les angles opposés du parallélogramme ACDB sont égaux, et que sa diagonale BC le partage en deux parties égales.

Car puisque la droite AB est parallèle à la droite CD et que la droite BC tombe sur ces deux droites, les angles alternes ABC, BCD seront égaux entr'eux (prop. 29). De plus, puisque la droite AC est parallèle à la droite BD et que la droite BC tombe sur ces deux droites, les angles alternes ACB, CBD sont égaux entre eux : donc les deux triangles ABC, CBD ont deux angles ABC, BCA égaux aux deux angles BCD, CBD, chacun à chacun, ils ont de plus un côté commun BC adjacent à des angles égaux : donc ils auront les autres côtés égaux aux autres côtés, chacun à chacun (prop. 26), et le troisième angle égal au troisième angle : donc le côté AB est égal au côté CD, et l'angle BAC égal à l'angle BDC. Puisque l'angle ABC est égal à l'angle BCD, et l'angle CBD égal à l'angle ACB, l'angle total ABD sera égal à l'angle total ACD. Mais il a été démontré que l'angle BAC est égal à l'angle BDC.

Donc les côtés et les angles opposés des parallélogrammes sont égaux entr'eux.

Je dis de plus que la diagonale partage les parallélogrammes en deux parties égales. Car puisque la droite AB est égale à la droite CD et que la droite BC est commune aux deux triangles, les deux droites AB, BC seront égales aux droites DC, CB, chacune à chacune; mais l'angle ABC est égal à l'angle BCD : donc la base AC est égale à la base BC (prop. 4), et le triangle ABC égal au triangle BCD.

Donc la diagonale BC partage le parallélogramme ACDB en deux parties égales; ce qu'il falloit démontrer.

PROPOSITION XXXV.

THÉORÈME.

Les parallélogrammes qui sont construits sur la même base et entre les mêmes parallèles sont égaux entr'eux.

Soient les parallélogrammes ABCD, EBCF (fig. 33) construits sur la même base BC et entre les mêmes parallèles AF, BC : je dis que le parallélogramme ABCD est égal au parallélogramme EBCF.

Car puisque ABCD est un parallélogramme, la droite AD est égale à la droite BC (prop. 34), et par la même raison la droite EF est aussi égale à la droite BC : donc la droite AD est égale à la droite EF : donc, si on ajoute une droite commune DE, la droite totale AE sera égale à la droite totale DF (axiome 2); mais la droite AB est égale à la droite DC : donc les deux droites EA, AB sont égales aux deux droites FD, DC, chacune à chacune; mais l'angle extérieur FDC est égal à l'angle intérieur EAB (prop. 29) : donc la base EB est égale à la base FC (prop. 4), et le triangle EAB égal au triangle FDC; donc si l'on retranche la partie commune DGE, le trapèze restant ABGD sera égal au trapèze restant EGCF. Donc si on leur ajoute le triangle commun GBC, le parallélogramme total ABCD sera égal au parallélogramme total EBCF.

Donc les parallélogrammes construits sur les mêmes bases et entre les mêmes parallèles sont égaux entr'eux ; ce qu'il falloit démontrer.

PROPOSITION XXXVI.

THÉORÈME.

Les parallélogrammes construits sur des bases
égales et entre les mêmes parallèles sont égaux
entr'eux.

Soient les parallélogrammes ABCD, EFGH (fig. 34) construits sur des bases égales BC, FG et entre les mêmes parallèles AH, BG : je dis que le parallélogramme ABCD est égal au parallélogramme EFGH.

Conduisez les droites BE, CH.

Puisque la droite BC est égale à la droite FG et la droite FG égale à la droite EH, la droite BC sera égale à la droite EH; mais les droites BC, EH sont parallèles et joignent les droites BE, CH; or les droites qui joignent des mêmes côtés deux droites égales et parallèles sont égales (prop. 33) : donc les droites EB, CH sont égales et parallèles : donc EBCH est un parallélogramme, et ce parallélogramme est égal au parallélogramme ABCD (prop. 35); car il a la même base BC que lui, et il est construit entre les mêmes parallèles. Par la même raison le parallélogramme EFGH est égal au parallélogramme EBCH : donc le parallélogramme ABCD est égal au parallélogramme EFGH.

Donc les parallélogrammes construits sur des bases égales et entre les mêmes parallèles sont égaux ; ce qu'il falloit démontrer.

PROPOSITION XXXVII.

THÉORÊME.

Les triangles construits sur la même base et entre les mêmes parallèles sont égaux.

Soient les triangles ABC, DBC (fig. 35) construits sur la même base BC et entre les

mêmes parallèles A D, BC : je dis que le triangle ABC est égal au triangle DBC.

Prolongez de part et d'autre la droite A D
vers les points E, F, et par le point B conduisez une droite BE parallèle à la droite CA
(prop. 31), et par le point C conduisez aussi
une droite CF parallèle à BD.

Les figures EBCA, DBCF sont des parallélogrammes, et le parallélogramme EBCA est
égal au parallélogramme DBCF (prop. 35);
car ils sont construits l'un et l'autre sur la même
base et entre les mêmes parallèles; mais le triangle ABC est la moitié du parallélogramme
EBCA; car la diagonale AB le partage en deux
parties égales; le triangle DBC est la moitié
du parallélogramme DBCF, car la diagonale
DC la partage en deux parties égales (prop. 34);
mais les moitiés des quantités égales sont égales
entr'elles : donc le triangle ABC est égal au
triangle DBC.

Donc les triangles construits sur la même base
et entre les mêmes parallèles sont égaux entre
eux ; ce qu'il falloit démontrer.

PROPOSITION XXXVIII.

THÉORÈME.

Les triangles construits sur des bases égales et entre les mêmes parallèles sont égaux entre eux.

Soient les triangles ABC, DEF (fig. 36) construits sur des bases égales BC, EF et entre les mêmes parallèles BF, AD : je dis que le triangle ABC est égal au triangle DEF.

Car prolongez de part et d'autre la droite AD vers les points G, H; par le point B conduisez la droite BG parallèle à la droite CA (prop. 31), et par le point F conduisez aussi la droite FH parallèle à la droite DE.

Les figures GBCA, DEFH sont des parallélogrammes; mais les parallélogrammes GBCA, DEFH sont égaux entr'eux (prop. 36), car ils sont construits sur des bases égales et entre les mêmes parallèles. Or le triangle ABC est la moitié du parallélogramme GBCA, car la diagonale AB le partage en deux parties égales (prop. 34); le triangle FFD est la moitié du parallélogramme DEFH, car la diagonale DF le partage en deux parties égales; mais les moitiés des quantités égales sont égales entre elles : donc le triangle ABC est égale au triangle DEF.

Donc les triangles construits sur des bases égales et entre les mêmes parallèles sont égaux entr'eux ; ce qu'il falloit démontrer.

PROPOSITION XXXIX.

THÉORÊME.

Les triangles égaux qui sont construits sur la même base et qui sont placés du même côté sont compris entre les mêmes parallèles.

Soient les deux triangles égaux ABC, DBC (fig. 37) construits sur la même base BC et placés du même côté : je dis que ces deux triangles sont compris entre les mêmes parallèles.

Conduisez la droite AD : je dis que la droite AD est parallèle à la droite BC.

Car si la droite AD n'est pas parallèle à la droite BC, conduisez par le point A une droite AE parallèle à la droite BC (prop. 31) ; conduisez ensuite la droite EC.

Le triangle ABC est égal au triangle EBC (prop. 37), car ces deux triangles sont construits sur la même base BC, et compris entre les mêmes parallèles BC, AE. Mais par hypothèse le triangle ABC est égal au triangle DBC : donc

le triangle DBC est égal au triangle DBC, c'est
à-dire que le plus grand est égal au plus petit,
ce qui ne peut se faire : donc la droite AE n'est
point parallèle à la droite BC. Nous démontrerons de même que toute autre droite, excepté
AD, ne peut être parallèle à BC : donc la droite
AD est parallèle à la droite BC.

Donc les triangles égaux qui sont construits
sur la même base et qui sont placés du même
côté sont compris entre les mêmes parallèles ;
ce qu'il falloit démontrer.

PROPOSITION XL.

THÉORÈME.

*Les triangles égaux qui sont construits sur des
bases égales et qui sont placés du même côté
sont compris entre les mêmes parallèles.*

Soient les triangles égaux ABC, CDE (fig. 38)
construits sur des bases égales BC, CE et placés
du même côté : je dis qu'ils sont compris entre
les mêmes parallèles. Conduisez la droite AD :
je dis que la droite AD est parallèle à la droite BE.

Car si la droite AD n'est pas parallèle à la
droite BE, conduisez par le point A la droite
AF parallèle à la droite BC, et conduisez ensuite la droite FE.

Le triangle ABC est égal au triangle FCE
(prop. 38); car ces deux triangles sont construits sur des bases égales et compris entre les
mêmes parallèles BE, AF; mais le triangle ABC
est égal au triangle DCE : donc le triangle DCE
est égal au triangle FCE, c'est-à-dire que le
plus grand est égal au plus petit, ce qui ne peut
être : donc la droite AF n'est point parallèle à
la droite BE. Nous démontrerons de la même
manière que toute autre droite, excepté AD,
ne peut être parallèle à BF : donc la droite AD
est parallèle à la droite BE.

Donc les triangles égaux qui sont construits
sur des bases égales et qui sont placés du même
côté sont compris entre les mêmes parallèles;
ce qu'il falloit démontrer.

PROPOSITION XLI.

THÉORÊME.

Si un parallélogramme et un triangle ont la même
base et sont compris entre les mêmes parallèles,
le parallélogramme est double du triangle.

En effet, que le parallélogramme ABCD
et le triangle EBC (fig. 39) aient la même
base et soient compris l'un et l'autre entre les
mêmes parallèles BC, AE; je dis que le paral-

lélogramme ABCD est double du triangle
BEC.

Conduisez la droite AC. Le triangle ABC est
égal au triangle EBC (prop. 37), car ces deux
triangles sont construits sur la même base BC
et compris entre les mêmes parallèles BC, AE;
mais le parallélogramme ABCD est double du
triangle ABC, car la diagonale AC partage ce parallélogramme en deux parties égales (prop. 34):
donc le parallélogramme ABCD est aussi double du triangle EBC.

Donc si un parallélogramme et un triangle
ont la même base et sont compris entre les
mêmes parallèles, le parallélogramme sera double du triangle; ce qu'il falloit démontrer.

PROPOSITION XLII.

PROBLÊME.

*Construire dans un angle donné, un parallélo-
gramme égal à un triangle donné.*

Soit ABC (fig. 40) le triangle donné et D
l'angle donné : il faut construire un parallélogramme qui soit égal au triangle ABC dans
un angle égal à l'angle donné D.

Partagez la droite BC en deux parties égales
au point E et conduisez la droite AE; sur la

droite EC et au point E construisez un angle
CEF égal à l'angle D (prop. 23), par le point
A conduisez une droite AG parallèle à la droite
EC (prop. 31), et par le point C conduisez
aussi une droite CG parallèle à la droite FE :
la figure FECG sera un parallélogramme.

Puisque la droite BE est égale à la droite EC,
le triangle ABE sera égal au triangle AEC
(prop. 38), car ces deux triangles sont construits sur des bases égales BE, EC, et compris
entre les mêmes parallèles BC, AG : donc le
triangle ABC est double du triangle AEC ; mais
le parallélogramme FECG est double du triangle AEC, car ils ont la même base et ils sont
compris entre les mêmes parallèles : donc le
parallélogramme FECG est égal au triangle
ABC (ax. 6), et il a un angle égal à l'angle D.

Donc le parallélogramme FECG a été construit égal au triangle ABC dans un angle CEF
égal à l'angle donné D ; ce qu'il falloit faire.

PROPOSITION XLIII.

THÉORÈME.

Dans tout parallélogramme, les complémens des parallélogrammes qui sont autour de la diago-nale sont égaux entr'eux.

Soit le parallélogramme ABCD (fig. 41) dont AC est la diagonale autour de laquelle soient les parallélogrammes EH, FG, et les parallélo-grammes BK, KD qu'on appelle complémens : je dis que le complément BK est égal au com-plément KD.

Car puisque la figure ABCD est un parallé-logramme dont la droite AC est la diagonale, le triangle ABC est égal au triangle ADC (prop. 34). De plus, puisque la figure EKHA est un parallélogramme dont la droite AK est la diagonale, le triangle AEK est égal au trian-gle AHK ; le triangle KFC est égal au triangle KGC, par la même raison : donc puisque le triangle AEK est égal au triangle AHK, et que le triangle KFC est aussi égal au triangle KFC ; le triangle AEK, réuni avec le triangle KGC, est égal au triangle AHK réuni avec le triangle KFC ; mais le triangle total ABC est égal au triangle total ADC : donc les restes BK, KD,

qu'on appelle complémens , sont égaux entre
eux (axiome 3).

Donc dans tout parallélogramme , les complémens des parallélogrammes qui sont autour
de la diagonale sont égaux entr'eux ; ce qu'il
falloit démontrer.

PROPOSITION XLIV.

PROBLÈME.

Sur une droite donnée et dans un angle donné ,
construire un parallélogramme qui soit égal à
un triangle donné.

Soient donnés la droite AB (fig. 42), le
triangle C et l'angle D : il faut sur la droite AB
et dans un triangle égal à l'angle D, construire
un parallélogramme égal au triangle donné C.

Construisez un parallélogramme BEFG égal
au triangle C ; dans un angle EBG égal à l'angle D (prop. 42) ; placez la droite BE dans la
direction de la droite AB ; prolongez la droite
FG vers H ; et par le point A conduisez la droite
AH parallèle à la droite BG ou à la droite EF
(prop. 31), et menez la droite GB. Puisque la
droite HF tombe sur les parallèles AH, EF,
les angles AHF, HFE sont égaux à deux angles droits (prop. 29) : donc les angles BHG,

E

G F E sont moindres que deux angles droits ; mais les droites qui sont prolongées à l'infini du côté où les angles intérieurs sont moindres que deux angles droits se rencontrent (ax. 11) : donc les droites HB, FE se rencontreront étant prolongées ; que ces deux droites soient prolongées (dem. 2), et supposons qu'elles se rencontrent en K ; par le point K conduisez la droite KL parallèle à la droite EA ou à la droite FH (prop. 31), et prolongez les droites AH, GB vers les points L, M.

La figure HLKF est un parallélogramme dont HK est la diagonale ; autour de la diagonale HK sont les parallélogrammes AG, ME, et les parallélogrammes LB, BF, qu'on nomme complémens : donc le parallélogramme LB est égal au parallélogramme BF (prop. 43) ; mais le parallélogramme BF est égal au triangle C : donc le parallélogramme LB sera égal au triangle C ; et puisque l'angle GBE est égal à l'angle ABM (prop. 15) et que l'angle GBE est égal à l'angle D, l'angle ABM sera égal à l'angle D.

Donc sur la droite donnée AB et dans un angle ABM égal à l'angle D, le parallélogramme LB a été construit égal au triangle donné C ; ce qu'il falloit faire.

PROPOSITION XLV.

PROBLÊME.

*Construire, dans un angle donné, un parallélo-
gramme qui soit égal à une figure rectiligne
donnée.*

Soit ABCD (fig. 43) la figure rectiligne
donnée et E l'angle donné : il faut., dans un
angle égal à l'angle E , construire un parallélogramme qui soit égal à la figure ABCD.

Conduisez la droite DB, et construisez dans
l'angle HKF égal à l'angle E , un parallélogramme FH qui soit égal au triangle ADB, et
sur la droite GH construisez ensuite dans l'angle GHM égal à l'angle E, un parallélogramme
GM qui soit égal au triangle DBC.

Puisque l'angle E est égal à chacun des angles HKF, GHM, l'angle GHM sera égal à
l'angle HKF : donc si nous leur ajoutons l'angle commun KHG, les angles FKH, KHG
seront égaux aux angles KHG, GHM. Mais
les angles FKH, KHG sont égaux à deux angles droits (prop. 29) : donc les angles KHG,
GHM seront égaux à deux angles droits. Mais
puisque les deux droites KH, HM, placées de
différens côtés, font sur la droite GH et au

point H de cette droite, deux angles de suite égaux à deux droits, la droite KH est dans la direction de la droite HM (prop. 14); et puisque la droite HG tombe sur les parallèles KM, FG, les angles alternes MHG, HGF sont égaux (prop. 29); donc si nous leur ajoutons l'angle commun HGL, les angles MHG, HGL seront égaux aux angles HGF, HGL. Mais les angles MHG, HGL sont égaux à deux angles droits (prop. 29); donc les angles HGF, HGL seront aussi égaux à deux angles droits; donc la droite FG est dans la direction de la droite GL; et puisque la droite KF est égale et parallèle à la droite HG, et que la droite HG est aussi égale et parallèle à la droite ML, la droite KF sera égale et parallèle à la droite ML (ax. 1 et prop. 30). Mais ces deux droites sont jointes ensemble par les droites KM, FL : donc les droites KM, FL sont égales et parallèles (prop. 33) : donc la figure KFLM est un parallélogramme; mais comme le triangle ABD est égal au parallélogramme HF, et que le triangle ABC est égal au parallélogramme GM, la figure totale ABCD sera égale au parallélogramme total KFLM.

Donc le parallélogramme KFLM a été construit égal à la figure rectiligne ABCD, dans l'angle FKM égal à l'angle donné E ; ce qu'il falloit faire.

PROPOSITION XLVI.

PROBLÈME.

Décrire un quarré sur une droite donnée.

Soit AB (fig. 44) la droite donnée : il faut décrire un quarré sur cette droite.

Du point A, donné dans la droite AB, conduisez une droite AC perpendiculaire à la droite AB (prop. 11); faites la droite AD égale à la droite AB (prop. 3); par le point D conduisez la droite DE parallèle à la droite AB (prop. 31), et par le point B conduisez aussi une droite BE parallèle à la droite AD.

La figure ADEB est un parallélogramme : donc la droite AB est égale à la droite DE, et la droite AD égale à la droite BE; mais la droite AB est égale à la droite AD : donc les quatre droites BA, AD, DE, EB sont égales entr'elles : donc le parallélogramme ADEB est équilatéral. Je dis de plus, qu'il est rectangle, car puisque la droite AD tombe sur les parallèles AB, DE, les angles BAD, ADE sont égaux à deux droits (prop. 29); mais l'angle BAD est droit par construction : donc l'angle ADE est droit aussi. Mais les côtés et angles opposés des parallélogrammes sont égaux (prop. 34) ; donc chacun des angles opposés ABE, BED est droit, et par conséquent le parallélogramme ADEB est rectangle; mais nous avons démontré qu'il étoit équilatéral.

Donc le parallélogramme ADEB est un quarré décrit sur la droite AB; ce qu'il falloit faire.

PROPOSITION XLVII.

THÉORÈME.

Dans les triangles rectangles, le quarré décrit sur le côté opposé à l'angle droit est égal aux quarrés construits sur les côtés qui comprennent l'angle droit.

Soit ABC (fig. 45) un triangle rectangle dont l'angle droit est BAC : je dis que le quarré construit sur le côté BC est égal aux quarrés construits sur les côtés BA, AC.

Construisez le quarré BDEC sur le côté BC; construisez aussi les deux quarrés GB, HC sur les côtés BA, AC, et par le point A conduisez une droite AL parallèle à l'une ou à l'autre des droites BD, CE; conduisez ensuite les droites AD, FC.

Puisque chacun des angles BAC, BAG est

droit, et que les deux droites AC, AG, placées de part et d'autre de la droite BA, font au point A, avec la droite AB, deux angles de suite égaux à deux angles droits, la droite CA est dans la direction de la droite AG : la droite AB est dans la direction de la droite AH, par la même raison ; et puisque l'angle DBC est égal à l'angle FBA (axiome 10), étant droits l'un et l'autre, si nous leur ajoutons un angle commun ABC, l'angle total DBA sera égal à l'angle total FBC ; mais les deux droites DB, BA étant égales aux deux droites CB, BF, chacune à chacune, et l'angle DBA égal à l'angle FBC, la base AD sera égale à la base FC, et le triangle ABD égal au triangle FBC (prop. 4). Or le parallélogramme BL est double du triangle ABD (prop. 41), car ils ont la même base BD et sont compris entre les mêmes parallèles BD, AL. Le quarré GB est aussi double du triangle FBC, car ils ont la même base FB et sont compris entre les mêmes parallèles FB, GC ; mais les quantités qui sont doubles de quantités égales sont égales entr'elles : donc le parallélogramme BL est égal au quarré GB.

Ayant conduit les droites AE, BK, nous démontrerons de la même manière que le parallélogramme CL est égal au quarré HC : donc

4

le quarré total BDEC est égal aux deux quarrés GB, HC; mais le quarré BDEC est construit sur le côté BC, et les quarrés GB, HC sont construits sur les côtés BA, AC : donc le quarré BE, construit sur le côté BC, est égal aux quarrés construits sur les côtés BA, AC.

Donc dans les triangles rectangles, le quarré construit sur le côté opposé à l'angle droit est égal aux deux quarrés construits sur les côtés qui comprennent l'angle droit; ce qu'il falloit démontrer.

PROPOSITION XLVIII.

THÉORÈME.

Si le quarré qui est construit sur un des côtés d'un triangle est égal aux quarrés construits sur les autres côtés du triangle, l'angle compris entre ces deux derniers côtés est droit.

Que le quarré construit sur un côté BC (fig. 46) d'un triangle ABC, soit égal aux quarrés construits sur les deux autres côtés BA, AC : je dis que l'angle BAC est droit.

Conduisez du point A une droite AD perpendiculaire sur la droite AC (prop. 11); faites la droite AD égale à la droite BA, et conduisez la droite DC.

Car puisque la droite DA est égale à la droite
AB, le quarré construit sur DA sera égal au
quarré construit sur AB. Donc si nous ajoutons
un quarré commun, celui qui est construit sur
AC, les quarrés construits sur DA, AC seront
égaux aux quarrés construits sur BA, AC. Mais
le quarré construit sur DC est égal aux quarrés
construits sur DA, AC (prop. 47), car l'angle
DAC est droit. Or le quarré construit sur BC
est supposé égal aux quarrés construits sur BA,
AC : donc le quarré construit sur DC est égal à
celui qui est construit sur BC : donc le côté DC
est égal au côté CB; et comme le côté AD est
égal au côté AB et que le côté AC est commun, les deux côtés AD, AC sont égaux aux
deux côtés BA, BC, chacun à chacun; mais la
base DC est égale à la base CB; donc l'angle DAC
est égal à l'angle BAC (prop. 8); mais l'angle
DAC est droit : donc l'angle BAC est droit aussi.

Donc si le quarré construit sur un côté d'un
triangle est égal aux quarrés construits sur les
deux autres côtés, l'angle compris par ces deux
derniers côtés sera droit; ce qu'il falloit démontrer.

FIN DU PREMIER LIVRE.

LIVRE II.

DÉFINITIONS.

1. Tout parallélogramme rectangle est dit contenu sous les deux droites qui comprennent un angle droit.

2. Dans tout parallélogramme, on appelle gnomon la réunion de l'un quelconque des parallélogrammes décrits autour de la diagonale avec les deux complémens.

PROPOSITION PREMIÈRE.

THÉORÈME.

Si l'on a deux droites, et si l'une d'elles est partagée en un certain nombre de parties, le rectangle compris sous ces deux droites est égal aux rectangles compris sous la droite qui n'a point été partagée, et sous chacun des segmens de l'autre.

Soient deux droites A, BC (fig. 47), et que la droite BC soit partagée d'une manière quelconque aux points D, E : je dis que le rectangle compris sous les droites A, BC est égal au rectangle compris sous les droites A, BD, au rectangle compris sous les droites A, DE, et au rectangle compris sous les droites A, EC.

Conduisez par le point B la droite BF perpendiculaire sur la droite BC (prop. 11. 1)*; faites la droite BG égale à la droite A, et par le point G conduisez la droite GH parallèle à la droite BC (prop. 31. 1); par les points D, E, C, conduisez ensuite les droites DK, EL, CH, parallèles à la droite BG.

Le rectangle BH est égal aux rectangles BK, DL, EH; mais le rectangle BH est compris sous les droites A, BC, car il est compris sous les droites GB, BC, dont la droite BG est égale à la droite A; le rectangle BK est compris sous les droites A, BD, car il est compris sous les droites GB, BD, dont la droite GB est égale à la droite A; le rectangle DL est compris sous les droites A, DE, puisque DK, c'est-à-dire BG, est égale à la droite A; et enfin, le rectangle EH est compris sous les droites A, EC : donc le rectangle compris sous les droites A, BC est

---

* Le premier nombre indique la proposition, et le second indique le livre.

égal au rectangle compris sous les droites A,
BD, au rectangle compris sous les droites A,
DE, et enfin au rectangle compris sous les
droites A, EC.

'. Donc si l'on a deux droites, et si l'une d'elles
est partagée en un certain nombre de parties,
le rectangle compris sous ces deux droites est
égal aux rectangles compris sous la droite qui
n'a point été partagée et sous chacun des segmens de l'autre ; ce qu'il falloit démontrer.

PROPOSITION II.

THÉORÈME.

*Si une droite est partagée d'une manière quel-
conque en deux parties, le rectangle compris
sous la droite totale et sous l'un et l'autre segment, est égal au quarré de la droite entière.*

Que la droite AB (fig. 48) soit partagée d'une
manière quelconque au point C : je dis que le
rectangle compris sous les droites AB, BC, avec
le rectangle compris sous les droites BA, AC,
est égal au quarré de la droite AB.

Sur la droite AB construisez le quarré ADEB
(prop. 46. 1), et par le point C conduisez la
droite CF parallèle à l'une et à l'autre des droites
AD, BE (prop. 31. 1)...

Le quarré AE est égal aux rectangles AF, CE ; mais le quarré AE est construit sur la droite AB ; le rectangle AF est compris sous les droites BA, AC, car il est compris sous les droites DA, AC, dont la droite AD est égale à AB ; et enfin le rectangle CE est compris sous les droites AB, BC, puisque la droite BE est égale à la droite AB ; donc le rectangle compris sous les droites BA, AC, avec le rectangle compris sous les droites AB, BC, est égal au quarré de la droite AB.

Donc si une droite est partagée d'une manière quelconque en deux parties, les rectangles compris sous la droite totale et sous chacun des segmens sont égaux au quarré construit sur la droite totale ; ce qu'il falloit démontrer.

PROPOSITION III.

THÉORÈME.

Si une droite est partagée d'une manière quelconque en deux parties, le rectangle compris sous la droite totale et l'un des segmens, est égal au rectangle compris sous les segmens et au quarré formé sur le segment premièrement pris.

Que la droite AB (fig. 49) soit partagée en un point quelconque C : je dis que le rectangle compris sous les droites AB, BC est égal au rectangle compris sous les droites AC, CB, et au quarré de la droite BC.

Sur la droite BC construisez le quarré CDEB (prop. 46. 1), prolongez en F la droite ED, et par le point A conduisez la droite AF parallèle à l'une ou à l'autre des droites CD, BE (prop. 31. 1).

Le rectangle AE est certainement égal aux rectangles AD, CE; mais le rectangle AE est compris sous les droites AB, BC, car il est compris sous les droites AB, BE, dont la droite BE est égale à la droite BC; le rectangle AD est compris sous les droites AC, CB, puisque la droite DC est égale à la droite CB; et enfin le quarré DB est construit sur la droite BC : donc le rectangle compris sous les droites AB, BC est égal au rectangle compris sous les droites AC, CB et au quarré de la droite BC.

Donc si une droite est partagée d'une manière quelconque en deux parties, le rectangle compris sous la droite totale et sous un des segmens, est égal au rectangle compris sous les segmens et au quarré construit sur le segment premièrement pris ; ce qu'il falloit démontrer.

PROPOSITION IV.

THÉORÈME.

*Si une droite est partagée d'une manière quel-
conque en deux parties, le quarré construit sur
la droite entière est égal aux quarrés formés
sur les deux segmens et au double du rectangle
compris sous ces deux segmens.*

Que la droite AB (fig. 50) soit partagée d'une
manière quelconque au point C : je dis que le
quarré construit sur AB est égal aux quarrés
construits sur AC, CB, et au double du rectangle compris sous les segmens AC, CB.

Construisez le quarré ADEB sur la droite AB
(prop. 46. 1), conduisez la droite BD ; par le
point C conduisez la droite CGF parallèle à l'une
ou à l'autre des droites AD, BE (prop. 31. 1),
et par le point G conduisez la droite HK parallèle à l'une ou à l'autre des droites AB, DE.

Puisque la droite CF est parallèle à la droite
AD, et que la droite BD tombe sur ces deux
droites, l'angle extérieur BGC sera égal à l'angle intérieur et opposé ADB (prop. 29. 1) ; mais
l'angle ADB est égal à l'angle ABD (prop. 5. 1),
parce que le côté BA est égal au côté AD ; donc
l'angle CGB est égal à l'angle GBC : donc le

côté BC est égal au côté CG (prop. 6. 1); mais le côté CB est égal au côté GK (prop. 34. 1), et le côté CG égal au côté BK : donc le côté GK est égal au côté GC : donc le quadrilatère CGKB est équilatère. Je dis de plus qu'il est rectangle; car puisque la droite CF est parallèle à la droite BK, et que la droite CB tombe sur ces deux droites, les angles KBC, GCB sont égaux à deux droites (prop. 29. 1); mais l'angle KBC est droit (déf. 30. 1) : donc l'angle GCB est droit aussi : donc les angles opposés CGK, GKB seront encore droits (prop. 34. 1) : donc le quadrilatère CGKB est rectangle. Mais on a démontré qu'il étoit équilatère; donc ce qua-drilatère est un quarré, et ce quarré est cons-truit sur la droite BC. Par la même raison le quadrilatère HF est encore un quarré qui est construit sur HG, c'est-à-dire sur AC. Donc HF, CK sont deux quarrés construits sur AC, CB; et puisque le rectangle AG est égal au rectangle GE (prop. 43. 1), et que ce rectangle AG est compris sous les droites AC, CB; GC étant égal à CB, le rectangle GE sera égal à un rectangle qui est compris sous les droites AC, CB : donc les rectangles AG, GE sont égaux au double du rectangle qui est compris sous les droites AC, CB; mais les quarrés HF, CK sont cons-

.truits sur les droites AC, CB : donc les quatre figures HF, CK, AG, GE sont égales aux quarrés construits sur AC, CB et au double du rectangle compris sous les droites AC, CB; mais les quatre figures HF, CK, AG, GE composent toute la figure ADEB qui est le quarré construit sur AB; donc le quarré construit sur AB est égal aux quarrés construits sur AC, CB, et au double du rectangle compris sous les droites AC, CB.

Donc si une droite est partagée d'une manière quelconque, le quarré de la droite entière est égal au quarré des segmens et au double du rectangle compris sous ces segmens; ce qu'il falloit démontrer.

AUTREMENT.

Je dis que le quarré construit sur la droite AB est égal aux quarrés construits sur AC, CB et au double du rectangle compris sous AC, CB.

En effet, puisque dans la même figure le côté BA est égal au côté AD, l'angle ABD sera égal à l'angle ADB (prop. 5. 1); et comme les trois angles d'un triangle quelconque sont égaux à deux droites (prop. 32. 1), les trois angles ABD, ADB, BAD du triangle ABD seront égaux à deux droits. Mais l'angle BAD est

F

droit : donc les deux autres angles ABD, ADB sont égaux à un angle droit ; or ces deux angles sont égaux entr'eux : donc chacun des angles ABD, ADB est égal à la moitié d'un angle droit. Mais l'angle BCG est droit, car il est égal à l'angle intérieur et opposé BAD : donc l'angle restant CGB est la moitié d'un angle droit ; donc l'angle CGB est égal à l'angle CBG : donc le côté BC est égal au côté CG (prop. 34. 1) ; mais CB est égal à KG, et CG égal aussi à BK (prop. 34. 1.) : donc le quadrilatère CK est équilatère ; mais il a un angle droit : donc ce quadrilatère est un quarré, et ce quarré est construit sur le segment CB. Le quadrilatère HF est un quarré, par la même raison, et ce quarré est construit sur le segment AC : donc les quadrilatères CK, HF sont deux quarrés, et ces deux quarrés sont construits sur les segmens AC, CB. De plus, puisque le rectangle AG est égal au rectangle EG (prop. 31. 1), et que le rectangle AG est compris sous les droites AC, CB, car la droite CG est égale à la droite CB, le rectangle EG est égal au rectangle compris sous les droites AC, CB : donc les rectangles AG, GE sont égaux au double du rectangle qui seroit compris sous les droites AC, CB, mais les quarrés CK, HF sont égaux à ceux qui seroient

construits sur les segmens AC, CB : donc les
quatre figures CK, HF, AG, GE sont égales
aux quarrés construits sur les segmens AC,
CB, et au double du rectangle compris sous
ces mêmes segmens. Mais les figures CK, HF,
AG, GE composent toute la figure AE qui est
le quarré construit sur AB.

Donc le quarré formé sur la droite AB est
égal aux quarrés formés sur les droites AC,
CB, et au double du rectangle compris sous
les mêmes droites AC, CB; ce qu'il falloit démontrer.

COROLLAIRE.

Il suit de là que, dans les quarrés, les parallélogrammes qui sont autour de la diagonale sont
toujours des quarrés.

PROPOSITION V.

THÉORÈME.

Si une droite est coupée en deux parties égales
et en deux parties inégales, le rectangle com-
pris sous les deux segmens inégaux de la droite
entière avec le quarré de la droite qui est placée
entre les points de section, est égal au quarré de
la moitié de cette droite.

Qu'une droite quelconque AB (fig. 51) soit
coupée en deux parties égales au point C et en
deux parties inégales au point D : je dis que le
rectangle compris sous les droites AD, DB,
avec le quarré construit sur CD, est égal au
quarré construit sur CB.

Sur la droite BC construisez le quarré CEFB
(prop. 46. 1), et conduisez la droite BE ; par le
point D conduisez la droite DHG parallèle à l'une
ou à l'autre des droites CE, BF (prop. 31. 1);
par le point H conduisez la droite KLM parallèle à l'une ou à l'autre des droites CB, EF,
et enfin par le point A conduisez la droite AK
parallèle à l'une ou l'autre des droites CL, BM.

Puisque le complément CH est égal au com-
plément HF (prop. 43. 1), si nous ajoutons à
chacun de ces complémens le quarré DM, le

rectangle total CM sera égal au rectangle total DF ; mais le rectangle CM est égal au rectangle AL (prop. 36. 1), puisque la droite AC est égale à la droite CB : donc le rectangle AL est égal au rectangle DF ; donc si nous ajoutons le rectangle CH à chacun de ces deux rectangles, le rectangle total AH sera égal aux rectangles DF, DL ; mais le rectangle AH est compris sous les droites AD, DB, puisque la droite DH est égale à la droite DB ; or les rectangles FD, DL forment le gnomon NOP : donc le gnomon NOP est égal au rectangle compris sous les droites AD, DB ; donc si nous ajoutons à chacune de ces deux quantités le quarré LG qui est égal au quarré de CD (corol. 4. 2), le gnomon NOP et le quarré LH seront égaux au rectangle compris sous les droites AD, DB, et au quarré construit sur CD ; mais le gnomon NOP et le quarré LG forment tout le quarré CEFB qui est construit sur CB : donc le rectangle compris sous AD, DB, avec le quarré construit sur CD, est égal au quarré construit sur CB.

Donc si une droite est coupée en deux parties égales et en deux parties inégales, le rectangle compris sous les deux segmens inégaux de la droite totale avec le quarré de la droite

3

qui est placée entre les deux points de section,
est égal au quarré de la moitié de cette droite ;
ce qu'il falloit démontrer.

PROPOSITION VI.

THÉORÈME.

*Si une ligne droite est coupée en deux parties égales,
et si on lui ajoute directement une droite quelconque, le rectangle compris sous une droite
composée de la première droite et de la droite
ajoutée, et sous la droite ajoutée, avec le quarré
de la moitié de la première ligne droite, est égal
au quarré d'une droite composée de la moitié de
la première ligne droite et de la droite ajoutée.*

Qu'une ligne droite quelconque AB (fig. 52)
soit coupée en deux parties égales au point C;
qu'on lui ajoute directement une droite quelconque BD : je dis que le rectangle compris
sous AD, DB, avec le quarré de la droite CB,
est égal au quarré de CD.

Sur la droite CD décrivez le quarré CEFD
(prop. 46. 1); conduisez la droite DE; par le
point B conduisez la droite BHG parallèle à l'une
ou à l'autre des droites CE, DF (prop. 31. 1);
par le point H conduisez la droite KLM parallèle
à l'une ou à l'autre des droites AD, EF, et enfin

par le point A conduisez la droite A K parallèle
à l'une ou à l'autre des droites CL, DM.

Puisque la droite AC est égale à la droite
CB, le rectangle AL sera égal au rectangle CH
(prop. 36. 1); mais le rectangle CH est égal au
rectangle HF (prop. 43. 1) : donc le rectangle
AL sera égal au rectangle HF; donc si nous
ajoutons à chacun de ces rectangles le rectangle
CM, le rectangle total AM sera égal au gnomon
NOP; mais le rectangle AM est compris sous
les droites AD, DB, car DM est égal à DB
(corrol. 4. 2); donc le gnomon NOP est égal
à un rectangle qui est compris sous les droites
AD, DB; donc si nous ajoutons à chacune de
ces deux quantités le quarré LG qui est égal a
quarré construit sur CB, le rectangle compris
sous les droites AD, DB avec le quarré construit sur BC sera égal au gnomon NPO et au
quarré LG. Mais le gnomon NPO et le quarré
LG composent le quarré total CEFD qui est
construit sur CD : donc le rectangle compris
sous AD, DB avec le quarré construit sur BC
est égal au quarré construit sur CD.

Donc si une ligne droite est coupée en deux
parties égales, et si on lui ajoute directement
une droite quelconque, le rectangle compris
sous une droite composée de la première ligne

droite et de la droite ajoutée, et sous la droite ajoutée, avec le quarré de la moitié de la première ligne droite, est égal au quarré d'une droite composée de la moitié de la première ligne droite et de la droite ajoutée; ce qu'il falloit démontrer.

PROPOSITION VII.

THÉORÈME.

Si une droite est partagée en deux parties d'une manière quelconque, le quarré de la droite entière et le quarré de l'un de ses segmens égalent le double du rectangle compris sous la droite entière et ce segment et le quarré de l'autre segment.

Qu'une droite quelconque AB (fig. 53) soit partagée d'une manière quelconque au point C : je dis que le quarré de AB et le quarré de BC sont égaux au double du rectangle compris sous AB, BC, et au quarré de AC.

Sur AB décrivez le quarré ADEB (prop. 46. 1) et construisez la figure.

Puisque le rectangle AG est égal au rectangle GE (prop. 43. 1), si nous ajoutons à l'un et à l'autre le quarré CF, le rectangle AF sera égal au rectangle CE : donc les rectangles AF,

CE sont doubles du rectangle AF; mais les rectangles AF, CE composent le gnomon KLM et le quarré CF : donc le gnomon KLM et le quarré CF sont doubles du rectangle AF; mais le double du rectangle compris sous les droites AB, BC est double du rectangle AF, car la droite BF est égale à la droite BC (cor. 4. 2): donc le gnomon KLM et le quarré CF sont égaux au rectangle compris sous les droites AB, BC; donc si nous ajoutons à ces quantités le quarré HN, qui est construit sur la droite AC, le gnomon KLM et les quarrés CF, HN seront égaux au double du rectangle compris sous AB, BC, et au quarré de AC; mais le gnomon KLM et les quarrés CF, HN forment le quarré total ADEB et le quarré CF qui sont construits sur AB, BC : donc les quarrés de AB et de BC sont égaux au double du rectangle compris sous AB, BC, et au quarré de AC.

Donc si une droite est partagée en deux parties d'une manière quelconque, le quarré de la droite entière et le quarré de l'un de ses segmens sont égaux au double du rectangle compris sous la droite entière et ce segment, et au quarré de l'autre segment; ce qu'il falloit démontrer.

PROPOSITION VIII.

THÉORÈME.

Si une droite est partagée en deux parties d'une
manière quelconque, le quadruple du rectangle
compris sous la droite entière et un de ses seg-
mens, avec le quarré de l'autre segment, est égal
au quarré construit sur la droite entière et le
premier segment, considérés comme ne formant
qu'une seule droite.

Que la droite AB (fig. 54) soit partagée en
deux parties d'une manière quelconque au
point C : je dis que le quadruple du rectangle
compris sous les droites AB, BC avec le quarré
de AC, est égal au quarré construit sur les
droites AB, BC, considérées comme ne formant qu'une seule droite.

Prolongez la droite DB dans la direction de
AB; faites BD égal à CB; décrivez sur AD le
quarré AEFD (prop. 46. 2), et construisez une
double figure.

Puisque la droite CB est égale à la droite
BD, et que la droite CB est égale à la droite
GK (prop. 34. 1), et la droite BD égale aussi
à la droite KN, la droite GK sera égale à la
droite KN; la droite QR est égale à la droite

RP par la même raison. Puisque CB est égal
à BD, et GK égal à KN, le rectangle CK sera
égal au rectangle BN, et le rectangle GR égal
au rectangle KP (prop. 36. 1); mais le rectangle
CK est égal au rectangle RN (prop. 43. 1), car
ils sont les complémens du parallélogramme CP:
donc le rectangle BN est égal au rectangle GR:
donc les quatre rectangles BN, KC, GR, RN
sont égaux entr'eux: donc ils sont le quadruple
du rectangle CK. De plus, puisque CB est égal
à BD et que BD est égal à BK, c'est-à-dire à
CG (34. 1), et CB égal à GK, c'est-à-dire à
GQ, la droite CG sera égale à la droite GQ;
or QR est égal à RP: donc le rectangle AG
est égal au rectangle MQ (prop. 36. 1), et
le rectangle QL égal au rectangle RF; mais
le rectangle MQ est égal au rectangle QL
(prop. 43. 1), puisqu'ils sont les complémens
du parallélogramme ML: donc les rectangles
AG, RF sont égaux: donc les quatre rectangles
AG, MQ, QL, RF sont égaux entr'eux, et
sont par conséquent quadruples du rectangle
AG. Mais on a démontré que les quatre quarrés
CK, BN, GR, RN, étoient quadruples du
quarré CK: donc les huit figures qui composent le gnomon STV sont quadruples du rectangle AK, et puisque le rectangle AK est

compris sous les droites AB, BD; car BK est
égal à BD (cor. 4. 2), le quadruple du rectangle AK sera compris sous les droites AB,
BD; mais il a été démontré que le gnomon
STV est quadruple du rectangle AK; donc le
rectangle qui est compris sous les droites AB,
BD est égal au gnomon STV; donc si nous ajoutons à ces quantités égales le quarré OH qui est
égal au quarré de AC (cor. 4. 2), le quadruple
du rectangle compris sous les droites AB, BD,
et le quarré de AC seront égaux au gnomon
STV et au quarré OH; mais le gnomon STV
et le quarré OH comprennent tout le quarré
AEFD qui est décrit sur AD: donc le quadruple du rectangle compris sous les droites
AB, BC et le quarré de AC est égal au quarré
construit sur les droites AB, BC considérées
comme ne faisant qu'une seule droite.

Donc si une droite est partagée en deux parties égales d'une manière quelconque, le quadruple du rectangle compris sous la droite entière et un de ses segmens et le quarré de l'autre
segment, sont égaux au quarré construit sur la
droite entière et le premier segment, considérés comme ne formant qu'une seule droite;
ce qu'il falloit démontrer.

PROPOSITION IX.

THÉORÊME.

Si une droite est partagée en deux parties égales et en deux parties inégales , les quarrés des segmens inégaux sont doubles du quarré de la moitié de cette droite et du quarré de la droite interceptée entre les points de section.

Que la droite AB (fig. 55) soit partagée en deux parties égales au point C et en deux parties inégales au point D : je dis que les quarrés de AD, DB sont doubles des quarrés de AC, CD.

Du point C conduisez une droite CE qui soit perpendiculaire à la droite AB (prop. 11. 1); faites la droite EC égale à l'une ou à l'autre des droites AC, CB, et menez les droites EA, EB; par le point D conduisez la droite DF parallèle à la droite EC (prop. 31. 1), et par le point F conduisez la droite FG parallèle à la droite AB, et menez la droite AF.

Puisque la droite AC est égale à la droite CE, l'angle EAC sera égal à l'angle AEC (prop. 5. 1); et puisque l'angle ACE est droit, les angles AEC, EAC seront égaux à un angle droit (prop. 32. 1); mais ces deux angles sont

égaux entr'eux : donc chacun des angles A E C,
E A C est la moitié d'un angle droit. Par la
même raison, chacun des angles C E B, E B C
est aussi la moitié d'un angle droit : donc l'angle total A E B est droit. Puisque l'angle G E F
est la moitié d'un angle droit et que l'angle
E G F est droit, car il est égal à l'angle intérieur
et opposé E C B (prop. 29. 1), l'angle E F G
sera la moitié d'un angle droit : donc l'angle
G E F est égal à l'angle E F G : donc le côté E G
est égal au côté G F (prop. 6. 1). De plus, puisque l'angle E B D est la moitié d'un angle droit,
et que l'angle F D B est droit, car il est égal à
l'angle intérieur et opposé E C B, l'angle B F D
sera la moitié d'un angle droit : donc l'angle
F B D est égal à l'angle D F B : donc le côté D F
est égal au côté D B (prop. 6. 1). Puisque la
droite A C est égale à la droite C E, le quarré
de A C sera égal au quarré de C E : donc les
quarrés de A C, C E sont doubles du quarré
de A C; mais le quarré de E A est égal aux
quarrés de A C, C E (prop. 47. 1), puis l'angle
A C E est droit : donc le quarré de E A est
double du quarré de A C. De plus, puisque
E G est égal à G F et que le quarré de E G est
égal au quarré de G F, les quarrés de E G, G F
seront doubles du quarré de G F; mais le quarré

de EF est égal aux quarrés de EG, GF
(prop. 47. 1) : donc le quarré de EF est double du quarré de GF; mais la droite GF est
égale à la droite CD (prop. 34. 1) : donc le
quarré EF est double du quarré de CD; mais
le quarré de AE est double du quarré de AC:
donc les quarrés de AE, EF sont doubles des
quarrés de AC, CD; or le quarré de AF est
égal aux quarrés de AE, EF (prop. 47. 1),
puisque l'angle AEF est droit : donc le quarré
de AF est double des quarrés de AC, CD;
mais les quarrés de AD, DF sont égaux au
quarré de AF (prop. 47. 1), car l'angle ADF
est droit : donc les quarrés de AD, DF sont
doubles des quarrés de AC, CD; or la droite
DF est égale à la droite DB : donc les quarrés
de AD, DB seront doubles des quarrés de AC,
CD.

Donc si une droite est partagée en deux
parties égales et en deux parties inégales, les
quarrés des deux segmens inégaux sont doubles
du quarré de la moitié de cette droite et du
quarré de la droite interceptée entre les deux
points de section; ce qu'il falloit démontrer.

PROPOSITION X.

THÉORÊME.

Si une ligne droite est coupée en deux parties
égales, et si on lui ajoute directement une
droite quelconque, le quàrré d'une droite com-
posée de la ligne-droite entière et de la droite
ajoutée, et le quarré de la droite ajoutée, sont
doubles du quarré de la moitié de cette ligne
droite et du quarré d'une droite composée de
la moitié de cette ligne droite et de la droite
ajoutée, comme ne faisant qu'une seule droite.

Que la droite AB (fig. 56) soit partagée en
deux parties égales au point C, et qu'on lui
ajoute directement une droite quelconque BD :
je dis que les quarrés de AD, DB sont doubles
des quarrés de AC, CD.

Du point C conduisez la droite CE perpen-
diculaire sur AB (prop. 11. 1); faites la droite
CE égale à l'une ou à l'autre des droites AC,
CB; menez les droites AE, EB; par le point
E conduisez la droite EF parallèle à la droite
AD, et par le point D conduisez la droite DF
parallèle à la droite CF. Puisque la droite EF
tombe sur les parallèles EC, FD, les angles CEF,
EFD sont égaux à deux droits (prop. 29. 1) :

donc les angles FEB, EFD sont moindres que deux angles droits ; or deux droites se rencontrent quand elles sont prolongées à l'infini du côté où elles forment deux angles moindres que deux droits (ax. 11) : donc les droites EB, FD, prolongées du côté BD, se rencontreront. Prolongez ces droites, et supposons qu'elles se rencontrent au point G ; menez la droite AG.

Puisque la droite AC est égale à la droite CE, l'angle AEC sera égal à l'angle EAC (prop. 5. 1) ; or l'angle ACE est droit : donc chacun des angles EAC, AEC est la moitié d'un angle droit (prop. 32. 1). Par la même raison, chacun des angles CEB, EBC est la moitié d'un angle droit : donc l'angle AEB est droit. Puisque l'angle EBC est la moitié d'un angle droit, l'angle DBG est aussi la moitié d'un angle droit (prop. 15. 1). Mais l'angle BDG est droit (prop. 29. 1), car il est égal à l'angle alterne DCE : donc l'angle DGB est la moitié d'un angle droit : donc l'angle DGB est égal à l'angle DBG : donc le côté BD est égal au côté GD (prop. 6. 1). De plus, puisque l'angle EGF est la moitié d'un angle droit, et que l'angle EFD est droit, car il est égal à l'angle opposé ECD (prop. 34. 1), l'angle FEG est la moitié d'un angle droit : donc l'angle

G

E G F est égal à l'angle F E G : donc le côté G F est égal au côté E F (prop. 6. 1); et comme la droite E C est égale à la droite C A, le quarré de E C est égal au quarré de A C : donc les quarrés de E C, C A sont doubles du quarré de C A. Or le quarré de E A est égal aux quarrés de E C, C A (prop. 47. 1) : donc le quarré de E A est double du quarré de A C. De plus, puisque la droite G F est égale à la droite E F, le quarré de F G est égal au quarré de F E : donc les quarrés de F G, F E sont doubles du quarré de E F ; or le quarré de E G est égal aux quarrés de G F, F E (prop. 47. 1) : donc le quarré de E G est double du quarré de E F ; mais la droite E F est égale à la droite C D : donc le quarré de E G est double du quarré de C D ; mais on a démontré que le quarré de E A est double du quarré de A C : donc les quarrés de A E, E G sont doubles des quarrés de A C, C D ; mais le quarré de A G est égal aux quarrés de A E, E G (prop. 47. 1) : donc le quarré de A G est double des quarrés de A C, C D. Or les quarrés de A D, D G sont égaux au quarré de A G (prop. 47. 1) : donc les quarrés de A D, D G sont doubles des quarrés de A C, C D ; mais la droite D G est égale à la droite D B : donc les quarrés de A D, D B sont doubles des quarrés de A C, C D.

Donc si une ligne droite est partagée en deux parties égales, et si on lui ajoute directement une droite quelconque, le quarré d'une droite composée de la ligne droite entière et de la droite ajoutée, et le quarré de la droite ajoutée, sont doubles du quarré de la moitié de la ligne droite et au quarré d'une droite composée de la moitié de la ligne droite et de la droite ajoutée comme ne faisant qu'une seule droite; ce qu'il falloit démontrer.

PROPOSITION XI.

PROBLÈME.

Partager une droite donnée de manière que le rectangle compris sous la droite entière et l'un de ses segmens, soit égal au quarré de l'autre segment.

Soit AB (fig. 57) la droite donnée : il faut partager la droite AB de manière que le rectangle compris sous la droite entière et l'un de ses segmens, soit égal au quarré de l'autre segment.

Sur la droite AB décrivez le quarré ABDC (prop. 46. 1), partagez la droite AC en deux parties égales en E (prop. 10. 1), et menez la droite BE; ayant prolongé ensuite la droite CA

2

vers F, faites la droite EF égale à la droite BE
(prop. 3. 1), décrivez sur AF le quarré FH,
et prolongez la droite GH vers K : je dis que
la droite AB est partagée en H de manière que
le rectangle compris sous AB et BH est égal au
quarré de AH.

Puisque la droite AC est coupée en deux
parties égales en E, si nous lui ajoutons directement la droite AF, le rectangle compris sous les
droites CF, FA et le quarré de AE, pris ensemble, seront égaux au quarré de EF (prop. 6. 2);
mais la droite EF est égale à la droite EB :
donc le rectangle compris sous CF, FA et le
quarré de AE, pris ensemble, sont égaux au
quarré de EB; mais les quarrés de BA, AE
sont égaux au quarré de EB (prop. 47. 1), car
l'angle BAE est droit; donc le rectangle compris sous CF, FA avec le quarré de AE est égal
aux quarrés de BA, AE. Donc, si on retranche le quarré de AE qui est commun, le rectangle compris sous CF, FA sera égal au quarré
de AB; mais le rectangle FK est compris sous
les droites CF, FA, puisque la droite AF est
égale à la droite FG, et le quarré de AB est
égal au quarré AD : donc le rectangle FK est
égal au quarré AD : donc, si l'on retranche le
rectangle commun AK, le quarré FH sera égal

au rectangle HD; mais le rectangle HD est compris sous les droites AB, BH, puisque AB est égal à BD et que FH est le quarré de AH: donc le rectangle compris sous AB, BH sera égal au quarré de AH.

Donc la droite AB est coupée au point H, de manière que le rectangle compris sous AB, BH est égal au quarré de AH; ce qu'il falloit faire.

PROPOSITION XII.

THÉORÈME.

Dans les triangles obtus angles, le quarré du côté opposé à l'angle obtus est égal aux quarrés des deux côtés qui comprennent l'angle obtus, et au double du rectangle compris sous le côté de l'angle obtus qui est prolongé jusqu'à la perpendiculaire abaissée du sommet de l'angle opposé et sous la droite interceptée entre la perpendiculaire et le sommet de l'angle obtus.

Soit ABC (fig. 58) un triangle obtus angle dont l'angle BAC est obtus; du point B conduisez une perpendiculaire BD sur le côté prolongé CA : je dis que le quarré de BC est égal aux quarrés de BA, AC, et au double du rectangle compris sous les droites CA, AD.

Puisque la droite CD est coupée d'une ma-

3

nière quelconque au point A, le quarré de CD
sera égal aux quarrés de CA, AD, et au double
du rectangle compris sous les droites CA, AD
(prop. 4. 2): donc si on ajoute à ces quantités
égales le quarré de DB, les quarrés de CD, DB
seront égaux aux quarrés de CA, AD, DB, et
au double du rectangle compris sous les droites
CA, AD.; mais le quarré de CB est égal aux
quarrés de CD, DB (prop. 47. 1), car l'angle
CDB est droit, et le quarré de AB est égal aux
quarrés de AD, DB : donc le quarré de CB est
égal aux quarrés de CA, AB, et au double du
rectangle compris sous les droites CA, AD.

Donc dans les triangles obtus angles le quarré
du côté opposé à l'angle obtus est égal aux
quarrés des deux côtés qui comprennent l'angle obtus et au double du rectangle compris
sous le côté de l'angle obtus qui est prolongé
jusqu'à la perpendiculaire abaissée du sommet
de l'angle opposé et sous la droite interceptée
entre la perpendiculaire et le sommet de l'angle
obtus; ce qu'il falloit démontrer.

PROPOSITION XIII.

THÉORÈME.

Dans les triangles acutangles, le quarré d'un côté opposé à un angle aigu est égal aux quarrés des côtés qui comprennent cet angle aigu moins le double du rectangle compris sous le côté de l'angle aigu sur lequel tombe la perpendiculaire abaissée du sommet de l'angle opposé et sous la droite interceptée entre cet angle aigu et la perpendiculaire.

Soit le triangle acutangle ABC (fig. 59) dont l'angle B est aigu; du point A conduisez sur la droite BC la perpendiculaire AD : je dis que le quarré de AC égale les quarrés de CB, BA, moins le double du rectangle compris sous les droites CB, BD.

Puisque la droite CB est coupée d'une manière quelconque au point D, les quarrés de CB, BD seront égaux au double du rectangle compris sous les droites CB, BD, et au quarré de DC (prop. 7. 2) : donc si nous ajoutons à ces quantités égales le quarré de AD, les quarrés de CB, BD, DA seront égaux au double du rectangle compris sous les droites CB, BD, et aux quarrés de AD, DC; mais le quarré de AB

4

est égal aux quarrés de BD, DA (prop. 47. 1),
car l'angle ADB est droit, et le quarré de AC
est égal aux quarrés de AD, DC : donc les
quarrés de CB, BA sont égaux au quarré de AC
et au rectangle compris sous les droites CB,
BD : donc le quarré de AC égale les quarrés
de CB, BA, moins le double du rectangle compris sous CB, BD.

Donc dans les triangles acutangles le quarré
d'un côté opposé à un angle aigu est égal au
quarré des deux autres côtés qui comprennent
nent l'angle aigu moins le double du rectangle compris sous le côté de l'angle aigu sur
lequel tombe la perpendiculaire abaissée du
sommet de l'angle opposé et sous la droite interceptée entre la perpendiculaire et cet angle
aigu (1).

---

(1) Cette proposition est encore vraie, lors même
que l'angle A est droit ou obtus.

PROPOSITION XIV.

PROBLÊME.

Construire un quarré égal à une figure rectiligne donnée.

Soit A (fig. 60) la figure rectiligne donnée : il faut construire un quarré qui soit égal à cette figure.

Construisez un rectangle BD égal à la figure rectiligne donnée A (prop. 45. 1). Si le côté BE étoit égal au côté ED, on auroit déjà fait ce qu'on proposoit, car le quarré BD auroit été construit égal à la figure rectiligne A. Si, au contraire, l'un des côtés BE, ED est plus grand que l'autre, et si le côté BE est le plus grand, prolongez-le vers F, et faites EF égal à ED (prop. 3. 1); ayant ensuite partagé la droite FB en deux parties égales au point G, du point G et avec un intervalle égal à l'une ou à l'autre des droites GB, GF, décrivez la demi-circonférence BHF (dem. 3), prolongez DE jusqu'en H, et menez la droite GH.

Puisque la droite BF est partagée en deux parties égales au point G et en deux parties inégales au point E, le rectangle compris sous les droites BE, EF et le quarré de EG, seront égaux au quarré de GF (prop. 5. 2); mais la droite GF est égale à la droite GH : donc le rectangle compris sous les droites BE, EF et le quarré de EG seront égaux au quarré de GH; mais les quarrés de HE, GE sont égaux au quarré de GH (prop. 47. 1) : donc le rectangle compris sous les droites BE, EF et le quarré de GE, pris ensemble, sont égaux aux quarrés de HE, GE : donc, si nous retranchons le quarré commun GE, le rectangle compris sous les droites BE, EF sera égal au quarré de EH ; mais le rectangle compris sous les droites BE, EF, est le parallélogramme BD, puisque la droite EF est égale à la droite ED : donc le parallélogramme BD est égal au quarré de HE; or le parallélogramme BD est égal, par construction, à la figure rectiligne A : donc la figure rectiligne A est égale au quarré construit sur la droite EH.

Donc le quarré construit sur la droite EH est égal à la figure rectiligne donnée A ; ce qu'il falloit faire.

LIVRE III.

DÉFINITIONS.

1. Les cercles égaux sont ceux dont les diamètres sont égaux, ou ceux dont les droites menées des centres aux circonférences sont égales.

2. Une droite qui touchant le cercle et qui étant prolongée ne le coupe point, est appelée *tangente du cercle.*

3. Les cercles qui se touchant ne se coupent point, sont appelés *cercles tangens.*

4. Dans le cercle on dit que les droites sont également éloignées du centre, lorsque les perpendiculaires menées du centre sur ces droites sont égales.

5. On dit qu'une droite est plus éloignée du centre lorsque la perpendiculaire qui tombe sur elle est plus grande.

6. Un segment de cercle est une figure qui est comprise entre une droite et la circonférence du cercle.

7. L'angle du segment est celui qui est compris par une droite et la circonférence du cercle.

8. Un angle est dans le segment, lorsque l'on prend un point quelconque dans la circonférence du segment, et que l'on conduit de ce point deux lignes droites aux extrémités de la droite qui est la base du segment ; l'angle est compris par les deux lignes droites qui ont été menées d'un point de la circonférence.

9. Mais lorsque les droites qui comprennent l'angle embrassent une portion de la circonférence, cet angle est dit appuyé sur la circonférence.

10. Un secteur de cercle est une figure comprise entre deux rayons qui font un angle au centre et la portion de la circonférence qu'embrassent ces deux rayons.

11. Les segmens des cercles sont semblables, lorsqu'ils reçoivent des angles égaux ou lorsque les angles qu'ils contiennent sont égaux entre eux (1).

---

(1) Une droite menée du centre à la circonférence se nomme *rayon*. Une droite menée d'un point de la circonférence à une autre se nomme *corde*. On nomme *arc* une portion de la circonférence.

PROPOSITION PREMIÈRE.

PROBLÈME.

Trouver le centre d'un cercle donné.

Soit ABC (fig. 61) le cercle donné : il faut trouver le centre du cercle ABC.

Conduisez dans le cercle une droite quelconque AB, partagez-la en deux parties égales au point D (prop. 10. 1); du point D élevez une perpendiculaire DC sur AB (prop. 11. 1), prolongez la droite DC jusqu'en E, et partagez CE en deux parties égales au point F : je dis que le point F est le centre du cercle ABC.

Car supposons que le point F ne le soit pas, et que ce soit le point G, si cela est possible. Conduisez les droites GA, GD, GB. Puisque la droite AD est égale à la droite DB et que la droite DG est commune, les deux droites AD, DG seront égales aux deux droites DB, DG, chacune à chacune ; mais la base GA est égale à la base GB, puisque ce sont deux droites menées du centre à la circonférence (déf. 15. 1): donc l'angle ADG est égal à l'angle GDB (prop. 8. 1); mais lorsqu'une droite tombant sur une autre droite fait avec elle les angles de suite égaux, chacun de ces angles égaux est

droit (déf. 10. 1) : donc l'angle G D B est droit ;
mais l'angle F D B est droit aussi : donc l'angle
F D B est égal à l'angle G D B ; c'est-à-dire que
le plus grand est égal au plus petit, ce qui est
impossible : donc le point G n'est pas le centre
du cercle A B C. On démontrera de la même
manière que tout autre point, excepté le point
F, n'est pas le centre du cercle.

Donc le point F est le centre du cercle.

C O R O L L A I R E.

De là il suit évidemment que si dans un cercle une droite en coupe une autre en deux
parties égales en faisant avec elle deux angles
droits, le centre du cercle est placé dans la
droite sécante.

P R O P O S I T I O N I I.

T H É O R È M E.

*Si l'on prend deux points quelconques dans la
circonférence d'un cercle, la droite qui joint ces
deux points tombera dans le cercle.*

Soit le cercle A B C (fig. 62) ; qu'on prenne
deux points quelconques A, B, dans la circonférence de ce cercle : je dis que la droite qui
est menée du point A au point B, tombe dans
le cercle.

Si cette droite ne tombe pas dans le cercle, supposons, s'il est possible, qu'elle tombe en dehors, en AFB par exemple; cherchez le centre du cercle ABC (prop. 1.3), supposons que D soit ce centre; menez les rayons AD, DB, et prolongez DF jusqu'en E.

Puisque la droite DA est égale à la droite DB, l'angle DAE sera égal à l'angle DBE (prop. 5. 1); et puisque l'on a prolongé un côté AEB du triangle DAE, l'angle DEB sera plus grand que l'angle DAE (prop. 16. 1); mais l'angle DAE est égal à l'angle DBE : donc l'angle DEB est plus grand que l'angle DBE; mais le plus grand côté est opposé à un plus grand angle (prop. 18. 1) : donc la droite DB est plus grande que la droite DE; mais la droite DF est égale à la droite DB : donc la droite DF est plus grande que la droite DE; c'est-à-dire que la plus petite surpasse la plus grande, ce qui est impossible : donc la droite menée du point A au point B ne tombe pas hors du cercle. Nous démontrerons de la même manière qu'elle ne tombe pas dans la circonférence : donc elle tombe en-dedans du cercle.

Donc si l'on prend deux points quelconques de la circonférence, la droite qui joint ces deux points tombe en-dedans du cercle; ce qu'il falloit démontrer.

PROPOSITION III.

THÉORÈME.

Si dans un cercle une droite qui passe par le centre
coupe en deux parties égales une droite qui ne
passe pas par le centre, la première droite cou-
pera la seconde à angles droits ; et si la pre-
mière coupe la seconde à angles droits, elle la
coupera en deux parties égales.

Soit le cercle ABC (fig. 63); supposons que
la droite CD menée dans le cercle par le centre
coupe la droite AB, qui ne passe pas par le
centre, en deux parties égales au point F : je
dis que la première droite coupe la seconde à
angles droits.

Cherchez le centre du cercle ABC (prop. 1.3);
supposons que son centre soit le point E, conduisez les droites EA, EB.

Puisque la droite AF est égale à la droite
FB et que la droite FE est commune, les deux
droites AF, FF sont égales aux deux droites
FB, FE; mais la base EA est égale à la base
EB : donc l'angle AFE sera égal à l'angle BFE
(prop. 8. 1); mais lorsqu'une droite tombant
sur une autre droite fait les angles de suite
égaux entr'eux, chacun de ces angles est droit:

donc chacun des angles AFE, BFE est droit :
donc la droite CD, menée par le centre et coupant en deux parties égales la droite AB qui ne passe pas par le centre, coupe la droite AB à angles droits.

Si la droite CD coupe la droite AB à angles droits, je dis qu'elle la coupe aussi en deux parties égales, c'est-à-dire que la droite AF est égale à la droite FB.

Faites la même construction ; puisque la droite EA est égale à la droite EB, l'angle EAF sera égal à l'angle EBF (prop. 5. 1); mais l'angle droit AFE est égal à l'angle droit BFE : donc les deux triangles EAF, EBF auront deux angles égaux à deux angles, chacun à chacun, et un côté égal à un côté, c'est-à-dire un côté commun qui est opposé à un des angles égaux : donc ces deux triangles auront les autres côtés égaux aux autres côtés (prop. 26. 1) : donc la droite AF est égale à la droite BF.

Donc si dans un cercle une droite qui passe par le centre coupe en deux parties égales une autre droite qui ne passe pas par le centre, la première coupera la seconde à angles droits; et si la première coupe la seconde à angles droits, elle la coupera en deux parties égales; ce qu'il falloit démontrer.

H

PROPOSITION IV.

THÉORÈME.

Si dans un cercle deux droites qui ne passent point par le centre se coupent, elles ne se couperont point en deux parties égales.

Soit le cercle ABCD (fig. 64), et supposons que les deux droites AC, BD, qui ne sont point conduites par le centre, se coupent mutuellement au point E : je dis qu'elles ne se coupent point en deux parties égales.

Supposons, s'il est possible, qu'elles se coupent en deux parties égales, de manière que AE soit égal à EC et BE égal à ED : prenez le centre du cercle ABCD, et supposons que son centre soit le point F ; menez FE.

Puisque la droite FE, conduite par le centre, coupe en deux parties égales la droite AC qui n'est point conduite par le centre, la première coupera la seconde à angles droits (prop. 3. 3) : donc l'angle FEA est droit. De plus, puisque la droite FE coupe en deux parties égales la droite BD qui n'est pas conduite par le centre, la première coupera la seconde à angles droits : donc l'angle FEB est droit. Mais on a démontré que l'angle FEA est droit aussi : donc l'angle FEA est égal à l'angle FEB; c'est-à-dire que le plus petit est égal au plus grand, ce qui est impossible : donc les droites AC, BD ne se coupent point en deux parties égales.

Donc si dans un cercle deux droites qui ne sont point conduites par le centre se coupent mutuellement, elles ne se couperont point en deux parties égales; ce qu'il falloit démontrer.

PROPOSITION V.

THÉORÈME.

Si deux cercles se coupent mutuellement, ils n'auront pas le même centre.

Que les deux cercles ABC, CDG (fig. 65) se coupent mutuellement aux deux points B, C : je dis qu'ils n'auront pas le même centre.

Supposons, s'il est possible, qu'ils aient le même centre et que ce centre soit le point E ; après avoir conduit la droite EC, conduisez la droite EFG d'une manière quelconque.

Puisque le point E est le centre du cercle ABC., la droite EC sera égale à la droite EF (déf. 15. 1). De plus, puisque le point E est le centre du cercle CDG, la droite EC sera égale à la droite EG. Mais on a démontré que la droite EC est égale à la droite EF : donc la droite EF est égale à la droite EG, c'est-à-dire que la plus petite est égale à la plus grande, ce qui est impossible. Donc le point E n'est pas le centre des cercles ABC, CDG.

Donc si deux cercles se coupent mutuellement, ils n'auront pas le même centre; ce qu'il falloit démontrer.

PROPOSITION VI.

THÉORÈME.

Si deux cercles se touchent intérieurement, ils n'auront pas le même centre.

Que les deux cercles ABC, CDE (fig. 66) se touchent intérieurement au point C : je dis qu'ils n'auront pas le même centre.

Supposons que cela se puisse et que leur centre soit le point F; après avoir conduit la droite FC, conduisez d'une manière quelconque la droite FEB.

Puisque le point F est le centre du cercle ABC, la droite FC est égale à la droite FB. De plus, puisque le point F est le centre du cercle CDE, la droite FC est égale à la droite FE. Mais on a démontré que la droite FC est égale à la droite FB : donc la droite FE est égale à la droite FB; c'est-à-dire que la plus petite est égale à la plus grande, ce qui est impossible : donc le point F n'est point le centre des cercles ABC, CDE.

Donc si deux cercles se touchent intérieurement, ils n'auront pas le même centre ; ce qu'il falloit démontrer.

PROPOSITION VII.

THÉORÈME.

Si dans le diamètre d'un cercle on prend un point quelconque qui ne soit pas le centre de ce cercle, et si de ce point on conduit des droites à la circonférence, la plus grande sera celle qui passera par le centre, et la plus petite sera le reste du diamètre ; quant aux autres droites, celle qui sera plus proche de celle qui passe par le centre sera plus grande que celle qui en est plus éloignée ; et enfin du même point on ne peut conduire de part et d'autre de la plus petite que deux droites qui soient égales.

Soit le cercle ABCD (fig. 67), que AD soit son diamètre, prenez un point quelconque F qui ne soit pas le centre de ce cercle, que le centre du cercle soit le point E ; du point F conduisez à la circonférence ABCD les droites FB, FC, FG : je dis que la droite FA est la plus grande, que la droite FD est la plus petite, et que parmi les autres la droite FB est plus grande que la droite FC, et que la droite FC est plus grande que la droite FG.

Conduisez les droites BE, CE, GE.

Puisque deux côtés d'un triangle sont plus grands que le côté restant (prop. 21. 1), les droites EB, EF seront plus grandes que la droite BF; mais la droite AE est égale à la droite BE : donc les droites BE, EF sont égales à la droite AF : donc la droite AF est plus grande que la droite BF. De plus, puisque la droite BE est égale à la droite CE et que la droite EF est commune, les deux droites BE, EF sont égales aux deux droites CE, EF; mais l'angle BEF est plus grand que l'angle CEF : donc la base BF est plus grande que la base CF (prop. 24. 1); par la même raison la base CF est plus grande que la base FG.

De plus, puisque les droites GF, FE sont plus grandes que la droite EG, et que la droite EG est égale à la droite ED, les droites GF, FE seront plus grandes que la droite ED : donc si on retranche la droite commune EF, la droite restante GF sera plus grande que la droite restante FD : donc la droite FA est la plus grande, et la droite FD la plus petite : donc la droite FB est plus grande que la droite FC, et la droite FC plus grande que la droite FG.

Je dis aussi que du point F, on ne peut conduire à la circonférence ABCD, de part et d'autre de la plus petite FD, que deux droites égales; car sur la droite EF et au point donné E pris sur cette droite construisez l'angle FEH égal à l'angle GEF (prop. 23. 1), et conduisez la droite FH. Puisque la droite GE est égale à la droite EH et que la droite EF est commune, les deux droites GE, EF sont égales aux deux droites HE, EF; mais l'angle GEF est égal à l'angle HEF par construction : donc la base FG sera égale à la base FH (prop. 4. 1) : je dis que du point F on ne peut conduire une autre droite égale à FG. Car supposons que cela se puisse, et que ce soit la droite FK; puisque la droite FK est égale à FG, et que FH est aussi égale à FG, la droite FH sera égale à la droite FK, c'est-à-dire que la droite qui est plus près de celle qui passe par le centre est égale à celle qui en est plus éloignée ; ce qui ne peut être.

AUTREMENT.

Conduisez la droite EK; puisque la droite GE est égale à la droite EK, que la droite FE est commune, et que la base GF est égale à la

4

base FK, l'angle GEF sera égal à l'angle KEF
(prop. 8. 1); mais l'angle GEF est aussi égal à
l'angle HEF : donc l'angle HEF sera égal à
l'angle KEF, c'est-à-dire que le plus petit est
égal au plus grand; ce qui est impossible : donc
par le point F on ne peut pas conduire à la circonférence une autre droite qui soit égale à GF :
donc on n'en peut conduire qu'une seule.

Donc si dans le diamètre d'un cercle on prend
un point quelconque qui ne soit pas le centre
de ce cercle, et si de ce point on conduit des
droites à la circonférence, la plus grande sera
celle qui passe par le centre, et la plus petite
sera le reste du diamètre ; quant aux autres
droites, celle qui sera plus proche de celle qui
passe par le centre sera plus grande que celle
qui en est plus éloignée ; et enfin du même
point on ne peut conduire de part et d'autre
de la plus petite que deux droites qui soient
égales ; ce qu'il falloit démontrer.

PROPOSITION VIII.

THÉORÈME.

Si l'on prend un point quelconque hors d'un cer-
cle, et si de ce point on conduit à ce cercle plu-
sieurs droites dont l'une passe par le centre et
dont les autres passent par-tout où l'on voudra;
parmi les droites qui vont à la circonférence
concave, la plus grande est celle qui passe par
le centre; celle qui est plus près de celle qui
passe par le centre est plus grande que celle
qui s'en éloigne davantage; mais parmi les
droites qui vont à la circonférence convexe,
la plus petite est celle qui est comprise entre le
point pris hors du cercle et le diamètre; et celle
qui est plus près de la plus petite est plus courte
que celle qui s'en éloigne davantage; enfin de
ce point on ne peut mener à la circonférence
et de part et d'autre de la plus petite que deux
droites qui soient égales.

Soit le cercle ABC (fig. 68), et hors de ce
cercle soit pris un point quelconque D; de ce
point menez à ce cercle les droites DA, DE, DF,
DC, et supposons que DA passe par le centre:
je dis que de toutes les droites qui vont à la circonférence concave AEFC, la droite DA, qui

passe par le centre, est la plus grande, et que celle qui est plus près de celle qui passe par le centre est plus grande que celle qui s'en éloigne davantage, c'est-à-dire que la droite DE est plus grande que la droite DF, et la droite DF plus grande que la droite DC; mais parmi les droites qui vont à la circonférence convexe HLKG, celle qui est comprise entre le point D et le diamètre AG est la plus petite, et celle qui est plus près de la plus petite est toujours plus courte que celle qui s'en éloigne davantage; c'est-à-dire que la droite DK est plus courte que la droite DL, et la droite DL plus courte que la droite DH.

Cherchez le centre du cercle ABC (prop. 1.3), supposons que M soit ce centre; conduisez les droites ME, MF, MC, MK, ML, MH.

Puisque la droite AM est égale à la droite EM, si nous leur ajoutons une droite commune MD, la droite AD sera égale aux droites EM, MD; mais les droites EM, MD sont plus grandes que la droite ED (prop. 20. 1) : donc la droite AD est plus grande que la droite ED. De plus, puisque la droite ME est égale à la droite MF, et que la droite MD est commune, les droites EM, MD seront égales aux droites MF, MD; mais l'angle EMD est plus grand

que l'angle FMD : donc la base ED sera plus
grande que la base FD (prop. 24. 1). Nous démontrerons de la même manière que la droite
FD est plus grande que la droite CD : donc la
droite DA est la plus grande, la droite DE est
plus grande que la droite DF, et la droite DF
plus grande que la droite CD.

De plus, puisque les droites MK, KD sont
plus grandes que la droite MD (prop. 20. 1),
et que la droite MG est égale à la droite MK,
la droite restante KD sera plus grande que la
droite restante GD : donc la droite GD est plus
petite que la droite KD : donc elle est la plus
petite. Si des extrémités du côté MD du triangle MLD on conduit intérieurement les droites
MK, KD, les droites MK, KD seront plus
petites que les droites ML, LD (prop. 21. 1);
mais la droite MK est égale à la droite ML :
donc la droite restante DK est plus petite que
la droite restante DL. Nous démontrerons de
la même manière que la droite DL est plus
petite que la droite DH : donc la droite DG
est la plus petite, et la droite DK est plus petite
que la droite DL, et la droite DL plus petite
que la droite DH.

Je dis encore que du point D on ne peut conduire au cercle, de part et d'autre de la plus

petite, que deux droites égales. Construisez sur
la droite MD, et au point donné M, un angle
DMB égal à l'angle KMD, et conduisez DB.
Puisque la droite MK est égale à la droite MB
et que la droite MD est commune, les deux
droites KM, MD sont égales aux deux droites
BM, MD, chacune à chacune ; mais l'angle
KMD est égal à l'angle BMD : donc la base DK
est égale à la base DB (prop. 4. 1) : je dis qu'il
est impossible de conduire du point D au cercle ABC une autre droite qui soit égale à la
droite DK. Supposons que cela se puisse et
que cette droite soit DN ; puisque la droite DK
est égale à la droite DN et la droite DB égale
aussi à la droite DK, la droite DB sera égale à la
droite DN, c'est-à-dire que la droite qui est plus
près de la plus petite est égale à la droite qui
s'en éloigne davantage ; ce qui a été démontré
impossible.

AUTREMENT.

Conduisez la droite MN ; puisque la droite
KM est égale à la droite MN, que la droite MD
est commune et que la base DK est égale à la
base DN, l'angle KMD sera égal à l'angle DMN
(prop. 8. 1); mais l'angle KMD est égal à l'angle BMD : donc l'angle BMD est égal à l'angle

BND, c'est-à-dire que le plus petit est égal au plus grand, ce qui est impossible : donc il est impossible de conduire du point D au cercle ABC, et de part et d'autre de la plus petite droite GD, plus de deux droites égales.

Donc si l'on prend un point quelconque hors d'un cercle, et si de ce point on conduit à ce cercle plusieurs droites dont l'une passe par le centre et dont les autres passent par-tout où l'on voudra ; parmi les droites qui vont à la circonférence concave, la plus grande est celle qui passe par le centre ; celle qui est plus près de celle qui passe par le centre est plus grande que celle qui s'en éloigne davantage ; mais parmi les droites qui vont à la circonférence convexe, la plus petite est celle qui est comprise entre le point pris hors du cercle et le diamètre ; et celle qui est plus près de la plus petite est plus courte que celle qui s'en éloigne davantage ; enfin de ce point on ne peut mener à la circonférence, et de part et d'autre de la plus petite, que deux droites qui soient égales ; ce qu'il falloit démontrer.

PROPOSITION IX.

THÉORÊME.

*Si dans un cercle l'on prend un point quelconque,
et si parmi les droites menées de ce point à la
circonférence il y en a plus de deux qui soient
égales entr'elles, ce point sera le centre du
cercle.*

Soit le cercle ABC (fig. 69), que dans ce
cercle l'on prenne le point D et qu'il y ait plus
de deux droites égales entr'elles qui aillent de
ce point à la circonférence, c'est-à-dire les
droites DA, DB, DC : je dis que le point D est
le centre du cercle ABC.

Conduisez les droites AB, BC, et partagez-
les en deux parties égales aux points E, F
(prop. 10. 1); conduisez les droites ED, DF,
que vous prolongerez vers les points G, K, H, L.

Puisque la droite AE est égale à la droite EB,
et que la droite ED est commune, les deux
droites AE, ED seront égales aux deux droites
BE, ED ; mais la base DA est égale à la base
DB : donc l'angle AED est égal à l'angle BED
(prop. 8. 1), et par conséquent chacun des
angles AED, BED est droit : donc la droite
GK, qui coupe la droite AB en deux parties

égales, la coupe aussi à angles droits; mais lorsque dans un cercle une droite coupe une autre droite en deux parties égales et à angles droits, le centre du cercle est placé dans la droite sécante (cor. 1. 3) : donc le centre du cercle ABC sera dans la droite GK; par la même raison le centre du cercle ABC sera placé dans la droite HL; mais les droites GK, HL n'ont qu'un seul point commun qui est le point D : donc le point D est le centre du cercle ABC.

Donc si dans un cercle on prend un point quelconque, et si parmi les droites menées de ce point à la circonférence il y en a plus de deux qui soient égales entr'elles, ce point sera le centre du cercle.

AUTREMENT.

Dans le cercle ABC (fig. 70) soit pris un point quelconque D, et que parmi les droites menées du point D à la circonférence ABC il y en ait plus de deux qui soient égales entre elles, c'est-à-dire les droites DA, DB, DC : je dis que le point D est le centre du cercle ABC.

Supposons, s'il est possible, que le point D ne soit pas le centre du cercle ABC, et supposons que le centre de ce cercle soit le point E, conduisez la droite DE et prolongez-la vers F, G.

La droite FG sera un diamètre du cercle ABC.
Si l'on prend dans le diamètre FG du cercle
ABC un point D qui ne soit pas le centre de
ce cercle, la droite DG sera la plus grande de
toutes, et la droite DC sera plus grande que la
droite DB, et la droite DB plus grande que la
droite DA (prop. 7. 3); mais ces droites sont
égales, ce qui ne peut être : donc le point E
n'est pas le centre du cercle ABC. Nous démontrerons de la même manière qu'il n'y a pas
d'autre point, excepté le point D, qui soit le
centre du cercle ADC : donc le point D est le
centre du cercle ABC.

PROPOSITION X.

THÉORÈME.

*Une circonférence de cercle ne peut couper la
circonférence d'un autre cercle qu'en deux
points.*

Supposons que cela puisse arriver, et que la
circonférence du cercle ABC (fig. 71) coupe la
circonférence du cercle DEF en plus de deux
points : savoir, aux points B, G, H; conduisez
les droites BG, BH, et partagez-les en deux
parties égales aux points K, L; par les points
K, L, conduisez les droites KC, LM perpen-

diculaires sur B G, B H, et prolongez-les vers
les points A, E.

Puisque dans le cercle ABC, la droite AC
coupe la droite BH en deux parties égales et à
angles droits, le centre du cercle ABC sera placé
dans la droite AC (corol. 1. 3). De plus, puisque dans le même cercle ABC la droite NO
coupe la droite BG en deux parties égales et à
angles droits, le centre du cercle ABC sera
placé dans la droite NO. On a démontré que
le centre est placé dans la droite AC, et les
deux droites AC, NO ne se rencontrent qu'au
seul point O : donc le point O est le centre du
cercle ABC. Nous démontrerons de la même
manière que le point O est le centre du cercle
DEF : donc les deux cercles ABC, DEF, qui
se coupent mutuellement, auront le même
centre O; ce qui est impossible (prop. 5. 3).

Donc la circonférence d'un cercle ne peut
pas couper la circonférence d'un autre cercle
en plus de deux points; ce qu'il falloit démontrer.

AUTREMENT.

Car que la circonférence du cercle ABC
(fig. 72) coupe la circonférence du cercle DEF
en plus de deux points, savoir, aux points B,

I

G, F; prenez le centre du cercle ABD, et que son centre soit le point K; menez les droites KF, KG, KB.

Puisque dans le cercle DEF on a pris un point K, et que parmi les droites qui vont de ce point à la circonférence DEF il y en a plus de deux qui sont égales entr'elles, savoir, les droites KB, KF, KG, le point K sera le centre du cercle DEF (prop. 9. 3); mais le point K est le centre du cercle ABC : donc ces deux circonférences, qui se coupent, auront le même centre; ce qui est impossible (prop.5.3).

Donc une circonférence de cercle ne peut pas couper la circonférence d'un autre cercle en plus de deux points; ce qu'il falloit démontrer.

PROPOSITION XI.

THÉORÈME.

Si deux circonférences de cercle se touchent intérieurement, et si on prend leurs centres, la droite qui joindra leurs centres ira au point de contact si elle est prolongée.

Que les deux cercles ABC, ADE (fig. 73) se touchent intérieurement au point A; qu'on prenne leurs centres, que le point F soit le

centre du cercle ABC, et que le point G soit
le centre du cercle ADE : je dis que la droite
menée du point G au point F ira au point de
contact A, si elle est prolongée.

Supposons, s'il est possible, que cette droite
étant prolongée n'aille pas au point de contact
et qu'elle ait la position FGDH; menez les
droites AF, AG.

Puisque les droites AG, GF sont plus grandes
que la droite FA (prop. 20. 1), c'est-à-dire que
la droite FH, car la droite FA est égale à la
droite FH, puisqu'elles partent du même centre:
donc si on ôte la droite commune FG, la droite
AG sera plus grande que la droite GH; mais la
droite AG est égale à la droite GD : donc la
droite GD est plus grande que la droite GH;
c'est-à-dire que la plus petite surpasse la plus
grande; ce qui est impossible : donc la droite
menée du point F au point G ne peut pas passer
autre part qu'au point de contact A : donc elle
passe au point de contact.

Donc si deux cercles se touchent intérieurement, la droite qui joint leurs centres passera
par le point de contact, si elle est prolongée;
ce qu'il falloit démontrer.

3

AUTREMENT.

Supposons que la droite menée du point G
au point F ait la position GFC et qu'elle soit
prolongée directement vers le point H, et qu'on
mène les droites AG, AF.

Puisque les droites AG, GF sont plus grandes
que la droite AF, et que la droite AF est égale
à la droite CF, ou bien à la droite FH, si l'on
retranche la droite commune FG, la droite
restante AG sera plus grande que la droite restante GH; mais AG est égal à GD : donc la
droite GD est plus grande que la droite GH,
c'est-à-dire que la plus petite surpasse la plus
grande; ce qui est impossible. Si le centre du
grand cercle est hors du petit cercle, nous
démontrerons de même qu'il s'en suit une
absurdité.

PROPOSITION XII.

THÉORÈME.

*Si deux circonférences de cercle se touchent exté-
rieurement, la droite qui joindra les deux
centres passera par le point de contact.*

Que les circonférences des deux cercles ABC,
ADE (fig. 74) se touchent extérieurement au

point A; qu'on prenne leurs centres, que le centre du cercle ABC soit le point F, et que le centre du cercle ADE soit le point G : je dis que la droite qui est conduite du point F au point G passe par le point de contact.

Supposons, s'il est possible, que le contraire arrive, et que cette droite ait la position FCDG ; conduisez les droites AF, AG.

Puisque le point F est le centre du cercle ABC, la droite FA sera égale à la droite FC. De plus, puisque le point G est le centre du cercle ADE, la droite AG sera égale à la droite GD ; mais on a démontré que la droite FA est égale à la droite FC : donc les droites FA, AG sont égales aux droites FC, DG : donc la droite totale FG est plus grande que les droites FA, AG ; mais, au contraire, elle est plus petite (prop. 20. 1), ce qui est impossible : donc la droite menée du point F au point G ne peut pas passer autre part qu'au point de contact : donc il faut nécessairement qu'elle passe au point de contact.

Donc si deux circonférences de cercles se touchent extérieurement, la droite qui joindra leurs centres passera par le point de contact, ce qu'il falloit démontrer.

PROPOSITION XIII.

THÉORÈME.

Une circonférence de cercle ne peut pas toucher une autre circonférence de cercle en plus d'un point, soit qu'elle la touche intérieurement, soit qu'elle la touche extérieurement.

Car si cela est possible, supposons d'abord que la circonférence du cercle ABDC (fig. 75) touche intérieurement la circonférence du cercle EBFD en plusieurs points, savoir aux points B, D.

Cherchez les centres des cercles ABDC, EBFD; que le point G soit le centre du premier et le point H le centre du second.

La droite qui est conduite du point G au point H passera par les points B, D (prop. 11.3). Qu'elle ait la position BGHD; puisque le point G est le centre du cercle ABDC, la droite BG est égale à la droite GD : donc la droite BG est plus grande que la droite HD, et la droite BH beaucoup plus grande que la droite HD. De plus, puisque le point H est le centre du cercle EBFD, la droite BH est égale à la droite HD; mais on a démontré qu'elle est beaucoup plus grande, ce qui est impossible : donc une

circonférence de cercle ne touche point intérieurement une autre circonférence de cercle
en plus d'un point.

Je dis encore qu'il est impossible qu'une circonférence de cercle touche extérieurement
une autre circonférence de cercle en plus d'un
point ; car si cela étoit possible, il faudroit que
la circonférence du cercle A C K touchât extérieurement la circonférence du cercle A B D C
en plus d'un point, aux points A, C, par exemple ; conduisez la droite AC.

Puisque dans la circonférence des cercles
ABDC, ACK on a pris deux points quelconques
A, C, la droite qui joint ces deux points tombera intérieurement dans l'une et l'autre des
deux circonférences (prop. 2. 3); mais la droite
qui tombe dans le cercle ABDC tombera hors
du cercle ACK (déf. 3. 3), ce qui est absurde :
donc une circonférence de cercle ne touche
point extérieurement une autre circonférence
de cercle en plus d'un point. On a démontré
qu'une circonférence ne touche point intérieurement une autre circonférence en plus
de deux points.

Donc une circonférence de cercle ne touche
point une autre circonférence de cercle en plus
d'un point , soit qu'elle la touche intérieure-

ment, soit qu'elle la touche extérieurement ;
ce qu'il falloit démontrer.

PROPOSITION XIV.

THÉORÈME.

*Dans une circonférence de cercle les droites égales
sont également éloignées du centre, et celles qui
sont également éloignées du centre sont égales.*

Soit le cercle ABDC (fig. 76) et que les
droites AB, CD, prises dans sa circonférence,
soient égales : je dis que ces deux droites sont
également éloignées du centre.

Cherchez le centre du cercle ABDC, et que
ce centre soit le point E ; de ce point conduisez
les droites EF, EG perpendiculaires sur les
droites AB, CD, et menez les droites AE, EC.

Puisque la droite EF, menée par le centre,
coupe à angles droits la droite AB, qui n'est pas
menée par le centre, elle la coupe en deux
parties égales (prop. 3.3) : donc la droite AF
est égale à la droite FB, et par conséquent la
droite AB est double de la droite AF. Par la
même raison la droite CD est double de la
droite CG ; mais la droite AB est égale à la
droite CD : donc la droite AF est égale à la
droite CG : et puisque la droite AE est égale

à la droite EC, le quarré de la droite AE est égal au quarré de la droite EC; mais les quarrés des droites AF, FE sont égaux au quarré de la droite AE (prop. 47. 1); car l'angle AFE est droit; et les quarrés des droites EG, GC sont égaux au quarré de la droite EC, puisque l'angle CGE est droit : donc les quarrés des droites AF, FE sont égaux aux quarrés des droites CG, GE; mais le quarré de la droite AF est égal au quarré de la droite CG, puisque la droite AF est égale à la droite CG : donc le quarré restant de la droite FE est égal au quarré restant de la droite EG : donc la droite FE est égale à la droite EG; mais dans un cercle les droites sont dites également éloignées du centre lorsque les perpendiculaires menées du centre sur ces lignes sont égales (déf. 4. 3) : donc les droites AB, CD sont également éloignées du centre.

Supposons actuellement que les droites AB, CD soient également éloignées du centre; c'est-à-dire, supposons que la droite FE soit égale à la droite EG : je dis que la droite AB est égale à la droite CD.

Avec les mêmes constructions nous démontrerons également que la droite AB est double de la droite AF, et que la droite CD est double aussi de la droite CG. Puisque la droite AE est égale à la droite EC, le quarré de la droite AE sera égal au quarré de la droite EC ; mais les quarrés des droites EF, FG sont égaux au quarré de la droite de AE (prop. 47. 1), et les quarrés des droites EG, GC égaux au quarré de la droite EC : donc les quarrés des droites EF, FA sont égaux aux quarrés des droites EG, GC ; mais le quarré de la droite EG est égal au quarré de la droite EF, car la droite EG est égale à la droite EF : donc le quarré restant de la droite AF est égal au quarré restant de la droite CG : donc la droite AF est égale à la droite CG ; mais la droite AB est double de la droite AF, et la droite CD double de la droite CG : donc la droite AB sera égale à la droite CD.

Donc dans une circonférence de cercle les droites égales sont également distantes du centre, et les droites également distantes du centre sont égales ; ce qu'il falloit démontrer.

PROPOSITION X V.

THÉORÈME.

*Dans une circonférence de cercle le diamètre est
la plus grande de toutes les droites, et la droite
qui est plus près du centre est plus grande que
celle qui en est plus éloignée.*

Soit le cercle ABCD (fig. 77) dont le diamètre est la droite AD et dont le centre est le
point E; que la droite BC soit plus près du
centre E que la droite FG : je dis que la droite
AD est la plus grande de toutes, et que la droite
BC est plus grande que la droite FG.

Conduisez du centre les droites EH, EK
perpendiculaires sur BC, FG. Puisque la droite
BC est plus près du centre que la droite FG,
la droite EK sera plus grande que la droite EH
(déf. 5. 3); faites la droite EL égale à la droite
EH, et par le point L conduisez la droite LM
perpendiculaire sur EK, prolongez la droite
LM vers le point N, et menez les droites EM,
EN, EF, EG.

Puisque la droite EL est égale à la droite
EH, la droite MN sera égale à la droite BC
(prop. 14. 3). De plus, puisque la droite AE
est égale à la droite EM et la droite ED égale

à la droite EN, la droite AD sera égale aux droites ME, EN ; mais les droites ME, EN sont plus grandes que la droite MN : donc la droite AD est plus grande que la droite MN ; mais la droite MN est égale à la droite BC : donc la droite AD est plus grande que la droite BC ; et puisque les deux droites ME, EN sont égales aux deux droites FE, EG, et que l'angle MEN est plus grand que l'angle FEG, la base MN sera plus grande que la base FG (prop. 24. 1). Mais on a démontré que la droite MN est égale à la droite BC : donc la droite BC est plus grande que la droite FG : donc le diamètre AD est la plus grande de toutes les droites, et la droite BC est plus grande que la droite FG.

Donc dans une circonférence de cercle le diamètre est la plus grande de toutes les droites, et la droite qui est plus près du centre est plus grande que celle qui en est plus éloignée ; ce qu'il falloit démontrer.

PROPOSITION XVI.

THÉORÈME.

Une droite perpendiculaire au diamètre d'un cercle et menée par une de ses extrémités, tombe hors de ce cercle ; il est impossible qu'il y ait une droite dans l'espace qui est compris entre cette perpendiculaire et la circonférence ; l'angle du demi-cercle est plus grand qu'aucun angle rectiligne aigu, et l'autre angle est plus petit qu'aucun angle rectiligne aigu.

Soit le cercle ABC (fig. 78) dont le point D est le centre et la droite AB le diamètre : je dis que la perpendiculaire à la droite AB, menée par le point A, tombe hors du cercle.

Car si cela n'est point, supposons s'il est possible, qu'elle tombe en-dedans et qu'elle ait la position AC ; conduisez la droite DC.

Puisque la droite DA est égale à la droite DC, l'angle DAC sera égal à l'angle ACD (prop. 5. 1) ; mais l'angle DAC est droit : donc l'angle ACD est droit aussi : donc les angles DAC, ACD sont égaux à deux angles droits, ce qui est impossible (prop. 17. 1) : donc la perpendiculaire au diamètre AB, menée par le point A ne tombe point dans le cercle. Nous démontrerons de la même manière qu'elle ne tombe point sur la circonférence : donc il est nécessaire qu'elle tombe en-dehors, et qu'elle ait une position comme la droite AE.

Je dis qu'il est impossible qu'il y ait une droite dans l'espace qui est compris entre la droite AE et la circonférence CHA.

Car si cela est possible, supposons qu'il y ait une droite qui ait la position FA ; du point D menez une droite DG perpendiculaire à FA.

Puisque l'angle AGD est droit et que l'angle DAG est plus petit qu'un angle droit, la droite AD sera plus grande que la droite DG ; mais la droite DA est égale à la droite DH : donc la droite DH est plus grande que la droite AG, c'est-à-dire que la plus petite surpasse la plus grande, ce qui est impossible : donc il est impossible qu'il y ait une droite dans l'espace qui est compris entre cette perpendiculaire et la circonférence.

Je dis de plus, que l'angle du demi-cercle qui est compris par la droite BA et la circonférence CHA est plus grand qu'aucun angle rectiligne aigu, et que l'angle restant compris par la circonférence CHA et la droite AE est plus petit qu'aucun angle rectiligne aigu.

Car s'il y a un angle rectiligne plus grand que l'angle compris par la droite BA et par la circonférence CHA, ou s'il y a un angle rectiligne plus petit que l'angle compris par la circonférence CHA et par la droite AE, supposons que dans l'espace compris entre la circonférence CHA et la droite AE, il y ait une droite quelconque qui fasse un angle plus grand que celui qui est compris par la droite BA et la circonférence CHA, savoir, un angle compris par deux droites, et qu'il y ait un angle plus petit que celui qui est compris par la circonférence CHA et la droite AE; mais il n'y en a point : donc il n'y a point d'angle aigu qui, étant compris par des droites, soit plus grand que l'angle compris par la droite BA et la circonférence CHA, ni d'angle plus petit que celui qui est compris par la circonférence CHA et la droite AE; ce qu'il falloit démontrer.

COROLLAIRE.

Il suit manifestement de là que la droite perpendiculaire au diamètre, et menée d'une de ses extrémités, touche la circonférence, et que cette droite ne la touche qu'en un seul point, parce que nous avons démontré que les droites que rencontre le cercle en deux points, entrent dans le cercle (prop. 2. 3).

PROPOSITION XVII.

PROBLÈME.

D'un point donné, conduire une droite qui touche la circonférence d'un cercle donné.

Soit A (fig. 79) un point donné quelconque et BCD le cercle donné : il faut conduire du point A une droite qui touche la circonférence du cercle BCD.

Prenez le centre de ce cercle, conduisez la droite AE; du centre E et avec un intervalle EA, décrivez la circonférence AFG (dem. 3); par le point D conduisez une perpendiculaire DF sur la droite EA, et menez les droites EBF, AB : je dis que la droite AB, menée du point A, touche la circonférence du cercle BCD.

Puisque le point E est le centre des cercles BCD, AFG, la droite EA sera égale à la droite EF, et la droite ED égale à la droite EB : donc les deux droites AE, EB sont égales aux deux droites FE, ED; mais ces droites comprennent un angle commun qui est en E : donc la base DF est égale à la base AB, le triangle DEF égal au triangle EBA, et les autres angles de

l'un de ces triangles sont égaux aux autres
angles de l'autre triangle (prop. 4. 1) : donc
l'angle EBA est égal à l'angle EDF ; mais l'angle EDF est droit : donc l'angle EBA est droit
aussi. Mais la droite EB est un rayon, et la perpendiculaire à une des extrémités d'un diamètre
touche le cercle (prop. 16. 3) : donc la droite
AB touche le cercle.

Donc la droite AB, qui a été menée par le
point A, touche le cercle BCD ; ce qu'il falloit
faire.

PROPOSITION XVIII.

THÉORÈME.

Si une droite touche la circonférence d'un cercle,
et si du centre on mène une droite au point de
contact, cette dernière droite sera perpendi-
culaire sur la première.

Que la droite DE (fig. 80) touche au point C
la circonférence du cercle ABC ; prenez le centre F de ce cercle, et de ce centre conduisez
la droite FC au point C : je dis que la droite FC
est perpendiculaire sur la droite DE.

Car si elle ne l'est pas, du point F conduisez
la droite FG perpendiculaire sur la droite DE
(prop. 12. 1).

K

Puisque l'angle FGC est droit, l'angle GCF sera aigu (prop. 17. 1); mais un plus grand angle est opposé à un plus grand côté (prop. 19. 1): donc la droite FC est plus grande que la droite FG; or la droite FC est égale à la droite FB: donc la droite FB est plus grande que la droite FG, c'est-à-dire que la plus petite surpasse la plus grande; ce qui est impossible : donc la droite FG n'est pas perpendiculaire sur la droite DE. Nous démontrerons d'une manière semblable qu'il n'y a point d'autre droite, excepté FC, qui soit perpendiculaire sur la droite DE: donc la droite FC est perpendiculaire sur la droite DE.

Donc si une droite touche une circonférence de cercle, et si du centre on mène une droite au point de contact, cette dernière droite sera perpendiculaire sur la première; ce qu'il falloit démontrer.

PROPOSITION XIX.

THÉORÈME.

Si une droite touche le cercle, et si par le point de contact on lui mène une perpendiculaire, cette perpendiculaire passera par le centre.

Qu'une droite DE (fig. 81.) touche le cercle ABC au point C; par le point C conduisez une perpendiculaire sur la droite DE : je dis que la perpendiculaire AC passera par le centre. Car si cela n'est point, supposons, s'il est possible, que le centre soit le point F, et menons la droite CF.

Puisque la droite DE touche le cercle ABC et que la droite FC a été menée du centre au point de contact, la droite FC sera perpendiculaire sur la droite DE (prop. 18. 3) : donc l'angle FCE est droit ; mais l'angle ACE est droit aussi : donc l'angle FCE est égal à l'angle ACE, c'est-à-dire que le plus petit est égal au plus grand, ce qui est impossible : donc le point F n'est pas le centre du cercle ABC. Nous démontrerons d'une manière semblable qu'il n'y a aucun autre point qui puisse être le centre du cercle, à moins qu'il ne soit placé dans la droite AC.

Donc si une droite touche un cercle, et si par le point de contact on lui mène une perpendiculaire, cette perpendiculaire passera par le centre ; ce qu'il falloit démontrer.

PROPOSITION XX.

THÉORÈME.

Dans le cercle, l'angle au centre est double de l'angle à la circonférence, quand ils ont pour base la même portion de la circonférence.

Soit le cercle ABC (fig. 82), que l'angle BEC soit au centre de ce cercle, que l'angle BAC soit à la circonférence, et que ces deux angles aient pour base la même portion de la circonférence BC : je dis que l'angle BEC est double de l'angle BAC.

Conduisez la ligne AE, et prolongez-la jusqu'en F.

Puisque la droite EA est égale à la droite EB, l'angle EAB sera égal à l'angle EBA (prop. 5. 1) : donc les angles EAB, EBA sont doubles de l'angle EAB; mais l'angle BEF est égal aux angles EAB, EBA (prop. 32. 1); donc l'angle BEF est double de l'angle EAB. L'angle FEC est double de l'angle FAC, par la même raison; donc l'angle total BEC est double de l'angle total BAC.

Que l'angle BAC change de position et qu'il devienne BDC; conduisez la droite DE et prolongez-la jusqu'en G. Nous démontrerons sem-

blablement que l'angle GEC est double de l'angle GDC ; mais l'angle GEB est double de l'angle GDB : donc l'angle restant BEC est double
de l'angle restant BDC.

Donc dans le cercle, l'angle au centre est
double de l'angle à la circonférence, quand ils
ont pour base la même portion de la circonférence ; ce qu'il falloit démontrer.

PROPOSITION XXI.

THÉORÈME.

Les angles placés dans un même segment de cercle
sont égaux entr'eux.

Soit le cercle ABCD (fig. 83) et que les
angles BAD, BED soient placés dans le même
segment BAED : je dis que ces angles sont
égaux entr'eux.

Prenons le centre du cercle ABCD (prop. 1.3),
et que ce centre soit le point F ; menez les
droites BF, FD.

Puisque l'angle BFD est au centre, que l'angle BAD est à la circonférence, et que ces deux
angles ont pour base la même portion de la
circonférence, l'angle BFD sera double de l'angle BAD (prop. 20. 3); l'angle BFD est double
aussi de l'angle BED, par la même raison : donc

3

l'angle BAD est égal à l'angle BED (ax. 7).

Donc les angles, placés dans le même segment de cercle, sont égaux entr'eux ; ce qu'il
falloit démontrer.

PROPOSITION XXII.

THÉORÈME.

Les angles opposés des quadrilatères inscrits dans
des cercles sont égaux à deux droits.

Soit le cercle ABCD (fig. 84) et que le quadrilatère ABCD soit inscrit dans ce cercle : je
dis que les angles opposés de ce quadrilatère
sont égaux à deux droits.

Conduisez les droites AC, BD.

Puisque les trois angles de tout triangle sont
égaux à deux droits (prop. 32. 1), les trois
angles CAB, ABC, BCA du triangle ABC seront
égaux à deux angles droits ; mais l'angle CAB
est égal à l'angle BDC (prop. 21. 3), car ces
deux angles sont placés dans le même segment
BADC ; l'angle ACB est égal à l'angle ADB,
parce que ces deux angles sont placés dans le
même segment ; donc l'angle total ADC est
égal aux angles BAC, ACB ; donc si nous ajoutons un angle commun ABC, les angles ABC,
BAC, ACB seront égaux aux angles ABC,

ADC; mais les angles ABC, BAC, ACB sont égaux à deux droits : donc les angles ABC, ADC sont égaux à deux angles droits. Nous démontrerons semblablement que les angles BAD, DCB sont aussi égaux à deux droits.

Donc les angles opposés des quadrilatères inscrits dans des cercles sont égaux à deux droits ; ce qu'il falloit démontrer.

PROPOSITION XXIII.

THÉORÊME.

Sur une même droite, on ne peut pas décrire du même côté deux segmens de cercles semblables et inégaux.

Supposons que cela soit possible; décrivez du même côté et sur la même droite AB (fig. 85) deux segmens de cercle ACB, ADB semblables et inégaux, et conduisez la droite ADC et les droites CB, DB.

Puisque le segment ACB est semblable au segment ADB, et que les segmens de cercles semblables sont ceux qui reçoivent des angles égaux (déf. 11. 3), l'angle ACB sera égal à l'angle ADB, c'est-à-dire qu'un angle intérieur est égal à un angle extérieur; ce qui est impossible (prop. 16. 1).

4

Donc sur une même droite on ne peut pas décrire du même côté deux segmens de cercles semblables et inégaux; ce qu'il falloit démontrer.

PROPOSITION XXIV.

THÉORÈME.

Sur des droites égales, les segmens de cercles semblables sont égaux entr'eux.

Que sur les droites égales AB, CD (fig. 86) soient décrits les segmens de cercles semblables AEB, CFD : je dis que le segment AEB est égal au segment CFD.

Car le segment AEB étant appliqué sur le segment CFD, le point A sur le point C et la droite AB sur la droite CD, le point B s'appliquera sur le point D, puisque la droite AB est égale à la droite CD; mais la droite AB s'appliquant exactement sur la droite CD, le segment AEB s'appliquera exactement sur le segment CFD; car si la droite AB s'appliquant exactement sur la droite CD, le segment AEB ne s'applique pas exactement sur le segment CFD, le segment AEB changera de position et prendra par exemple la position CHGD; mais une circonférence de cercle ne peut couper une autre circonférence de cercle en plus de deux points (prop. 10.3), et la circonférence CHGD coupe la circonférence CFD en plus de deux points, savoir, aux points C, G, D, ce qui est impossible; donc la droite AB s'appliquant exactement sur la droite CD, il est impossible que le segment AED ne s'applique pas exactement sur le segment CFD : donc le premier segment s'appliquera exactement sur le second : donc il lui sera égal.

Donc, sur des droites égales, les segmens de cercles semblables sont égaux entr'eux; ce qu'il falloit démontrer.

PROPOSITION XXV.

PROBLÈME.

Un segment de cercle étant donné, décrire le cercle dont il est segment.

Soit ABC (fig. 87, 88, 89) le segment de cercle donné : il faut décrire le cercle dont ABC est le segment.

Coupez la droite AC en deux parties égales au point D (prop. 10.1), du point D conduisez la perpendiculaire DB sur AC (prop. 11.1), et menez la droite AB; l'angle ABD est ou plus grand que l'angle BAD, ou il lui est égal, ou il est plus petit.

Supposons d'abord qu'il soit plus grand ; sur la droite donnée BA (fig. 87) et au point donné A faites l'angle BAE égal à l'angle ABD (prop. 23. 1), prolongez la droite DB jusqu'en E, et conduisez la droite EC. Puisque l'angle ABE est égal à l'angle BAE, la droite BE sera égale à la droite EA (prop. 6. 1), et puisque la droite AD est égale à la droite DC et que la droite DE est commune, les deux droites AD, DE sont égales aux deux droites CD, DE, chacune à chacune ; mais l'angle ADE est égal à l'angle CDE, car ils sont droits l'un et l'autre ; donc la base AE est égale à la base EC (prop. 4. 1). Mais il a été démontré que la droite AE est égale à la droite EB : donc la droite BE est égale à la droite EC : donc les trois droites AE, EB, EC sont égales entre elles : donc la circonférence de cercle décrite du point E comme centre, et avec un intervalle égal à l'une des droites AE, EB, EC, passera par les autres points, et le cercle sera décrit : donc un segment de cercle ayant été donné, on a décrit le cercle dont il est segment (prop. 9. 3). Il est évident que le segment ABC est plus petit qu'un demi-cercle, puisque le centre E est placé en-dehors de ce segment.

Si l'angle ABD (fig. 88) est égal à l'angle BAD, la droite AD étant égale à chacune des droites BD, DC, les trois droites DA, DB, DC seront égales entr'elles; le point D sera le centre du cercle entier (prop. 9. 3), et le segment ABC sera un demi-cercle.

Mais si l'angle ABD (fig. 89) est moindre que l'angle BAD, et si sur la droite BA et au point A donné dans cette droite, on fait l'angle BAE égal à l'angle ABD, le centre E sera en-dedans du segment ABC et sur la droite DB, et le segment sera plus grand qu'un demi-cercle.

Donc étant donné un segment de cercle, on a décrit le cercle dont il est segment; ce qu'il falloit faire.

PROPOSITION XXVI.

THÉORÊME.

Dans des cercles égaux des angles égaux s'appuient sur des arcs égaux, soit qu'ils soient placés à leurs centres ou bien à leurs circonférences.

Soient ABC, DEF (fig. 90) des cercles égaux, qu'aux centres de ces cercles soient les angles égaux BGC, EHF, et qu'à leurs circonférences soient les angles égaux BAC, EDF :

je dis que l'arc BKC est égal à l'arc ELF.

Conduisez les droites BC, EF.

Puisque les cercles ABC, DEF sont égaux, leurs rayons seront égaux : donc les deux droites BG, GC sont égales aux deux droites EH, HF; mais les angles G, H sont égaux : donc la base BC est égale à la base EF (prop. 4. 1). Puisque l'angle A est égal à l'angle D, le segment BAC sera semblable au segment EDF (déf. 11. 3); mais ces segmens sont placés sur les droites égales BC, EF, et les segmens semblables, qui sont placés sur des droites égales, sont égaux entr'eux (prop. 24. 3): donc le segment BAC est égal au segment EDF; mais le cercle entier ABC est égal au cercle entier DEF : donc le segment restant BKC est égal au segment restant ELF : donc l'arc BKC sera égal à l'arc ELF.

Donc, dans les cercles égaux, des angles égaux s'appuient sur des arcs égaux, soit qu'ils soient placés à leurs centres ou à leurs circonférences; ce qu'il falloit démontrer.

PROPOSITION XXVII.

THÉORÈME.

Dans les cercles égaux, les angles qui s'appuient sur des arcs égaux sont égaux entr'eux, soit qu'ils soient placés à leurs centres ou bien à leurs circonférences.

Que dans les cercles égaux ABC, DEF (fig. 91) les angles au centre BGC, EHF, et les angles à la circonférence BAC, EDF s'appuient sur les arcs égaux BC, EF : je dis que l'angle BGC est égal à l'angle EHF, et l'angle BAC égal à l'angle EDF.

Car si l'angle BGC est égal à l'angle EHF, il est évident que l'angle BAC est égal à l'angle EDF (prop. 20. 3); car si cela n'est pas, l'un de ces angles est nécessairement plus grand que l'autre. Supposons que l'angle BGC soit le plus grand. Sur la droite BG et au point G faisons l'angle BGK égal à l'angle EHF (prop. 23. 1); or les angles égaux s'appuient sur des arcs égaux lorsqu'ils sont placés au centre (prop. 26. 3) : donc l'arc BK est égal à l'arc EF, mais l'arc EF est égal à l'arc BC : donc l'arc BK est égal à l'arc BC, c'est-à-dire que le plus petit est égal au plus grand ; ce qui est impossible : donc les angles BGC, EHF ne sont pas inégaux : donc ils sont égaux; mais l'angle en A est la moitié de l'angle BGC et l'angle en D la moitié de l'angle EHF (prop. 20. 3) : donc l'angle en A est égal à l'angle en D.

Donc, dans les cercles égaux, les angles qui s'appuient sur des arcs égaux sont égaux entre eux, soit qu'ils soient placés à leurs centres ou bien à leurs circonférences; ce qu'il falloit démontrer.

PROPOSITION XXVIII.

THÉORÈME.

Dans les cercles égaux, des cordes égales soutendent des arcs égaux, le plus grand arc étant égal au plus grand, et le plus petit égal au plus petit.

Soient ABC, DEF (fig. 92) deux cercles égaux, et BC, EF deux cordes égales qui soutendent les deux grands arcs BAC, EDF, et les deux petits arcs BGC, EHF : je dis que le grand arc BAC est égal au grand arc EDF, et que le petit arc BGC est égal au petit arc EHF.

Prenez les centres K, L de ces cercles (prop. 1.3), et menez les droites BK, KC, EL, LF.

Puisque ces cercles sont égaux, leurs rayons seront égaux : donc les deux droites BK, KC sont égales aux deux droites EL, LF; mais la base BC est égale à la base EF : donc l'angle BKC est égal à l'angle ELF (prop. 8. 1); or les angles égaux s'appuient sur des arcs égaux quand ils sont placés aux centres (prop. 26. 3) : donc l'arc BGC est égal à l'arc EHF; mais la circonférence entière ABC est égale à la circonférence entière DEF : donc l'arc restant ABC est égal à l'arc restant EDF.

Donc, dans des cercles égaux, des cordes égales soutendent des arcs égaux, le plus grand arc étant égal au plus grand, et le plus petit égal au plus petit; ce qu'il falloit démontrer.

PROPOSITION XXIX.

THÉORÈME.

Dans des cercles égaux des cordes égales soutendent des arcs égaux.

Soient les cercles égaux ABC, DEF (fig. 92); que dans ces cercles soient pris les arcs égaux BGC, EHF, et menez les cordes BC, EF : je dis que la corde BC est égale à la corde EF.

Prenez les centres K, L des cercles, et menez les droites BK, KC, EL, LF.

Puisque l'arc B G C est égal à l'arc E H F, l'angle B K C est égal à l'angle E L F (prop. 27. 3); et puisque les cercles A B C, D E F sont égaux, leurs rayons seront égaux : donc les deux droites B K, K C sont égales aux deux droites E L, L F; mais ces droites comprennent des angles égaux : donc la base BC est égale à la base EF (prop. 4. 1).

Donc, dans des cercles égaux, des cordes égales soutendent des arcs égaux; ce qu'il falloit démontrer.

PROPOSITION XXX.

PROBLÈME.

Partager un arc donné en deux parties égales.

Soit A D B (fig. 93) un arc donné : il faut partager l'arc A D B en deux parties.

Menez la corde A B, et partagez-la en deux parties égales en C (prop. 10. 1); du point C élevez une perpendiculaire C D sur la corde A B (prop. 11. 1), et menez les droites A D, D B.

Puisque la droite A C est égale à la droite C B, et que la droite C D est commune, les deux droites A C, C D sont égales aux deux droites B C, C D; mais l'angle A C D est égal à l'angle B C D; car ils sont droits l'un et l'autre; donc la base A D est égale à la base D B (prop. 4. 1);

or les cordes égales soutendent des arcs égaux, le plus grand arc étant égal au plus grand, et le plus petit égal au plus petit (prop. 28. 3); mais l'un et l'autre des arcs AD, DB est moindre qu'une demi-circonférence : donc l'arc AD est égal à l'arc DB.

Donc l'arc donné a été partagé en deux parties égales ; ce qu'il falloit faire.

PROPOSITION XXXI.

THÉORÊME.

Dans un cercle, l'angle qui est compris dans le demi-cercle est droit ; celui qui est compris dans un segment plus grand est plus petit qu'un angle droit, et celui qui est compris dans un segment moindre est plus grand qu'un angle droit. L'angle d'un plus grand segment est plus grand qu'un angle droit, et celui d'un segment moindre est plus petit qu'un angle droit.

Soit un cercle ABCD (fig. 94) dont le diamètre est BC et le centre le point E ; menez les droites BA, AC, AD, DC : je dis que l'angle qui est compris dans le demi-cercle BAC est droit ; que l'angle compris dans le segment ABC plus grand qu'un demi-cercle, savoir, l'angle ABC est plus petit qu'un angle droit, et que l'angle compris dans le segment ADC plus petit

L

qu'un demi-cercle, savoir, l'angle ADC est plus grand qu'un angle droit.

Conduisez la droite AE, et prolongez BA vers F.

Puisque la droite BE est égale à la droite EA, l'angle EAB sera égal à l'angle EBA (prop. 5. 1). De plus, puisque la droite EA est égale à la droite EC, l'angle ACE sera égal à l'angle CAE : donc l'angle total BAC est égal aux deux angles ABC, ACB; mais l'angle extérieur FAC du triangle ABC est égal aux deux angles ABC, ACB (prop. 32. 1) : donc l'angle BAC est égal à l'angle FAC : donc chacun de ces angles est droit (prop. 10. 1) : donc l'angle BAC, compris dans le demi-cercle BAC, est droit.

Puisque les deux angles ABC, BAC du triangle ABC sont plus petits que deux droits (prop. 17. 1), et que l'angle BAC est droit, l'angle ABC sera plus petit qu'un angle droit, et cet angle est compris dans le segment ABC plus grand qu'un demi-cercle.

Puisque le quadrilatère ABCD est placé dans un cercle, et que les angles opposés des quadrilatères décrits dans les cercles sont égaux à deux angles droits (prop. 22. 3), les angles ABC, ADC sont égaux à deux angles droits; mais l'angle ABC est plus petit qu'un angle droit : donc l'angle restant ADC est plus grand qu'un angle droit, et cet angle est compris dans le segment ADC plus petit qu'un demi-cercle.

Je dis en outre que l'angle d'un plus grand segment, compris par l'arc ABC et la droite AC, est plus grand qu'un angle droit, et que l'angle d'un segment moindre, compris par l'arc ADC et la droite AC, est moindre qu'un angle droit, et cela est certainement évident ; car puisque l'angle compris par les droites BA, AC est droit, l'angle compris par l'arc ABC et la droite AC sera plus grand qu'un angle droit. De plus, puisque l'angle compris par les droites CA, AF est droit, l'angle compris par la droite CA et l'arc ADC sera plus petit qu'un angle droit.

Donc, dans un cercle, l'angle compris dans un demi-cercle est droit ; celui qui est compris dans un plus grand segment est plus petit qu'un angle droit, et celui qui est compris dans un segment plus petit est plus grand qu'un angle droit. De plus, l'angle d'un plus grand segment est plus grand qu'un angle droit, et l'angle d'un segment moindre est plus petit ; ce qu'il falloit démontrer.

AUTREMENT.

On démontre que l'angle BAC est droit, puisque l'angle AEC est double de l'angle BAE, car il est égal aux deux angles intérieurs et opposés (prop. 32. 1); mais l'angle AEB est double de l'angle EAC : donc les angles AEB, AEC seront doubles de l'angle BAC; mais les angles AEB, AEC sont égaux à deux angles droits (prop. 13. 1) : donc l'angle ABC est droit ; ce qu'il falloit démontrer.

COROLLAIRE.

De là il suit manifestement que si l'un des angles d'un triangle est égal aux deux autres, cet angle sera droit, parce que son angle de suite est égal aux deux autres; or quand deux angles de suite sont égaux, ces deux angles sont droits l'un et l'autre (déf. 10. 1).

PROPOSITION XXXII.

THÉORÊME.

Si une droite touche la circonférence d'un cercle, et si du point de contact on conduit une corde, les angles que cette corde fait avec la tangente seront égaux aux angles qui sont placés dans les segmens alternes du cercle.

Que la droite EF (fig. 95) touche la circonférence du cercle ABCD au point B, et que du point B soit conduite la corde BD d'une manière quelconque : je dis que les angles que la corde BD fait avec la tangente EF sont égaux à ceux qui sont compris dans les segmens alternes du cercle ; c'est-à-dire que l'angle FBD est égal à l'angle compris dans le segment DAB, et que l'angle EBD est égal à l'angle qui est compris dans le segment DCB.

D'un point B conduisez la droite BA perpendiculaire sur EF (prop. 11. 1), et dans l'arc BD prenez un point quelconque C et menez les cordes AD, DC, CB.

Puisque la droite EF touche la circonférence du cercle ABCD au point B, et que la droite BA a été menée du point de contact B perpendiculaire sur la tangente EF, le centre du cercle ABCD sera placé sur la droite BA (prop. 19.3) : donc l'angle ADB, compris dans le demi-cercle, est droit (prop. 31. 3) : donc les angles restans BAD, ABD sont égaux à un angle droit ; mais l'angle ABF est droit par construction : donc l'angle ABF est égal aux angles BAD, ABD (ax. 10) : donc si on retranche l'angle commun ABD, l'angle restant DBF est égal à celui qui est compris dans le segment alterne du cercle, c'est-à-dire à l'angle BAD. Actuellement, puisque le quadrilatère ABCD est inscrit dans le cercle, ses angles opposés sont égaux à deux droits (prop. 22. 3) : donc les angles DBF, DBE seront égaux aux angles BAD, BCD (prop. 13. 1); mais on a démontré que l'angle BAD est égal à l'angle DBF : donc l'angle restant DBE sera égal à celui qui est compris dans le segment alterne du cercle DCB, c'est-à-dire à l'angle DCB.

Donc si une droite touche la circonférence d'un cercle, et si du point de contact on conduit une corde, les angles que cette corde fera avec la tangente seront égaux à ceux qui sont compris dans les segmens alternes; ce qu'il falloit démontrer.

PROPOSITION XXXIII.

THÉORÈME.

Sur une droite donnée, décrire un segment de cercle qui reçoive un angle égal à un angle donné.

Soit AB (fig. 96, 97, 98) la droite donnée et C l'angle donné : il faut sur la droite donnée AB décrire un segment de cercle qui reçoive un angle égal à l'angle donné C. L'angle C est aigu ou droit ou obtus.

Supposons d'abord que cet angle soit aigu, comme dans la figure 96; sur la droite AB et au point A construisez un angle BAD égal à l'angle C (prop. 23. 1); l'angle BAD sera aigu. Du point A conduisez la droite AE perpendiculaire sur la droite AD (prop. 11. 1); partagez AB en deux parties égales au point F (prop. 10. 1); et du point F conduisez la droite FG perpendiculaire sur la droite AB, et menez la droite GB. Puisque la droite AF est égale à la droite FB et que la droite FG est commune, les deux droites AF, FG sont égales aux deux droites FB, FG; l'angle AFG est égal à l'angle GFB : donc la base AG est égale à la base GB (prop. 4. 1) : donc la circonférence décrite du centre G et avec l'intervalle AG passera par le point B. Décrivez cette circonférence et qu'elle soit ABE, et menez la droite EB. Puisque du point A, extrémité du diamètre AE, on a conduit sur la droite AE une perpendiculaire AD, cette perpendiculaire AD touchera la circonférence (prop. 16. 3); et puisque la droite AD touche la circonférence du cercle ABE, et que du point de contact qui est en A on a conduit une corde AB, l'angle DAB sera égal à l'angle qui est dans le segment alterne du cercle (prop. 32. 3); c'est-à-dire à l'angle AEB; mais l'angle DAB est égal à l'angle C : donc l'angle C sera égal à l'angle AEB : donc sur la droite donnée AB, on a

décrit un segment de cercle AEB qui reçoit un
angle AEB égal à l'angle donné C.

Supposons ensuite que l'angle C soit droit,
et qu'il faille décrire sur la droite AB un segment de cercle qui reçoive un angle égal à l'angle droit C. Construisez un angle BAD égal à
l'angle droit C (prop. 23. 1), comme dans la
figure 97; partagez la droite AB en deux parties
égales au point F (prop. 10. 1), et du centre F
et avec un intervalle égal à l'une ou à l'autre des
droites A F, F B, décrivez la circonférence de
cercle AEB. La droite AD est tangente à la circonférence ABE (prop. 16. 3), parce que l'angle BAD est droit, et l'angle BAD est égal à l'angle qui est compris dans le segment AEB, car
cet angle est droit, puisqu'il est compris dans
un demi-cercle (prop. 31. 3); mais l'angle BAD
est égal à l'angle C : donc on a décrit sur la
droite AB un segment de cercle AEB qui reçoit
un angle égal à l'angle droit C.

Enfin que l'angle C (fig. 98) soit obtus;
sur la droite AB et au point A construisez un
angle BAD égal à l'angle C, comme dans la
figure 98 (prop. 23. 1), et conduisez la droite
AE perpendiculaire à la droite AD (prop. 11. 1);
partagez la droite AB en deux parties égales au
point F (prop. 10. 1); conduisez sur AB la per-

pendiculaire FG, et menez la droite GB. Puisque la droite AF est égale à la droite FB et que la droite FG est commune, les deux droites FG, AG sont égales aux deux droites BG, FG; mais l'angle AFG est égal à l'angle GFB : donc la base AG est égale à la base GB (prop. 4. 1) : donc la circonférence de cercle décrite du point G avec l'intervalle AG passera par le point B. Que cette circonférence ait la position AEB; puisqu'on a mené la droite AD perpendiculaire à l'extrémité du diamètre AE, la droite AD touchera la circonférence (prop. 16.3), et parce que la droite AB a été menée du point de contact qui est en A, l'angle BAD est égal à celui qui est compris dans le segment alterne du cercle. Mais l'angle BAD est égal à l'angle C : donc l'angle qui est dans le segment AHB sera égal à l'angle C : donc on a décrit sur la droite AB un segment de cercle AHB qui reçoit un angle égal à l'angle C; ce qu'il falloit faire.

PROPOSITION XXXIV.

PROBLÊME.

D'un cercle donné, retrancher un segment qui reçoive un angle égal à un angle donné.

Soit ABC (fig. 99) le cercle donné, et D l'angle donné : il faut du cercle ABC retran-

cher un segment qui reçoive un angle égal à
l'angle donné D.

Menez une droite E F qui touche le cercle
ABC au point B (prop. 17. 3), et sur la droite
FE et au point B, pris dans cette droite, faites
l'angle FBC égal à l'angle D (prop. 23. 1).

Puisque la droite EF touche le cercle ABC
et que la droite BC a été menée du point de
contact B, l'angle FBC sera égal à celui qui est
compris dans le segment alterne du cercle BAC
(prop. 32. 3) ; mais l'angle FBC est égal à l'angle D : donc l'angle qui est compris dans le segment BAC sera égal à l'angle D.

Donc d'un cercle donné ABC on a retranché le segment BAC qui reçoit un angle égal
à l'angle donné D ; ce qu'il falloit faire.

PROPOSITION XXXV.

THÉORÈME.

Si dans un cercle, deux cordes se coupent mutuel-
lement, le rectangle compris sous les segmens
de l'une de ces cordes est égal au rectangle
compris sous les segmens de l'autre.

Que dans le cercle ABCD (fig. 100) les deux
cordes AC, BD se coupent mutuellement au
point E : je dis que le rectangle compris sous

les droites AE, EC est égal à celui qui est compris sous les droites DE, EB.

Si les droites AC, BD passent par le centre, de manière que le point E soit le centre du cercle ABCD, il est évident que les droites AE, EC, DE, EB étant égales, le rectangle compris sous les droites AE, EC est égal à celui qui est compris sous les droites DE, EB.

Si les droites AC, DB (fig. 101) ne passent pas par le centre, prenez le centre du cercle ABCD (prop. 1.3), que ce centre soit le point F; du centre F conduisez les droites FG, FH perpendiculaires sur les droites AC, DB (prop. 12.1), et menez les droites FB, FC, FE.

Puisque la droite GF menée par le centre est perpendiculaire sur la droite AC qui n'est pas menée par le centre, la droite GF coupe la droite AC à angle droit, et la partage en deux parties égales (prop. 3.3) : donc la droite AG est égale à la droite GC. Puisque la droite AC est coupée en deux parties égales au point G, et en deux parties inégales au point E, le rectangle compris sous les droites AE, EC, avec le quarré de GE, est égal au quarré de GC (prop. 5.2) : donc si nous ajoutons à ces quantités le quarré de GF, le rectangle compris sous les droites AE, EC, avec les quarrés de GE,

GF, est égal aux quarrés de CG, GF. Mais
le quarré de FE est égal aux quarrés de EG,
GF (prop. 47. 1), et le quarré de FC égal aux
quarrés de CG, GF : donc le rectangle compris sous les droites AE, EC, avec le quarré
de FE, est égal au quarré de FC. Or la droite
FC est égale à la droite FB : donc le rectangle
compris sous les droites AE, EC, avec le quarré
de EF, est égal au quarré de FB. Par la même
raison le rectangle compris sous les droites DE,
EB, avec le quarré de FE, est égal au quarré
de FB. Mais on a démontré que le rectangle
compris sous les droites AE, EC, avec le quarré
de FE, est égal au quarré de FB : donc le rectangle compris sous les droites AE, EC, avec le
quarré de FE, est égal au rectangle compris
sous les droites DE, EB, avec le quarré de FE :
donc si on retranche le quarré de FE, qui est
commun, le rectangle restant compris sous AE,
EC sera égal au rectangle restant compris sous
DE, EB.

Donc si dans un cercle deux cordes se coupent mutuellement, le rectangle compris sous
les segmens de l'une sera égal au rectangle
compris sous les segmens de l'autre ; ce qu'il
falloit démontrer.

PROPOSITION XXXVI.

THÉORÈME.

Si l'on prend un point quelconque hors d'un cer-
cle, et si de ce point on mène deux droites dont
l'une coupe le cercle et dont l'autre lui soit tan-
gente, le rectangle compris sous la sécante en-
tière et le segment extérieur qui est intercepté
par ce point et l'arc convexe sera égal au
quarré de la tangente.

Que hors du cercle ABC (fig. 102) soit pris
un point quelconque D, et que de ce point
soient menées deux droites DCA, DB; que la
droite DCA coupe le cercle ABC, et que la
droite AB lui soit tangente : je dis que le rectangle compris sous AD, DC est égal au quarré
de DB, soit que la droite DCA passe par le
centre ou non.

Supposons d'abord qu'elle passe par le centre
du cercle ABC, et que ce centre soit le point F;
menez la droite FB. L'angle FBD sera droit
(prop. 18. 3). Puisque la droite AC est coupée
en deux parties égales au point F et que la
droite CD lui est ajoutée, le rectangle compris
sous les droites AD, DC, avec le quarré de FC,
sera égal au quarré de FD (prop. 6. 2); mais

la droite FC est égale à la droite FB : donc le rectangle compris sous AD, DC, avec le quarré de FB, est égal au quarré de FD ; mais le quarré de FD est égal aux quarrés des droites FB, BD (prop. 47. 1), car l'angle FBD est droit : donc le rectangle compris sous AD, DC, avec le quarré de FB, est égal aux quarrés des droites FB, BD. Donc si on retranche le quarré de FB, qui est commun, le rectangle compris sous les droites AD, DC sera égal au quarré de la tangente DB.

Supposons à présent que la droite DCA (fig. 103) ne passe pas par le centre du cercle ABC ; prenons le centre E, et du point E conduisons sur la droite AC la perpendiculaire EF (prop. 12. 1), et menons les droites EB, EC, ED. Puisque l'angle EFD est droit, et que la droite EF menée par le centre coupe à angles droits la droite AC qui n'est pas menée par le centre, la droite EF coupera la droite AC en deux parties égales (prop. 3. 3) : donc la droite AF est égale à la droite FC. De plus, puisque la droite AC est coupée en deux parties égales au point F et que la droite CD lui est ajoutée, le rectangle compris sous les droites AD, DC, avec le quarré de FC, sera égal au quarré de FD (prop. 6. 2) : donc si on ajoute à ces deux quan-

tités le quarré de FE, le rectangle compris sous
les droites AD, DC, avec les quarrés des droites
CF, FE, est égal aux quarrés de DF, FE. Mais
le quarré de DE est égal aux quarrés de DF, FE
(prop. 47. 1), car l'angle EFD est droit, et le
quarré de CE est égal aux quarrés CF, FE:
donc le rectangle compris sous les droites AD,
DC, avec le quarré de CE, est égal au quarré
de ED; mais la droite CE est égale à la droite
EB: donc le rectangle compris sous les droites
AD, DC, avec le quarré de EB, est égal au
quarré de ED; mais les quarrés de EB, BD
sont égaux au quarré de ED (prop. 47. 1),
puisque l'angle EBD est droit: donc le rectangle compris sous les droites AD, DC, avec le
quarré de EB, est égal aux quarrés de EB, BD:
donc si on retranche le quarré de EB, qui est
commun, le rectangle restant compris sous les
droites AD, DC sera égal au quarré de DB.

Donc si hors du cercle on prend un point
quelconque, et si de ce point on mène deux
droites dont l'une coupe le cercle et dont l'autre
lui soit tangente, le rectangle compris sous la
sécante entière et le segment extérieur qui est
intercepté par ce point et l'arc convexe sera
égal au quarré de la tangente; ce qu'il falloit
démontrer.

PROPOSITION XXXVII.

THÉORÈME.

Si l'on prend un point quelconque hors d'un cer-
cle, et si de ce point on mène deux droites dont
l'une coupe le cercle et dont l'autre tombe sur
sa circonférence, et si le rectangle compris sous
la sécante totale et le segment extérieur inter-
cepté entre ce point et l'arc convexe est égal
au quarré de la droite qui tombe sur la circon-
férence, cette dernière droite sera tangente à
la circonférence.

Que hors du cercle ABC (fig. 104) soit pris un point quelconque D, et que de ce point on mène les deux droites DCA, DB dont la droite DCA coupe le cercle et dont la droite DB tombe sur sa circonférence ; si le rectangle compris sous les droites AD, DC est égal au quarré de DB : je dis que la droite DB est tangente au cercle ABC.

Conduisez la droite DE de manière qu'elle soit tangente au cercle ABC (prop. 17.3), et prenez le centre du cercle ABC (prop. 1.3), que le point F soit ce centre ; menez les droites FE, FB, FD ; l'angle FED sera droit (prop. 18.3).

Puisque la droite DE touche le cercle ABC et que la droite DCA la coupe, le rectangle

compris sous AD, DC sera égal au quarré de DE
(prop. 36. 3) ; mais le rectangle compris sous
AD, DC est supposé égal au quarré de DB :
donc le quarré de DE sera égal au quarré de
DB, et par conséquent la droite DE sera égale
à la droite DB. Mais la droite FE est égale à la
droite FB : donc les deux droites DE, EF sont
égales aux deux droites DB, BF, et la base
FD est commune : donc l'angle DEF est égal
à l'angle DBF (prop. 8. 1) ; mais l'angle DEF
est droit : donc l'angle DBF est droit aussi ;
mais la droite FB prolongée est un diamètre,
et la droite qui est perpendiculaire à l'extrémité d'un diamètre est tangente au cercle
(prop. 16. 3). On démontreroit la même chose
si le centre étoit placé sur la droite AC.

Donc si l'on prend un point quelconque hors
d'un cercle, et si de ce point on mène deux
droites dont l'une coupe le cercle et dont l'autre
tombe sur la circonférence, et si le rectangle
compris sous la sécante totale et le segment extérieur intercepté par ce point et l'arc convexe
est égal au quarré de la droite qui tombe sur la circonférence, cette dernière droite sera tangente
à la circonférence ; ce qu'il falloit démontrer.

FIN DU TROISIÈME LIVRE.

M

LIVRE IV.

DÉFINITIONS.

1. U ɴᴇ figure rectiligne est dite inscrite dans une figure rectiligne, lorsque chaque angle de la figure inscrite touche chaque côté de celle dans laquelle elle est inscrite.

2. Semblablement une figure est dite circonscrite autour d'une figure, lorsque chaque côté de la figure circonscrite touche chaque angle de la figure autour de laquelle elle est circonscrite.

3. Une figure rectiligne est dite inscrite dans un cercle, lorsque chaque angle de la figure inscrite touche la circonférence de ce cercle.

4. Une figure rectiligne est dite circonscrite autour d'un cercle, lorsque chaque côté de la figure circonscrite touche la circonférence de ce cercle.

5. Semblablement un cercle est dit inscrit dans une figure rectiligne, lorsque la circonférence du cercle touche chaque côté de la figure dans laquelle elle est inscrite.

6. Un cercle est dit circonscrit autour d'une figure rectiligne, lorsque la circonférence du cercle touche chaque angle de la figure autour de laquelle elle est circonscrite.

7. Une droite est dite appliquée dans un cercle, lorsque ses extrémités sont dans la circonférence de ce cercle.

PROPOSITION PREMIÈRE.

PROBLÈME.

Dans un cercle donné, appliquer une droite égale à une droite donnée qui ne soit pas plus grande que le diamètre.

Soit ABC (fig. 105) le cercle donné, et D la droite donnée moins grande que le diamètre de ce cercle : il faut dans le cercle ABC appliquer une droite égale à la droite D.

Conduisez le diamètre BC du cercle ABC. Si la droite BC est égale à la droite D, on a déjà fait ce que l'on proposoit : car on a appliqué dans le cercle ABC une droite égale à la droite D. Si, au contraire, la droite BC est plus grande que la droite D, faites la droite CE égale à la droite D (prop. 3. 1), et du centre C et avec l'intervalle CE décrivez la circonférence AEF (dem. 3), et conduisez la droite CA (dem. 1),

2

Puisque le point C est le centre du cercle AEF, la droite CA sera égale à la droite CE ; mais la droite D est égale à la droite CE : donc la droite D sera égale à la droite CA.

Donc dans le cercle donné ABC on a appliqué la droite CA égale à la droite donnée D qui est moindre que son diamètre ; ce qu'il falloit faire.

PROPOSITION II.

PROBLÊME.

Dans un cercle donné, inscrire un triangle qui soit équiangle avec un triangle donné.

Soit ABC (fig. 106) le cercle donné et DEF le triangle donné : il faut dans le cercle ABC inscrire un triangle qui soit équiangle avec le triangle donné DEF.

Conduisez la droite GAH de manière qu'elle touche le cercle ABC au point A, et sur la droite AH et au point A faites l'angle HAC égal à l'angle DEF (prop. 23, 1). De plus, sur la droite GA et au point A faites l'angle GAB égal à l'angle FDE, et menez la droite BC.

Puisque la droite HAG touche le cercle ABC et que la droite AC a été menée du point de contact, l'angle HAC est égal à celui qui est placé dans le segment alterne du cercle, c'est-à-dire à l'angle ABC (prop. 32. 3); mais l'angle HAC est égal à l'angle DEF : donc l'angle ABC est égal à l'angle DEF. Par la même raison l'angle ACB est égal à l'angle FDE : donc l'angle restant BAC sera égal à l'angle restant EFD (prop. 32. 1) : donc le triangle ABC est équiangle avec le triangle DEF, et il est inscrit dans le cercle ABC (déf. 3. 4).

Donc dans le cercle donné on a inscrit un triangle équiangle avec un triangle donné ; ce qu'il falloit faire.

PROPOSITION III.

PROBLÊME.

Autour d'un cercle circonscrire un triangle équiangle avec un triangle donné.

Soit ABC (fig. 107) le cercle donné et DEF le triangle donné : il faut autour du cercle ABC circonscrire un triangle équiangle avec le triangle donné DEF.

Prolongez la droite EF de part et d'autre vers les points H, G (dem. 2), prenez le centre K du cercle ABC (prop. 1. 3); conduisez d'une manière quelconque la droite KB, faites sur la droite KB et au point K un angle BKA égal à

3

l'angle DEG, et l'angle BKC égal à l'angle DFH (prop. 23. 1); par les points A, B, C conduisez les droites LAM, MBN, NCL de manière qu'elles soient tangentes au cercle ABC (prop. 17. 3).

Puisque les droites LM, MN, NL touchent le cercle ABC aux points A, B, C et que les droites KA, KB, KC sont menées du centre K aux points A, B, C, les angles seront droits aux points A, B, C (prop. 18. 3); et puisque les quatre angles du quadrilatère AMBK sont égaux à quatre angles droits (prop. 32. 1), car ce quadrilatère peut se diviser en deux triangles; mais parmi les angles de ce quadrilatère, les angles KAM, KBM sont droits : donc les angles restans AKB, AMB seront égaux à deux angles droits; mais les angles DEG, DEF sont égaux à deux droits (prop. 13. 1) : donc les angles AKB, AMB sont égaux aux angles DEG, DEF; mais l'angle DEG est égal à l'angle AKB : donc l'angle restant AMB sera égal à l'angle restant DEF. Nous démontrerons semblablement que l'angle LNM est égal à l'angle DFE : donc l'angle restant MLN est égal à l'angle EDF (prop. 32. 1) : donc le triangle LMN est équiangle avec le triangle DEF, et il est circonscrit autour du cercle ABC (déf. 4. 4).

. Donc un triangle equiangle avec un triangle

donné a été circonscrit autour du cercle donné ;
ce qu'il falloit faire.

PROPOSITION IV.

PROBLÊME.

*Inscrire une circonférence de cercle dans
un triangle donné.*

Soit ABC (fig. 108) le triangle donné : il
faut dans le triangle ABC inscrire un cercle.

Partagez en deux parties égales les angles
ABC, BCA par les droites BD, CD qui se
rencontrent au point D, et du point D conduisez sur les droites AB, BC, CA les perpendiculaires DE, DF, DG (prop. 12. 1).

Puisque l'angle ABD est égal à l'angle CBD,
car l'angle ABC a été partagé en deux parties
égales, et que l'angle droit BED est égal à l'angle droit BFD, les deux triangles EBD, DBF
auront deux angles égaux à deux angles et un
côté égal à un côté, car BD, qui est opposé à deux
angles égaux, est commun : donc ils auront les
autres côtés égaux aux autres côtés (prop. 26. 1):
donc le côté DE sera égal au côté DF Par la
même raison le côté DG sera égal au côté DF :
donc la circonférence décrite du point D avec
un intervalle égal à une des droites DE, DF,

DG passera par les autres points et touchera les droites AB, BC, CA, parce que les angles sont droits en E, F, G ; car si cette circonférence coupoit ces droites, la perpendiculaire à l'extrémité d'un diamètre tomberoit dans le cercle ; ce qui est absurde (prop. 16. 3). Donc la circonférence décrite du point D avec un intervalle égal à une des droites DE, DF, DG ne coupera point les droites AB, BC, CA : donc elle les touchera, et cette circonférence sera inscrite dans le triangle ABC (déf. 5. 4).

Donc dans le triangle donné ABC on a inscrit la circonférence de cercle EFG ; ce qu'il falloit faire.

PROPOSITION V.

PROBLÈME.

Autour d'un triangle donné décrire une circonférence de cercle.

Soit ABC (fig. 107) le triangle donné : il faut autour du triangle donné ABC décrire une circonférence de cercle.

Partagez les côtés AB, AC en deux parties égales aux points D, E (prop. 10. 1), et des points D, E conduisez sur les droites AB, AC les perpendiculaires DF, EF (prop. 11. 1);

ces perpendiculaires se rencontreront ou dans
le triangle ABC, ou dans la droite BC, ou hors
du triangle ABC.

Supposons d'abord que ces perpendiculaires
se rencontrent dans le triangle au point F;
menez les droites BF, FC, FA; puisque la
droite AD est égale à la droite DB, et que la
perpendiculaire DF est commune, la base AF
sera égale à la base FB (prop. 4. 1). Nous démontrerons semblablement que la droite CF
est égale à la droite FA : donc la droite BF est
égale à la droite FC : donc les trois droites FA,
FB, FC sont égales entr'elles : donc si du centre
F et avec un intervalle égal à une des droites
FA, FB, FC on décrit une circonférence, cette
circonférence passera par les autres points, et
cette circonférence sera décrite autour du triangle ABC (déf. 6. 4); décrivez la circonférence
ABC.

Supposons actuellement que les droites DF,
EF se rencontrent dans la droite BC et au point F,
comme dans la figure 108; menez la droite AF.
Nous démontrerons semblablement que le point
F est le centre de la circonférence circonscrite
autour du triangle ABC.

Supposons enfin que les droites DF, EF se
rencontrent hors du triangle ABC, au point F

comme dans la figure 109 ; menez les droites
AF, FB, FC. Puisque la droite AD est égale à
la droite DB et que la perpendiculaire DF est
commune, la base AF sera égale à la base FB
(prop. 4. 1). Nous démontrerons semblablement que la droite CF est égale à la droite FA :
donc la droite BF est égale à la droite FC :
donc si du centre F et avec un intervalle égal
à une des droites FA, FB, FC on décrit une
circonférence, elle passera par les autres points,
et cette circonférence sera circonscrite autour
du triangle ABC ; décrivez donc la circonférence ABC.

Donc une circonférence de cercle a été circonscrite autour du triangle donné ; ce qu'il
falloit faire.

COROLLAIRE.

Il est évident que si le centre du cercle tombe
dans le triangle, et si l'angle ABC est compris dans
un segment plus grand qu'un demi-cercle, cet
angle sera moindre qu'un angle droit. Si le centre
du cercle tombe sur la droite BC, si cet angle est
compris dans un demi-cercle, cet angle sera
droit ; si enfin le centre du cercle tombe hors du
triangle ABC, et si cet angle est compris dans
un segment plus petit qu'un demi-cercle, cet

angle sera plus grand qu'un angle droit : donc si le triangle donné est acutangle, les droites DF, EF se rencontreront dans le triangle ; si ce triangle a un angle droit BAC, les droites se rencontreront dans la droite BC ; si enfin cet angle a un angle obtus, ces droites se rencontreront hors du triangle ABC.

PROPOSITION VI.

PROBLÊME.

Décrire un quarré dans un cercle donné.

Soit ABCD (fig. 110) le cercle donné : il faut décrire un quarré dans le cercle ABCD.

Conduisez les diamètres AC, BD du cercle ABCD de manière qu'ils soient perpendiculaires l'un sur l'autre (prop. 11. 1); menez les droites AB, BC, CD, DA.

Puisque la droite BE est égale à la droite ED, car le point E est le centre, et que la droite EA est commune et perpendiculaire sur BD, la base AB sera égale à la base AD (prop. 4. 1). Par la même raison, chacune des droites BC, CD est égale à chacune des droites BA, AD : donc le quadrilatère ABCD est équilatère. Je dis aussi qu'il est rectangulaire ; car puisque la ligne droite BD est un diamètre du cercle ABCD, la figure

DAD sera un demi-cercle : donc l'angle BAD
est droit (prop. 31. 1); par la même raison
chacun des angles ABC, BCD, CDA sera droit
aussi : donc le quadrilatère ABCD est rectangulaire ; mais on a démontré qu'il est équilatère : donc ce quadrilatère est un quarré, et ce
quarré est inscrit dans le cercle ABCD.

Donc on a inscrit le quarré ABCD dans le
cercle donné ABCD ; ce qu'il falloit faire.

PROPOSITION VII.

PROBLÊME.

Circonscrire un quarré à un cercle donné.

Soit ABCD (fig. 111) le cercle donné : il
faut circonscrire un quarré autour du cercle
ABCD.

Conduisez dans le cercle ABCD les deux
diamètres AC, BD de manière qu'ils soient perpendiculaires l'un sur l'autre ; et par les points
A, B, C, D conduisez les droites FG, GH,
HK, KF de manière qu'elles soient tangentes
du cercle ABCD (prop. 17. 3).

Puisque la droite FG est tangente du cercle
ABCD, et que la droite EA a été conduite du
centre E au point de contact qui est en A, les
angles seront droits en A (prop. 18. 3). Par la

même raison les angles seront droits en B, C, D. Puisque l'angle AEB est droit et que l'angle EBG est droit aussi, la droite GH sera parallèle à la droite AC (prop. 28. 1). Par la même raison la droite AC est parallèle à la droite FK. Nous démontrerons semblablement que l'une et l'autre des droites GF, HK est parallèle à la droite BED : donc les figures GK, GC, AK, FB, BK sont des parallélogrammes : donc la droite GF est égale à la droite HK (prop. 34. 1), et la droite GH égale à la droite FK; et puisque la droite AC est égale à la droite BD, que la droite AC est égale à l'une et à l'autre des droites GH, FH, et que la droite BD est égale à l'une et à l'autre des droites GF, HK, les droites GH, FK seront égales aux droites GF, HK : donc le quadrilatère FGHK est équilatère, et je dis qu'il est rectangulaire; car puisque le quadrilatère GBEA est un parallélogramme, et que l'angle AEB est droit, l'angle AGB sera droit aussi (prop. 34. 1). Nous démontrerons semblablement que les angles qui sont placés vers les points H, K, F sont des angles droits : donc le quadrilatère FGHK est rectangle. Mais on a démontré qu'il est équilatère; donc le quadrilatère est un quarré, et il est circonscrit autour du cercle ABCD.

. Donc on a circonscrit un quarré autour du cercle donné ; ce qu'il falloit faire.

PROPOSITION VIII.

PROBLÊME.

Inscrire un cercle dans un quarré donné.

Soit ABCD (fig. 112) le quarré donné : il faut inscrire un cercle dans le quarré ABCD.

Coupez en deux parties égales l'une et l'autre des droites AB, AD aux points F, E (prop. 10. 1), et par le point E conduisez la droite EH parallèle à l'une et à l'autre des droites AB, CD (prop. 31. 1), et par le point F conduisez aussi la droite FK parallèle à l'une et à l'autre des droites AD, BC : donc chacune des figures AK, KB, AH, HD, AG, GC, BG, GD est un parallélogramme, et leurs côtés opposés sont égaux (prop. 34. 1). Puisque la droite AD est égale à la droite AB, que la droite AE est la moitié de AD et la droite AF la moitié de AB, la droite AE sera égale à la droite AF. Mais les côtés qui leur sont opposés sont égaux : donc la droite FG est égale à la droite GE. Nous démontrerons semblablement que les droites GH, GK sont égales aux droites FG, GE, chacune à chacune : donc les quatre droites GE, GF, GH,

GK sont égales entr'elles : donc le cercle décrit du centre G avec un intervalle égal à une
des droites GE, GF, GH, GK passera par les
autres points, et sera tangent aux droites AB,
BC, CD, DA, parce que les angles en E, F,
H, K sont droits ; car si la circonférence coupoit les droites AB, BC, CD, DA, la perpendiculaire à l'extrémité d'un diamètre entreroit
dans le cercle ; ce qui est absurde (prop. 16.3) :
donc la circonférence de cercle décrite du centre G avec un intervalle égal à une des droites
GE, GF, GH, GK ne coupera point les droites
AB, BC, CD, DA : donc elle sera tangente à
ces droites, et elle sera inscrite dans le quarré
ABCD (déf. 5. 4).

Donc on a inscrit une circonférence de cercle dans le quarré donné ; ce qu'il falloit faire.

PROPOSITION IX.

PROBLÈME.

Circonscrire un cercle autour d'un quarré donné.

Soit ABCD (fig. 113) le quarré donné : il
faut autour de ce quarré ABCD circonscrire
une circonférence de cercle.

Menez les droites AC, BD qui se coupent
mutuellement au point E.

. Puisque la droite DA est égale à la droite AB et que la droite AC est commune, les deux droites DA, AC sont égales aux deux droites BA, AC ; la base DC est égale à la base BC : donc l'angle DAC est égal à l'angle BAC (prop. 8. 1) : donc l'angle DAB est coupé en deux parties égales par la droite AC. Nous démontrerons semblablement que chacun des angles ABC BCD, CDA est coupé en deux parties égales par les droites AC, DB : donc puisque l'angle DAB est égal à l'angle ABC, que l'angle EAB est la moitié de l'angle DAB, et l'angle EBA la moitié de l'angle ABC, l'angle EAB sera égal à l'angle EBA : donc le côté EA est égal au côté EB (prop. 6. 1). Nous démontrerons semblablement que les droites EC, ED sont égales aux droites EA, EB, chacune à chacune : donc les quatre droites EA, EB, EC, ED sont égales entr'elles : donc la circonférence de cercle décrite du centre E avec un intervalle égal à une des droites EA, EB, ED passera par les autres points et elle sera circonscrite autour du quarré ABCD ; circonscrivez le cercle ABCD.

Donc on a circonscrit un cercle autour d'un quarré donné ; ce qu'il falloit faire.

PROPOSITION X.

PROBLÈME.

Construire un triangle isocèle qui ait chacun des angles de sa base double du troisième angle.

Soit la droite AB (fig. 114); que cette droite soit coupée en un point C de manière que le rectangle compris sous les droites AB, BC soit égal au quarré de CA (prop. 11.2); du centre A et avec l'intervalle AB décrivez la circonférence BDE (dem. 3); dans le cercle BDE menez la corde BD égale à la droite AC qui est moindre que le diamètre de ce cercle (prop. 1.4), et ayant conduit les droites DA, DC, circonscrivez la circonférence ACD autour du triangle ACD (prop. 5. 4).

Puisque le rectangle compris sous les droites AB, BC est égal au quarré de la droite AC et que la droite AC est égale à la droite BD, le rectangle compris sous les droites AB, BC sera égal au quarré de BD : puisque le point B est pris hors du cercle ACD et que du point B on a mené un cercle ACD, les droites BCA, BD, dont l'une coupe le cercle et dont l'autre ne le coupe point, et puisque le rectangle compris sous les droites AB, BC est égal au quarré de BD, la droite BD sera tangente au cercle ACD

N

(prop. 37. 3). Donc, puisque la droite B D est
tangente et que la corde DC a été menée du
point de contact D, l'angle BDC sera égal à
celui qui est compris dans le segment alterne du
cercle, c'est-à-dire à l'angle DAC (prop. 32. 3).
Mais, puisque l'angle BDC est égal à l'angle
DAC, si nous ajoutons un angle commun CDA,
l'angle total BDA sera égal aux deux angles
CDA, DAC. Mais l'angle extérieur BCD est
égal aux deux angles CDA, DAC (prop. 32. 1):
donc l'angle BDA est égal à l'angle BCD; mais
l'angle BDA est égal à l'angle CBD (prop. 5. 1),
puisque le côté AD est égal au côté AB : donc
l'angle DBA sera égal à l'angle BCD : donc les
trois angles BDA, DBA, BCD sont égaux entre
eux ; et puisque l'angle DBC est égal à l'angle
BCD, le côté BD sera égal au côté DC (prop. 6. 1);
mais le côté BD est supposé égal au côté CA :
donc le côté AC est égal au côté CD : donc
l'angle CDA est égal à l'angle DAC (prop. 5. 1):
donc les angles CDA, DAC, pris ensemble, sont
double de l'angle DAC ; mais l'angle BCD est
égal aux angles CDA, DAC (prop. 32. 1): donc
l'angle BCD est double de l'angle DAC ; mais
l'angle BCD est égal à chacun des angles BDA,
DBA : donc chacun des angles BDA, DBA est
double de l'angle DAB.

Donc on a construit un triangle isocèle ADB dont chacun des angles de sa base BD est double du troisième angle ; ce qu'il falloit faire.

PROPOSITION XI.

PROBLÈME.

Dans un cercle donné, inscrire un pentagone équilatéral et équiangle.

Soit ABCDE (fig. 115) le cercle donné : il faut inscrire dans ce cercle un pentagone équilatéral et équiangle.

Soit le triangle isocèle FGH, ayant chacun des angles de sa base G, H double de l'angle F (prop. 10. 4). Inscrivez dans le cercle ABCDE un triangle ACD équiangle avec le triangle FGH (prop. 2. 4), de manière que l'angle CAD soit égal à l'angle F, et de manière que chacun des angles ACD, CDA soit égal à chacun des angles G, H qui sont placés sur la base GH. Chacun des angles ACD, CDA sera double de l'angle CAD. Partagez chacun des angles ACD, CDA en deux parties égales par les droites CE, DB (prop. 9. 1), et menez les droites AB, BC, DE, EA.

Puisque chacun des angles ACD, CDA est double de l'angle CAD, et que chacun de ces angles est coupé en deux parties égales par les

2

droites CE, DB, les cinq angles DAC, ACE, ECD, CDB, BDA sont égaux entr'eux ; mais des angles égaux sont appuyés sur des arcs égaux (prop. 26. 3) : donc les cinq arcs AB, BC, CD, DE, EA sont égaux ; mais des cordes égales soutendent des arcs égaux (prop. 29. 3) : donc les cinq cordes AB, BC, CD, DE, EA sont égales entr'elles : donc le pentagone ABCDE est équilatéral. Je dis qu'il est aussi équiangle ; car puisque l'arc AB est égal à l'arc DE, si l'on ajoute un arc commun BCD, l'arc total ABCD sera égal à l'arc total EDCB. Or l'angle AED est appuyé sur l'arc ABCD et l'angle BAE est appuyé sur l'arc EDCB : donc l'angle BAE est égal à l'angle AED (prop. 27. 3) ; par la même raison chacun des angles ABC, BCD, CDE est égal à chacun des angles BAE, AED : donc le pentagone ABCDE est équiangle ; mais il a été démontré qu'il est équilatéral.

Donc dans un cercle donné, on a inscrit un pentagone équilatéral et équiangle ; ce qu'il falloit faire.

PROPOSITION XII.

PROBLÈME.

Circonscrire à un cercle donné un pentagone équilatéral et équiangle.

Soit ABCDE (fig. 116) le cercle donné : il faut à ce cercle circonscrire un pentagone équilatéral et équiangle.

Supposons que les points A, B, C, D, E soient les sommets des angles d'un pentagone inscrit dans ce cercle (prop. 11. 4), de manière que les arcs AB, BC, CD, DE, EA soient égaux; par les points A, B, C, D, E, conduisez au cercle les tangentes GH, HK, KL, LM, MG (prop. 17. 3); et ayant pris le centre F du cercle ABCDE, menez les droites FB, FK, FC, FL, FD.

Puisque la droite KL touche le cercle ABCDE au point C, et que la droite FC a été menée du centre F au point de contact C, la droite FC sera perpendiculaire sur KL (prop. 18. 3) : donc chacun des angles FCK, FCL est droit; chacun des angles FBH, FBK, FDL, FDM est droit par la même raison. Puisque l'angle FCK est droit, le quarré de la droite FK est égal aux quarrés des droites FC, CK (prop. 47. 1).

Le quarré de la droite F K est égal aux quarrés des droites F B , B K , par la même raison : donc les quarrés des droites F C , F K sont égaux aux quarrés des droites F B , B K ; mais le quarré de la droite F C est égal au quarré de la droite F B : donc le quarré restant de la droite C K sera égal au quarré restant de la droite B K : donc la droite C K est égale à la droite BK. Puisque la droite F B est égale à la droite F C et que la droite F K est commune, les deux droites B F , F K sont égales aux deux droites C F , F K ; mais la base B K est égale à la base C K : donc l'angle BFK est égal à l'angle KFC, et l'angle B K F à l'angle F K C (prop. 8. 1) : donc l'angle BFC est double de l'angle KFC et l'angle BKC double de l'augle FKC. Par la même raison l'angle C F D est double de l'angle CFL, et l'angle CLD double de l'angle CLF. Puisque l'arc BC est égal à l'arc C D, l'angle B F C sera égal à l'angle CFD (prop. 27. 3) ; mais l'angle BFC est double de l'angle KFC, et l'angle DFC double de l'angle LFC : donc l'angle KFC est égal à l'angle CFL : donc les deux triangles FKC, FLC ont deux angles égaux à deux angles, chacun à chacun , et un côté égal à un côté , puisque le côté FC leur est commun : donc ces deux triangles ont leurs autres côtés égaux aux autres côtés, et l'angle restant égal à l'angle restant (prop. 26. 1) : donc la droite KC est égale à la droite CL, et l'angle FKC égal à l'angle FLC. La droite KL sera double de la droite KC, puisque la droite KC est égale à la droite CL. Par la même raison la droite HK sera double de la droite BK. De plus, puisqu'on a démontré que la droite BK est égale à la droite KC, que la droite KL est double de la droite KC et la droite HK double de la droite BK, la droite HK sera égale à la droite KL. Nous démontrerons semblablement que chacune des droites GH, GM, ML est égale à l'une ou à l'autre des droites HK, KL : donc le pentagone GHKLM est équilatéral. Je dis aussi qu'il est équiangle ; car puisque l'angle FKC est égal à l'angle FLC, et qu'on a démontré que l'angle HKL est double de l'angle FKC et l'angle KLM double aussi de l'angle FLC, l'angle HKL sera égal à l'angle KLM. Nous démontrerons par une raison semblable que chacun des angles KHG, HGM GMH est égal à l'un ou à l'autre des angles HKL, KLM : donc les cinq angles GHK, HKL, KLM, LMG, MGH sont égaux entr'eux : donc le pentagone GHKLM est équiangle. Nous avons démontré qu'il est équilatéral, et il est circonscrit au cercle ABCDE ; ce qu'il falloit faire.

PROPOSITION XIII.

PROBLÊME.

*Dans un pentagone équilatéral et équiangle,
inscrire un cercle.*

Soit ABCDE (fig. 117) le pentagone équilatéral et équiangle donné : il faut inscrire un
cercle dans le pentagone ABCDE.

Partagez chacun des angles BCD, CDE en deux
parties égales par les droites CF, DF (prop. 9. 1);
et du point F où les deux droites CF, DF se rencontrent, menez les droites FB, FA, FE. Puisque la droite BC est égale à la droite CD et que
la droite FC est commune, les deux droites BC,
CF sont égales aux deux droites DC, CF ; mais
l'angle BCF est égal à l'angle DCF : donc la
base BF est égale à la base DF (prop. 4. 1);
le triangle BFC est égal au triangle DCF et les
autres angles qui soutendent des côtés égaux
dans ces deux triangles sont égaux entr'eux
(prop. 4. 1) : donc l'angle CBF sera égal à l'angle CDF ; et puisque l'angle CDE est double
de l'angle CDF et que l'angle CDE est égal
à l'angle ABC et l'angle CDF égal à l'angle CBF,
l'angle CBA sera double de l'angle CBF, et par
conséquent l'angle ABF sera égal à l'angle FBC :

donc l'angle ABC est partagé en deux parties
égales par la droite BF. Nous démontrerons
semblablement que chacun des angles BAE,
AED est partagé en deux parties égales par les
droites FA, FE. Actuellement du point F conduisez sur les droites AB, BC, CD, DE, EA
les perpendiculaires FG, FH, FK, FL, FM.
Puisque l'angle HCF est égal à l'angle KCE et
que l'angle droit FHC est égal à l'angle droit
FKC, les deux triangles FHC, FKC auront
deux angles égaux à deux angles et un côté
égal à un côté; savoir, le côté commun FC qui
soutend un des angles égaux : donc ces deux
triangles auront les autres côtés égaux aux autres
côtés (prop. 26. 1), et la perpendiculaire FH sera
égale à la perpendiculaire FK. On démontrera
semblablement que chacune des droites FL,
FM, FG est égale à l'une ou à l'autre des droites
FH, FK : donc les cinq droites FG, FH, FK,
FL, FM sont égales entr'elles : donc si du
centre F et avec un intervalle égal à une des
droites FG, FH, FK, FL, FM on décrit une
circonférence de cercle, cette circonférence
passera par les autres points et touchera les
droites AB, BC, CD, DE, EA, parce que les
angles sont droits en G, H, K, L, M; en effet, si
au lieu de les toucher, elle les coupoit, la per-

pendiculaire menée à l'extrémité d'un diamètre
entreroit dans le cercle ; ce qui a été démontré
absurde (prop. 16. 3) : donc la circonférence
décrite du centre F avec un intervalle égal à
une des droites FG, FH, FK, FL, FM ne coupera point les droites AB, BC, CD, DE, EA :
donc elle les touchera. Décrivez la circonférence GHKLM.

Donc on a inscrit une circonférence de cercle
dans un pentagone équilatéral et équiangle ; ce
qu'il falloit faire.

PROPOSITION XIV.

PROBLÊME.

*Circonscrire une circonférence de cercle à un
pentagone équilatéral et équiangle donné.*

Soit ABCDE (fig. 118) un pentagone équilatéral et équiangle : il faut à ce pentagone circonscrire une circonférence de cercle.

Partagez en deux parties égales chacun des
angles BCD, CDE par les droites CF, FD
(prop. 9. 1), et du point F où ces droites se
rencontrent, menez aux points B, A, E les
droites FB, FA, FE. Nous démontrerons,
comme dans la proposition précédente, que
chacun des angles CBA, BAE, AED est coupé

en deux parties égales par les droites BF, FA, FE.
Puisque l'angle BCD est égal à l'angle CDE, et
que l'angle FCD est la moitié de l'angle BCD,
et l'angle CDF la moitié de l'angle CDE, l'angle FCD sera égal à l'angle FDC : donc le côté
FC est égal au côté FD (prop. 6. 1). On démontrera semblablement que chacune des droites
FB, FA, FE est égale à chacune des droites FC,
FD : donc les cinq droites FA, FB, FC, FD, FE
sont égales entr'elles : donc la circonférence
décrite du point F et avec un intervalle égal à
une des droites FA, FB, FC, FD, FE passera
par les autres points et sera circonscrite au
pentagone équilatéral et équiangle ABCDE.
Décrivez la circonférence ABCDE.

Donc une circonférence de cercle a été circonscrite à un pentagone équilatéral et équiangle ; ce qu'il falloit faire.

PROPOSITION XV.

PROBLÊME.

*Inscrire dans un cercle donné un hexagone équi-
latéral et équiangle.*

Soit ABCDEF (fig. 119) le cercle donné : il
faut dans ce cercle inscrire un hexagone équilatéral et équiangle.

Menez le diamètre AD du cercle ABCDEF,

prenez le centre G de ce cercle, et du centre D
avec l'intervalle DG décrivez la circonférence
EGCH (dem. 3); menez les droites EG, CG,
prolongez-les vers les points B, F, et menez
les droites AB, BC, CD, DE, EF, FA : je dis
que l'hexagone ABCDEF est équilatéral et
équiangle.

Puisque le point G est le centre du cercle
ABCDEF, la droite GE sera égale à la droite GD.
De plus, puisque le point D est le centre du
cercle EGCH, la droite DE sera égale à la
droite DG; mais on a démontré que la droite
GE est égale à la droite GD : donc la droite GE
est égale à la droite ED : donc le triangle EGD
est équilatéral : donc ses trois angles EGD,
GDE, DEG sont égaux entr'eux, puisque dans
les triangles isocèles les angles à la base sont
égaux entr'eux (prop. 5. 1); mais les trois
angles d'un triangle sont égaux à deux droits
(prop. 32. 1) : donc l'angle EGD est le tiers
de deux angles droits. On démontrera semblablement que l'angle DGC est le tiers de deux
angles droits; donc, puisqu'une droite CG tombant sur la droite EB fait les angles de suite EGC,
CGB égaux à deux droits (prop. 13. 1), l'angle
restant CGB sera le tiers de deux angles droits :
donc les angles EGD, DGC, CGB sont égaux

entr'eux; mais les angles BGA, AGF, FGE
sont égaux aux angles EGD, DGC, CGB,
parce que ces angles sont opposés par le sommet
(prop. 15. 1): donc les six angles EGD, DGC,
CGB, BGA, AGF, FGE sont égaux entr'eux;
mais des angles égaux s'appuient sur des arcs
égaux (prop. 26. 3): donc les six arcs AB, BC,
CD, DE, EF, FA sont égaux entr'eux; mais des
arcs égaux sont soutendus par des cordes égales
(prop. 29. 3): donc les six cordes sont égales
entr'elles: donc l'hexagone ABCDEF est équilatéral. Je dis qu'il est équiangle, car puisque
l'arc AF est égal à l'arc ED, si nous leur ajoutons à chacun l'arc ABCD, l'arc total FABCD
sera égal à l'arc total EDCBA: donc, puisque
l'angle FED s'appuie sur l'arc FABCD et que
l'angle AFE s'appuie sur l'arc EDCBA, l'angle AFE est égal à l'angle DEF (prop. 27. 3).
On démontrera semblablement que les autres
angles de l'hexagone ABCDEF sont égaux
chacun à l'un ou à l'autre des angles AFE,
FED: donc l'hexagone ABCDEF est équiangle. Mais on a démontré qu'il est équilatéral, et
il est inscrit dans le cercle ABCDEF.

Donc on a inscrit un hexagone équilatéral et
équiangle dans un cercle donné; ce qu'il falloit
faire.

COROLLAIRE.

Il suit manifestement de là que le côté de l'hexagone est égal au demi-diamètre du cercle.

Si par les points A, B, C, D, E, F nous menons des tangentes au cercle, on circonscrira à ce cercle un hexagone équilatéral et équiangle, en suivant la méthode que nous avons donnée pour le pentagone ; c'est aussi de la même manière que nous inscrirons et que nous circonscrirons une circonférence de cercle à un hexagone donné.

PROPOSITION XVI.

PROBLÊME.

Inscrire dans un cercle donné un quindécagone équilatéral et équiangle.

Soit ABCD (fig. 120) le cercle donné : il faut dans ce cercle inscrire un quindécagone équilatéral et équiangle.

Inscrivez dans le cercle ABCD le côté AC d'un triangle équilatéral et le côté AB d'un pentagone équilatéral. Puisque la circonférence entière ABCD doit être partagée en quinze parties égales, l'arc ABC qui est la troisième partie de la circonférence en contiendra cinq, et l'arc AB qui est le cinquième de la circonférence en con-

tiendra trois : donc l'arc restant BC en contiendra deux. Partagez l'arc restant BC en deux
parties égales au point E (prop. 3o. 3), chacun
des arcs BE , EC sera la quinzième partie de
la circonférence du cercle ABCD : donc si l'on
porte une des droites BE, EC sur la circonférence
ABCD autant de fois qu'on le pourra (prop. 1. 4),
on aura un quindécagone équilatéral et équiangle qui sera inscrit dans cette circonférence ;
ce qu'il falloit faire.

En suivant la méthode que nous avons donnée
pour le pentagone, si par les points de division
d'un cercle on conduit des tangentes à ce cercle , on circonscrira à ce cercle un quindécagone équilatéral et équiangle. En suivant la
même méthode, nous inscrirons et nous circonscrirons une circonférence de cercle à un
quindécagone équilatéral et équiangle donné.

FIN DU QUATRIÈME LIVRE.

LIVRE VI.

DÉFINITIONS.

1. LES figures rectilignes semblables sont celles dont les angles sont égaux chacun à chacun et dont les côtés placés autour des angles égaux sont proportionnels.

2. Les figures sont réciproques lorsque les antécédens et les conséquens des raisons se trouvent dans l'une et l'autre figure.

3. Une droite est dite coupée en extrême et moyenne raison lorsque la droite totale est au plus grand segment comme le plus grand segment est au plus petit.

4. La hauteur d'une figure est une perpendiculaire menée de son sommet sur sa base.

5. On dit qu'une raison est composée de raisons lorsque les quantités des raisons multipliées entr'elles produisent la quantité de cette raison.

PROPOSITION PREMIÈRE.

THÉORÈME.

*Les triangles et les parallélogrammes qui ont
la même hauteur sont entr'eux comme leurs
bases.*

Soient les triangles ABC, ACD (fig. 121)
et les parallélogrammes EC, CF qui ont la
même hauteur, savoir, la perpendiculaire menée du point A sur la droite BD : je dis que le
triangle ABC est au triangle ACD et que le
parallélogramme EC est au parallélogramme CF
comme la base BC est à la base CD.

Prolongez la droite BD de part et d'autre
vers les points H, L, et faites les droites BG, GH
égales chacune à la base BC; faites aussi les
droites DK, KL égales chacune à la base CD,
et menez les droites AG, AH, AK, AL.

Puisque les droites CB, BG, GH sont égales
entr'elles, les triangles AGH, AGB, ABC seront
égaux entr'eux (prop. 38. 1) : donc le triangle
AHC contient le triangle ABC autant de fois
que la base HC contient la base BC. Par la même
raison le triangle ALC contient le triangle ACD
autant de fois que la base LC contient la base CD.
Si la base HC est égale à la base CL, le triangle

AHC sera égal au triangle ABC (prop. 38. 1);
si la base HC surpasse la base CL, le triangle
AHC surpassera le triangle ALC, et si cette
base est plus petite le triangle sera plus petit.
Ayant donc quatre quantités, savoir, les deux
bases BC, CD et les deux triangles ABC, ACD,
on a pris des équimultiples de la base BC et du
triangle ABC, savoir, la base HC et le triangle AHC; on a pris aussi d'autres équimultiples
de la base CD et du triangle ACD, savoir, la
base CL et le triangle ALC; et l'on a démontré
que si la base HC surpasse la base CL, le triangle AHC surpassera le triangle ALC; que si la
base HC est égale à la base CL, le triangle AHC
sera égal au triangle ALC, et que si la base HC
est plus petite que la base CL, le triangle AHC
sera plus petit que le triangle ALC : donc le
triangle ABC est au triangle ACD comme la
base BC et la base CD (déf. 5. 5).

Puisque le parallélogramme EC est double
du triangle ABC, que le parallélogramme FC
est double aussi du triangle ACD (prop. 41. 1),
et à cause que les parties ont entr'elles la même
raison que leurs équimultiples (prop. 15. 5), le
parallélogramme EC sera un parallélogramme
FC comme le triangle ABC est un triangle ACD :
donc puisqu'on a démontré que le triangle ABC

est au triangle ACD comme la base BC est à la base CD; et à cause que le parallélogramme EC est au parallélogramme FC comme le triangle ABC est au triangle ACD, le parallélogramme EC sera au parallélogramme FC comme la base BC est à la base CD (prop. 11.5).

Donc les triangles et les parallélogrammes qui ont la même hauteur sont entr'eux comme leurs bases; ce qu'il falloit démontrer.

PROPOSITION II.

THÉORÈME.

Si l'on conduit une droite qui soit parallèle à un des côtés d'un triangle, cette droite coupera proportionnellement les côtés de ce triangle; et si deux côtés d'un triangle sont coupés proportionnellement, la droite qui joindra les sections sera parallèle au côté restant du triangle.

Que l'on mène la droite DE (fig. 122) de manière qu'elle soit parallèle à un des côtés du triangle ABC : je dis que CE est à EA comme BD est à DA.

Menez les droites BE; CD.

Le triangle BDE est égal au triangle CDE (prop. 37. 1), parce qu'ils ont la même base et qu'ils sont compris entre les mêmes parallèles.

2

Mais deux-quantités égales ont la même raison
avec une même quantité (prop. 7.5) : donc le
triangle CDE est au triangle ADE comme le
triangle BDE est au triangle ADE. Mais le
triangle BDE est au triangle ADE comme BD
est à DA : car ces deux triangles, qui ont la même
hauteur, savoir, la perpendiculaire menée du
point E sur la base AB, sont entr'eux comme
leurs bases (prop. 1.6). Par la même raison le
triangle CDE est au triangle ADE comme CE
est à EA : donc BD est à DA comme CE est
à EA (prop. 11.5).

Si les côtés AB, AC du triangle ABC sont
coupés proportionnellement aux points D, E de
manière que BD soit à DA comme CE est à EA,
et si l'on mène la droite DE : je dis que la droite
DE est parallèle à la droite BC.

Faites la même construction. Puisque BD
est à DA comme CE est à EA, que BD est à DA
comme le triangle BDE est au triangle ADE
(prop. 1.6), et que CE est à EA comme le
triangle CDE est au triangle ADE; le triangle
BDE sera au triangle ADE comme le triangle
CDE est au triangle ADE (prop. 11.5) : donc
chacun des triangles BDE, CDE a la même
raison avec le triangle ADE : donc le triangle
BDE est égal au triangle CDE (prop. 9. 5),

et ils ont la même base. Mais des triangles égaux et construits sur la même base sont compris entre les mêmes parallèles (prop. 39. 1) : donc la droite DE est parallèle à la droite BC.

Donc si l'on conduit une droite qui soit parallèle à un des côtés d'un triangle, cette droite coupera proportionnellement les côtés de ce triangle ; et si les côtés d'un triangle sont coupés proportionnellement, la droite qui joindra les sections sera parallèle au côté restant de ce triangle ; ce qu'il falloit démontrer.

PROPOSITION III.

THÉORÈME.

Si un angle d'un triangle est partagé en deux parties égales, et si la droite qui partage cet angle coupe la base, les segmens de la base auront la même raison que les autres côtés de ce triangle ; et si les segmens de la base ont la même raison que les autres côtés du triangle, la droite qui est menée du sommet à la section partagera l'angle de ce triangle en deux parties égales.

Soit le triangle ABC (fig. 123), que l'angle BAC soit partagé en deux parties égales par la droite AD : je dis que BD est à DC comme BA est à AC.

Par le point C menez la droite CE parallèle
à la droite DA (prop. 31. 1); prolongez la droite
BA jusqu'à ce qu'elle rencontrera la droite CE
au point E.

Puisque la droite AC tombe sur les parallèles
AD, EC, l'angle ACE sera égal à l'angle CAD
(prop. 29. 1); mais l'angle CAD est supposé
égal à l'angle BAD : donc l'angle BAD sera égal
à l'angle ACE. De plus, puisque la droite BAE
tombe sur les parallèles AD, EC, l'angle extérieur BAD est égal à l'angle intérieur AEC
(prop. 29. 1). Mais on a démontré que l'angle
ACE est égal à l'angle BAD : donc l'angle ACE
sera égal à l'angle AEC : donc le côté AE sera
égal au côté AC (prop. 6. 1). Puisque la droite
AD est parallèle à un des côtés du triangle BCE,
savoir, au côté EC, la droite BD sera à la droite
DC comme la droite BA est à la droite AE
(prop. 2. 6). Mais la droite AE est égale à la
droite AC : donc la droite BD est à la droite
DC comme la droite BA est à la droite AC
(prop. 7. 5).

Supposons à présent que la droite BD soit à
la droite DC comme la droite BA est à la droite
AC; menez la droite AD : je dis que l'angle
BAC est partagé en deux parties égales par la
droite AD.

Faites la même construction. Puisque B D
est à DC comme BA est à AC, et que BD est
à DC comme BA est à AE (prop. 2. 6), car
la droite AD est parallèle à un des côtés du
triangle BCE, savoir, au côté EC, il est évident que BA sera à AC comme BA est à AE :
donc la droite AC est égale à la droite AE
(prop. 9. 5) : donc l'angle AEC est égal à l'angle ACE (prop. 5. 1); mais l'angle AEC est
égal à l'angle extérieur BAD (prop. 29. 1), et
l'angle ACE égal à l'angle alterne CAD : donc
l'angle BAD sera égal à l'angle CAD : donc
l'angle BAC est partagé en deux parties égales
par la droite AD.

Donc si un angle d'un triangle est partagé en
deux parties égales, et si la droite qui partage
cet angle coupe la base, les segmens de la base
auront la même raison que les autres côtés de
ce triangle ; et si les segmens de la base ont la
même raison que les autres côtés du triangle,
la droite qui est menée du sommet à la section
de la base partage l'angle de ce triangle en deux
parties égales ; ce qu'il falloit démontrer.

4

PROPOSITION IV.

THÉORÈME.

Dans les triangles équiangles, les côtés qui sont autour des angles égaux sont proportionnels ; et on appelle côtés homologues ceux qui sou- tendent des angles égaux.

Soient les triangles équiangles ABC, DCE (fig. 124) dont l'angle ABC soit égal à l'angle DCE, l'angle ACB égal à l'angle DEC, et l'an- gle BAC égal à l'angle CDE : je dis que dans les deux triangles ABC, DCE, les côtés qui sont autour des angles égaux sont proportionnels, et que les côtés qui soutendent des angles égaux sont homologues.

Placez le côté BC dans la direction de CE ; puisque les angles ABC, ACB sont moindres que deux angles droits (prop. 17. 1), et que l'angle ACB est égal à l'angle DEC, les angles ABC, DEC seront plus petits que deux angles droits ; donc les deux droites BA, ED étant prolongées, se rencontreront entr'elles (ax. 11) ; et supposons qu'elles se rencontrent au point F.

Puisque l'angle DCE est égal à l'angle ABC, la droite DC sera parallèle à la droite BF (prop. 28. 1). De plus, puisque l'angle ACB est égal à l'angle DEC, la droite AC sera parallèle à la droite FE. Donc la figure FACD est un parallélogramme : donc la droite FA est égale à la droite FD et la droite AC égale à la droite FD (prop. 34. 1); et puisqu'un des côtés du triangle FBE, savoir, le côté AC est parallèle au côté FE, le côté BA sera au côté AF comme le côté BC est au côté CE (prop. 2.6). Mais la droite AF est égale à la droite CD : donc BA est à CD comme BC est à CE (prop. 7.5), et, en alternant, AB est à BC comme CD est à CE (prop. 16. 5). De plus, puisque la droite CD est parallèle à la droite BF, la droite BC sera à la droite CE comme la droite FD est à la droite DE. Mais la droite DF est égale à la droite AC : donc BC est à CE comme AC est à ED, et en alternant, BC est à CA comme CE est à ED; mais puisqu'on a démontré que AB est à BC comme DC est à CE, et que BC est à CA comme CE est à ED, la droite BA sera à la droite AC comme CD est à DE (prop. 22.5).

Donc dans les triangles équiangles les côtés qui sont autour des angles égaux sont proportionnels, et les côtés qui soutendent des angles égaux sont homologues ; ce qu'il falloit démontrer.

PROPOSITION V.

THÉORÈME.

*Si deux triangles ont leurs côtés proportionnels,
ces deux triangles seront équiangles, et les angles soutendus par les côtés homologues seront
égaux.*

Soient deux triangles ABC, DEF (fig. 125)
dont les côtés soient proportionnels, de manière que AB soit à BC comme DE est à EF,
que BC soit à CA comme EF est à FD et que
BA soit à AC comme ED est à DF : je dis que
les triangles ABC, DEF sont équiangles et que
les angles soutendus par les côtés homologues
sont égaux, savoir, l'angle ABC égal à l'angle
DEF, l'angle BCA égal à l'angle EFD, et enfin
l'angle BAC égal à l'angle EDF.

Construisez sur la droite EF et aux points
E, F l'angle FEG égal à l'angle ABC et l'angle EFG égal à l'angle BCA (prop. 23. 1); le
troisième angle BAC sera égal au troisième
angle EGF (prop. 32. 1) : donc les triangles
ABC, EGF sont équiangles : donc dans les deux
triangles ABC, EGF, les côtés qui sont autour
des angles égaux sont proportionnels et les côtés
qui soutendent les angles égaux sont homologues

(prop. 4.6) : donc AB est à BC comme GE
est à EF; mais AB est à BC comme DE est à
EF : donc DE est à EF comme GE est à EF
(prop. 11.5) : donc l'une et l'autre des droites
DE, GE ont la même raison avec la droite EF :
donc la droite DE est égale à la droite GE
(prop. 9.5). La droite DF sera égale à la droite
GF, par la même raison. Donc, puisque la droite
EG est égale à la droite DE, et que la droite
EF est commune, les deux droites DE, EF sont
égales aux deux droites GE, EF; mais la base
DF est égale à la base GF : donc l'angle DEF est
égal à l'angle GEF (prop. 8. 1); donc le triangle
DEF est égal au triangle GEF et les autres angles
qui sont soutendus par les côtés égaux sont encore égaux : donc l'angle DFE est égal à l'angle
GFE et l'angle EDF égal à l'angle EGF. Puisque
DEF est égal à l'angle GEF et que l'angle GEF
est égal à l'angle ABC, par construction, l'angle ABC sera égal à l'angle DEF. Par la même
raison l'angle ACB sera égal à l'angle DFE et
l'angle A égal à l'angle D : donc les triangles
ABC, DEF sont équiangles.

Donc si deux triangles ont leurs côtés proportionnels, ces deux triangles seront équiangles, et les angles soutendus par les côtés homologues seront égaux ; ce qu'il falloit démontrer.

PROPOSITION VI.

THÉORÊME.

Si deux triangles ont un angle égal à un angle, et si les côtés qui sont autour des angles égaux sont proportionnels, ces deux triangles seront équiangles et les angles soutendus par les côtés homologues seront égaux.

Soient les deux triangles A B C , D E F (fig. 126), ayant un angle BAC égal à un angle EDF, et ayant de plus les côtés qui sont autour des angles égaux proportionnels entr'eux, de manière que BA soit à AC comme ED est à DF : je dis que les triangles ABC, DEF sont équiangles et que l'angle ABC est égal à l'angle DEF et l'angle ACB égal à l'angle DFE.

Sur la droite DF et aux points D, F construisez l'angle FDG égal à l'un ou à l'autre des angles BAC, EDF et l'angle DFG égal à l'angle ACB (prop. 23. 1). L'angle restant B sera égal à l'angle restant G (prop. 32. 1) : donc les triangles ABC, DGF sont équiangles : donc BA est à AC comme GD est à DF (prop. 4. 6); mais on suppose que BA est à AC comme ED est à DF : donc ED est à DF comme GD est à DF (prop. 11. 5) : donc le côté ED est égal au côté DG (prop. 9. 5); mais le côté DF est commun : donc les deux droites ED, DF sont égales aux deux droites GD, DF; mais l'angle EDF est égal à l'angle GDF : donc la base EF est égale à la base FG (prop. 4. 1); donc le triangle DEF égal au triangle GDF et les autres angles qui sont soutendus par les côtés égaux sont encore égaux : donc l'angle DFG est égal à l'angle DFE et l'angle G égal à l'angle E. Mais l'angle DFG est égal à l'angle ACB, par construction : donc l'angle ACB est égal à DFE; mais l'angle BAC est supposé égal à l'angle EDF : donc l'angle restant B est égal à l'angle restant E (prop. 32. 1) : donc les deux triangles ABC, DEF sont équiangles.

Donc si deux triangles ont un angle égal à un angle, et si les côtés qui sont autour des angles égaux sont proportionnels, ces deux triangles seront équiangles, et les angles soutendus par les côtés homologues seront égaux ; ce qu'il falloit démontrer.

PROPOSITION VII.

THÉORÈME.

Si deux triangles ont un angle égal à un angle,
si les côtés placés autour de deux autres angles
sont proportionnels entr'eux, et si chacun des
angles restans est en même tems ou plus petit
ou n'est pas plus petit qu'un angle droit, les
triangles seront équiangles et les angles adja-
cens aux côtés proportionnels seront égaux.

Soient les deux triangles ABC, DEF (fig. 127)
ayant un angle égal à un angle, savoir, l'angle
BAC égal à l'angle EDF et les côtés qui sont
autour de deux autres angles ABC, DEF proportionnels entr'eux, de manière que DE soit à EF
comme AB est à BC, et que chacun des deux
autres angles ACB, DFE soit plus petit qu'un
angle droit : je dis que les triangles ABC, DEF
sont équiangles, que l'angle ABC est égal à l'angle DEF, et l'angle ACB égal à l'angle DFE.

Car si l'angle ABC n'est pas égal à l'angle
DEF, l'un d'eux sera plus grand. Que l'angle
ABC soit le plus grand. Construisez sur la droite
AB et au point B un angle ABG égal à l'angle
DEF (prop. 23. 1).

Puisque l'angle A est égal à l'angle D et l'angle ABG égal à l'angle DEF, l'angle AGB sera égal à l'angle DFE (prop. 32. 1) : donc les triangles ABG, DEF sont équiangles : donc AB est à BG comme DE est à EF (prop. 4. 6) ; mais par supposition DE est à EF comme AB est à BC : donc AB est à BC comme AB est à BG (prop. 11. 5) : donc la droite AB a la même raison avec chacune des droites BC, BG : donc la droite BC sera égale à la droite BG et par conséquent l'angle BGC est égal à l'angle BCG (prop. 5. 1) ; mais on a supposé que l'angle C est plus petit qu'un angle droit : donc l'angle BGC est plus petit qu'un angle droit et par conséquent l'angle de suite AGB est plus grand qu'un angle droit (prop. 13. 1) ; mais on a démontré que l'angle AGB est égal à l'angle F : donc l'angle F est plus grand qu'un angle droit ; mais on a supposé qu'il étoit plus petit qu'un angle droit, ce qui est absurde : donc les angles ABC, DEF ne sont pas inégaux : donc ils sont égaux ; mais l'angle A est égal à l'angle D : donc l'angle C est égal à l'angle F : donc les triangles ABC, DEF sont égaux.

Supposons à présent que l'un et l'autre des angles C, F n'est pas plus petit qu'un angle droit : je dis encore que les triangles ABC, DEF sont équiangles.

Ayant fait la même construction, nous démontrerons semblablement que le côté BC est égal au côté BG et l'angle C égal à l'angle BGC; mais l'angle C n'est pas plus petit qu'un angle droit : donc l'angle BGC n'est pas plus petit qu'un angle droit : donc deux angles du triangle BGC ne sont pas plus petits que deux angles droits, ce qui est impossible (prop. 17. 1) : donc les angles ABC, DEF ne sont pas inégaux : donc ils sont égaux ; mais l'angle A est égal à l'angle D : donc l'angle C est égal à l'angle F (prop. 32. 1) : donc les triangles ABC, DEF sont équiangles.

Donc si deux triangles ont un angle égal à un angle, si les côtés placés autour de deux autres angles sont proportionnels entr'eux, et si chacun des angles restans est en même tems plus petit ou n'est pas plus petit qu'un angle droit, les triangles seront équiangles et les angles adjacens aux côtés proportionnels seront égaux ; ce qu'il falloit démontrer.

PROPOSITION VIII.

THÉORÈME.

Si dans un triangle rectangle on conduit une perpendiculaire de l'angle droit sur la base, les triangles placés autour de la perpendiculaire sont semblables au triangle total et semblables entr'eux.

Soit le triangle rectangle ABC (fig. 128) dont l'angle BAC est droit; du point A conduisez la perpendiculaire AD sur la base BC : je dis que les triangles ABD, ADC sont semblables au triangle total ABC et semblables entr'eux.

Car puisque l'angle BAC est égal à l'angle ADB, étant droits l'un et l'autre, et que l'angle B est commun aux deux triangles ABC, ABD, l'angle restant ACB sera égal à l'angle restant BAD (prop. 32. 1) : donc les deux triangles ABC, ABD sont équiangles : donc le côté BC qui soutend l'angle droit du triangle ABC, est au côté BA qui soutend l'angle droit du triangle ABD comme le côté AB qui soutend l'angle C du triangle ABC, est au côté BD qui soutend un angle égal à l'angle C, c'est-à-dire l'angle BAD du triangle ABD, et enfin comme le côté AC est au côté AD qui soutend un angle B commun

P

à ces deux triangles : donc les triangles ABC, ABD sont équiangles, et les côtés placés autour à des angles égaux sont proportionnels entre eux (prop. 4. 6) : donc le triangle ABC est semblable au triangle ABD (déf. 1. 6). Nous démontrerons que de même le triangle ADC est semblable au triangle ABC : donc chacun des triangles ABD, ADC est semblable au triangle total ABC.

Je dis de plus que les triangles ABD, ADC sont semblables entr'eux.

Car puisque l'angle droit BDA est égal à l'angle droit ADC, et à cause qu'il a été démontré que l'angle BAD est égal à l'angle C, l'angle restant B sera égal à l'angle restant DAC (prop. 32. 1) : donc les deux triangles ABD, ADC sont équiangles : donc le côté BD du triangle ABD, qui soutend l'angle BAD est au côté DA du triangle ADC, qui soutend l'angle C égal à l'angle BAD, comme le côté AD du triangle ABD qui soutend l'angle B est au côté DC du triangle ADC qui soutend l'angle DAC égal à l'angle B, et comme le côté BA qui soutend l'angle droit ADB est au côté AC qui soutend l'angle droit ADC (prop. 4. 6) : donc le triangle ABD est semblable au triangle ADC (déf. 1. 6).

Donc si dans un triangle rectangle, on conduit une perpendiculaire de l'angle droit sur la base, les triangles placés autour de la perpendiculaire sont semblables au triangle total et semblables entr'eux; ce qu'il falloit démontrer.

COROLLAIRE.

Il suit de là que, dans un triangle rectangle la perpendiculaire conduite de l'angle droit sur la base, est moyenne proportionnelle entre les segmens de la base, et que chaque côté de l'angle droit est moyen proportionnel entre la base et le segment qui lui est contigu.

PROPOSITION IX.

PROBLÊME.

D'une droite donnée retrancher une partie demandée.

Soit AB (fig. 129) la droite donnée : il faut de la droite AB retrancher une partie demandée.

Que la partie demandée soit le tiers de cette droite; du point A conduisez une droite quelconque AC qui fasse avec la droite AB un angle quelconque; prenez sur la droite AC un point quelconque D et faites les droites DE, EC égales chacune à la droite AD (prop. 3. 1); conduisez ensuite la droite BC et par le point D

conduisez la droite DF parallèle à la droite BC
(prop. 31. 1).

Puisqu'on a conduit la droite FD parallèle à
un des côtés du triangle ABC, savoir, au côté
BC, la droite CD sera à la droite DA comme
la droite BF est à la droite FA (prop. 2.6);
mais la droite CD est double de la droite DA :
donc la droite BF est double de la droite FA :
donc la droite BA est double de la droite AF.

Donc on a retranché de la droite donnée AB
sa troisième partie demandée; ce qu'il falloit
faire.

PROPOSITION X.

PROBLÈME.

Partager une droite donnée qui n'est point par-
tagée de la même manière qu'une autre droite
donnée est partagée.

Soit AB (fig. 130) la droite donnée qui n'est
point partagée et AC la droite donnée qui est
partagée : il faut partager la droite AB qui n'est
pas partagée de la même manière que la droite
AC est partagée.

Que la droite AC soit partagée aux points
D, E, et que les droites AC, AB soient placées
de manière qu'elles comprennent un angle
quelconque. Conduisez la droite BC, et par les

points D, E, conduisez-les droites DF, EG parallèles à la droite BC (prop. 31. 1), et par le point D conduisez la droite DHK parallèle à la droite AB.

Les figures FH, HB sont des parallélogrammes, et par conséquent la droite DH est égale à la droite FG et la droite HK égale à la droite GB (prop. 34. 1); et puisqu'on a conduit la droite HE parallèle à un des côtés du triangle DKC, savoir, au côté KC; la droite CE sera à la droite ED comme la droite KH est à la droite HD (prop. 2. 6); mais puisque la droite KH est égale à la droite BG et que la droite HD est égale à la droite GF, la droite CE est à la droite ED comme la droite BG est à la droite GF. De plus, puisqu'on a conduit la droite FD parallèle à un des côtés du triangle AGE, savoir au côté EG, la droite ED sera à la droite DA comme la droite GF est à la droite FA. Mais on a démontré que la droite CE est à la droite ED comme la droite BG est à la droite GF : donc la droite CE est à la droite ED comme la droite BG est à la droite GF, et la droite ED est à la droite DA comme la droite GF est à la droite FA.

Donc la droite donnée AB, qui n'est partagée, a été partagée de la même manière que la droite donnée AC; ce qu'il falloit faire.

5

PROPOSITION XI.

PROBLÈME.

Deux droites étant données, trouver une troisième proportionnelle.

Soient AB, AC (fig. 131) les deux droites données ; placez-les de manière qu'elles comprennent un angle quelconque : il faut trouver une troisième proportionnelle aux droites AB, AC.

Prolongez les droites AB, AC vers les points D, E ; faites la droite BD égale à la droite AC ; menez la droite BC, et par le point D menez la droite DE parallèle à la droite BC (prop. 31. 1).

Puisque la droite BC est parallèle à un des côtés du triangle ADE, savoir au côté DE, la droite AB sera à la droite BD comme la droite AC est à la droite CE (prop. 2. 6) ; mais la droite BD est égale à la droite AC : donc la droite AB est à la droite AC comme la droite AC est à la droite CE.

Donc les deux droites AB, AC ayant été données, on a trouvé une troisième proportionnelle CE ; ce qu'il falloit faire.

PROPOSITION XII.

PROBLÈME.

Trois droites étant données, trouver une quatrième proportionnelle.

Soient A, B, C (fig. 152) les trois droites données, il faut trouver une quatrième proportionnelle aux trois droites A, B, C.

Menez les deux droites DE, DF, comprenant un angle quelconque EDF ; faites la droite DG égale à la droite A, la droite GE égale à la droite B et la droite DH égale à la droite C. Menez la droite GH, et par le point E menez la droite EF parallèle à la droite GH.

Puisque la droite GH est parallèle à un des côtés du triangle DEF, savoir au côté EF, la droite DG sera à la droite GE comme la droite DH est à la droite HF (prop. 2.6). Mais la droite DG est égale à la droite A, la droite GE égale à la droite B, et la droite DH égale à la droite C : donc la droite A est à la droite B comme la droite C est à la droite HF.

Donc trois droites A, B, C étant données, on a trouvé une quatrième proportionnelle HF ; ce qu'il falloit faire.

4

PROPOSITION XIII.

PROBLÈME.

Deux droites étant données, trouver une moyenne proportionnelle.

Soient AB, BC (fig. 133) les deux droites données ; il faut trouver une moyenne proportionnelle entre ces deux droites.

Placez ces deux droites dans la même direction, et sur la droite AC décrivez le demi-cercle ADC, du point B élevez la perpendiculaire AC et menez les droites AD, DC (prop. 11.1).

Puisque l'angle ADC est dans un demi-cercle, cet angle est droit (prop. 31.3); et puisque dans le triangle rectangle ADC on a conduit de l'angle droit la droite DB perpendiculaire sur la base, la droite DB sera moyenne proportionnelle entre les segmens de la base AB, BC (corrol. 8. 6).

Donc les deux droites AB, BC ayant été données, on a trouvé une moyenne proportionnelle DB; ce qu'il falloit faire.

PROPOSITION XIV.

PROBLÈME.

Si deux parallélogrammes égaux ont un angle égal à un angle, les côtés qui sont placés autour des angles égaux sont réciproquement proportionnels ; et si deux parallélogrammes ont un angle égal à un angle, et si les côtés qui sont placés autour des angles égaux sont réciproquement proportionnels, ces deux parallélogrammes sont égaux entr'eux.

Soient AB, BC (fig. 134) deux parallélogrammes égaux, ayant deux angles égaux en B. Placez la droite BE dans la direction de DB ; la droite BG sera dans la direction de FB (prop. 14. 1) : je dis que les côtés des parallélogrammes AB, BC qui sont placés autour des angles égaux sont réciproquement proportionnels, c'est-à-dire que DB est à BE comme GB est à BF.

Achevez le parallélogramme FE.

Puisque le parallélogramme AB est égal au parallélogramme BC et que EF est un troisième parallélogramme, AB sera à FE comme BC est à FE (prop. 7. 5); mais AB est à FE comme DB est à BE (prop. 1. 6); et BC est à FE

comme G B est à B F : donc DB est à B E comme
GB est à BF (prop. 11.5) : donc les côtés des
parallélogrammes AB, BC qui sont autour des
angles égaux sont réciproquement proportionnels.

Supposons à présent que les côtés qui sont
autour des angles égaux soient réciproquement
proportionnels, c'est-à-dire que DB soit à BE
comme GB est à BF : je dis que le parallélogramme AB est égal au parallélogramme BC.

Puisque DB est à BE comme GB est à BF·
que DB est à BE comme le parallélogramme
AB est au parallélogramme FE (prop. 1.6), et
que GB est à BF comme le parallélogramme
BC est au parallélogramme FE, AB sera à FE
comme BC est à FE (prop. 11.5) : donc le parallélogramme AB est égal au parallélogramme
BC (prop. 9. 5).

Donc si deux parallélogrammes égaux ont un
angle égal à un angle, les côtés qui sont autour
des angles égaux sont réciproquement proportionnels ; et si deux parallélogrammes ont un
angle égal à un angle, et si les côtés qui sont
autour des angles égaux sont réciproquement
proportionnels, ces deux parallélogrammes sont
égaux ; ce qu'il falloit démontrer.

PROPOSITION XV.

THÉORÈME.

Si deux triangles égaux ont un angle égal à un angle, les côtés placés autour des angles égaux sont réciproquement proportionnels; et si deux triangles ont un angle égal à un angle, et si les côtés placés autour de ces angles égaux sont réciproquement proportionnels, ces deux triangles sont égaux entr'eux.

Soient ABC, ADE (fig. 135) des triangles égaux, ayant un angle égal à un angle, savoir, l'angle BAC égal à l'angle DAE : je dis que les côtés des triangles ABC, ADE placés autour des angles égaux sont réciproquement proportionnels entr'eux, c'est-à-dire que CA est à AD comme EA est à AB.

Placez ces triangles de manière que la droite CA soit dans la direction de la droite AD ; la droite EA sera dans la direction de la droite AB (prop. 14. 1). Menez la droite BD.

Puisque le triangle ABC est égal au triangle ADE et que ABD est un autre triangle, le triangle CAB sera au triangle BAD comme le triangle ADE est au triangle BAD (prop. 7. 5) ; mais le triangle CAB est au triangle BAD comme CA est à AD (prop. 1. 6), et le triangle EAD est au triangle BAD comme EA est à AB : donc CA est à AD comme EA est à AB (prop. 11.5): donc les côtés des triangles ABC, ADE, qui sont autour des angles égaux, sont réciproquement proportionnels.

Supposons à présent que les côtés des triangles ABC, ADE soient réciproquement proportionnels, c'est-à-dire que CA soit à AD comme EA est à AB : je dis que le triangle ABC est égal au triangle ADE. Menez BD.

Puisque CA est à AD comme EA est à AB, que CA est à AD comme le triangle ABC est au triangle BAD (prop. 1.6); et que EA est à AB comme le triangle EAD est au triangle BAD, le triangle ABC sera au triangle BAD comme le triangle EAD est au triangle BAD (prop. 11.5): donc l'un et l'autre des triangles ABC, ADE ont la même raison avec le triangle BAD : donc le triangle ABC est égal au triangle EAD (prop. 9.5).

Donc si deux triangles égaux ont un angle égal à un angle, les côtés placés autour de ces angles égaux sont réciproquement proportionnels; et si deux triangles ont un angle égal à un angle, et si les côtés placés autour des angles égaux sont réciproquement proportionnels, ces deux triangles seront égaux; ce qu'il falloit démontrer.

PROPOSITION XVI.

THÉORÈME.

Si quatre droites sont proportionnelles, le rectan-
gle compris sous les deux droites extrêmes est
égal au rectangle qui est compris sous les deux
droites moyennes; et si le rectangle compris sous
deux droites extrêmes est égal à celui qui est
compris sous deux droites moyennes, ces quatre
droites sont proportionnelles.

Soient AB, CD, E, F (fig. 136) quatre droites
proportionnelles de manière qu'on ait AB est à
CD comme E est à F : je dis que le rectangle
compris sous les droites AB, F est égal au rectangle compris sous les droites CD, E.

Des points A, C et sur les droites AB, CD élevez les perpendiculaires AG, CH (prop. 11.1);
faites la droite AG égale à la droite F et la droite
CH égale à la droite E, et terminez les parallélogrammes BG, DH.

Puisque AB est à CD comme E est à F et
que E est égal à CH et F égal à AG, AB sera
à CD comme CH est à AG (prop. 7.5) : donc
les côtés des parallélogrammes BG, DH placés
autour des angles égaux sont réciproquement
proportionnels ; mais lorsque les côtés des

parallélogrammes équiangles qui sont autour des angles égaux sont réciproquement proportionnels, ces parallélogrammes sont égaux entre eux (prop. 14. 6) : donc le parallélogramme BG est égal au parallélogramme DH ; mais le parallélogramme BG est compris sous les droites AB, F ; car AG est égal à F, et le parallélogramme DH est compris sous les droites CD, E ; puisque CH est égal à E : donc le rectangle compris sous les droites AB, F est égal à celui qui est compris sous les droites CD, E.

Si le rectangle compris sous les droites AB, F est égal à celui qui est compris sous les droites CD, E : je dis que ces quatre droites sont proportionnelles, c'est-à-dire que AB est à CD comme E est à F.

Faites la même construction ; le rectangle compris sous les droites AB, F est égal à celui qui est compris sous les droites CD, E ; mais le rectangle BG est compris sous les droites AB, F ; car AG est égal à F et le rectangle DH est compris sous les droites CD, E, car CH est égal à E : donc le parallélogramme BG est égal au parallélogramme DH et ces deux parallélogrammes sont équiangles. Mais les côtés des parallélogrammes égaux et équiangles placés autour des angles égaux sont réciproquement proportionnels (prop. 14. 6) : donc AB est à CD comme CH est à AG ; mais CH est égal à E et AG égal à F : donc AB est à CD comme E est à F.

Donc si quatre droites sont proportionnelles, le rectangle compris sous les droites extrêmes est égal au rectangle compris sous les droites moyennes ; et si un rectangle compris sous deux droites extrêmes est égal à un rectangle compris sous deux droites moyennes, ces quatre droites sont proportionnelles ; ce qu'il falloit démontrer.

PROPOSITION XVII.

THÉORÈME.

Si trois droites sont proportionnelles, le rectangle compris sous les droites extrémes est égal au quarré de la droite moyenne ; et si un rectangle compris sous deux droites extrémes est égal au quarré d'une droite moyenne, ces trois droites sont proportionnelles.

Soient AE, BG, C (fig. 137) trois droites proportionnelles, de manière que l'on ait AE est à BG comme BG est à C : je dis que le rectangle compris sous les droites AE, C est égal au quarré de BG.

Faites la droite D égale à la droite BG.

Puisque AE est à BG comme BG est à C et que BG est égal à D, la droite AE sera à la droite BG comme la droite D est à la droite C; mais si quatre droites sont proportionnelles, le rectangle compris sous les droites extrêmes est égal à celui qui est compris sous les droites moyennes (prop. 16. 6) : donc le rectangle compris sous les droites AE, C est égal à celui qui est compris sous les droites BG, D. Mais le rectangle compris sous les droites BG, D est égal au quarré de BG, car la droite BG est égale à la droite D : donc le rectangle compris sous les droites AE, C est égal au quarré de BG.

Si le rectangle compris sous les droites AE, C est égal au quarré de BG : je dis que AE est à BG comme BG est à C.

Faites la même construction. Puisque le rectangle compris sous les droites AE, C est égal au quarré de BG et que le quarré de BG est un rectangle compris sous les droites BG, D, car BG est égal à D, le rectangle compris sous les droites AE, C est égal au rectangle compris sous les droites BG, D. Mais si un rectangle compris sous deux droites extrêmes est égal à un rectangle compris sous deux droites moyennes, es quatre droites seront proportionnelles (prop 16. 6) : donc AE est à BG comme D est à C; mais BG est égal à D : donc A E est à BG comme BG est à C.

Donc si trois droites sont proportionnelles, le rectangle compris sous les droites extrêmes sera égal au quarré de la droite moyenne ; et si un rectangle compris sous deux droites extrêmes est égal au quarré de la droite moyenne, ces trois droites seront proportionnelles, ce qu'il falloit démontrer.

PROPOSITION XVIII.

PROBLÊME.

Sur une droite donnée, décrire une figure recti-ligne semblable à une autre et semblablement placée.

Soit A B (fig. 138) la droite donnée et CE la figure donnée : il faut sur la droite AB décrire une figure semblable à la figure CE et semblablement placée.

Menez la droite DF, et sur la droite AB et aux points A, B faites l'angle GAB égal à l'angle C, et l'angle ABG égal à l'angle CDF (prop. 23. 1); l'angle restant CFD sera égal à l'angle restant AGB (prop. 32. 1) : donc les triangles FCD, GAB sont équiangles : donc FD est à GB comme FC est à GA, et comme CD est à AB (prop. 4. 6). Construisez ensuite sur la droite BG et aux points

Q

B, G l'angle BGH égal à l'angle DFE et l'angle
GBH égal à l'angle FDE ; l'angle E restant sera
égal à l'angle H restant : donc les triangles FDE,
GBH sont équiangles : donc FD est à GB comme
FE est à GH, et comme ED est à HB (prop. 4. 6).
Mais on a démontré que FD est à GB comme
FC est à GA, et comme CD est à AB : donc
FC est à GA comme CD est à AB, comme FE
est à GH, et comme ED est à HB (prop. 11. 5).
Mais l'angle CFD est égal à l'angle AGB par
construction, et l'angle DFE égal à l'angle BGH :
donc l'angle total CFE est égal à l'angle total
AGH. Par la même raison, l'angle CDE est égal
à l'angle ABH, l'angle C égal à l'angle A et
l'angle E égal à l'angle H : donc les figures AH,
CE sont équiangles, et elles ont les côtés opposés aux angles égaux proportionnels entr'eux :
donc les deux figures AH, CE sont semblables
(déf. 1. 6).

Donc, sur la droite AB on a décrit la figure
AH semblable à la figure CE et semblablement
placée ; ce qu'il falloit faire.

PROPOSITION XIX.

THÉORÈME.

Les triangles semblables sont entr'eux en raison doublée des côtés homologues.

Soient ABC, DEF (fig. 139) deux triangles semblables, ayant l'angle B égal à l'angle E. Supposons que AB soit à BC comme DE est à EF, de manière que le côté BC soit l'homologue du côté EF (déf. 12. 5) : je dis que les triangles ABC, DEF sont entr'eux en raison doublée des côtés BC, EF.

Prenez une troisième proportionnelle BG (fig. 138) aux droites BC, EF, de manière que BC soit à EF comme EF est à BG, et menez la droite GA (prop. 11. 6).

Puisque AB est à BC comme DE est à EF, si l'on rechange les places des moyens, on aura AB est à DE comme BC est à EF (prop. 16. 5); mais BC est à EF comme EF est à BG : donc AB est à DE comme EF est à BG (pro. 11.5): donc les côtés des triangles ABG, DEF placés autour des angles égaux sont réciproquement proportionnels. Mais deux triangles sont égaux entr'eux lorsqu'ils ont un angle égal à un angle et lorsque les côtés placés autour des

angles égaux sont réciproquement proportionnels (prop. 15. 6) : donc le triangle ABG est
égal au triangle DEF. Mais puisque BC est à EF
comme EF est à BG, et que lorsque trois droites
sont proportionnelles, la première et la troisième
sont entr'elles en raison doublée de la première
et de la seconde (déf. 10. 5), les droites BC et BG
seront entr'elles en raison doublée de BC et de
EF ; mais BC est à BG comme le triangle ABC
est au triangle ABG (prop. 1. 6): donc le triangle ABC et le triangle ABG sont entr'eux en
raison doublée de BC et de EF ; mais le triangle
ABG est égal au triangle DEF : donc le triangle
ABC et le triangle DEF sont entr'eux en raison
doublée de BC et de EF (prop. 7. 5).

Donc les triangles semblables sont entr'eux
en raison doublée des côtés homologues ; ce
qu'il falloit démontrer.

COROLLAIRE.

Il suit manifestement de là que si trois droites
sont proportionnelles, la première sera à la troisième comme triangle décrit sur la première est
triangle semblable qui est décrit semblablement
sur la seconde, puisqu'il a été démontré que CB
est à BG comme le triangle ABC est au triangle
ABG, c'est-à-dire au triangle DEF.

PROPOSITION XX.

THÉORÈME.

Les polygones semblables peuvent se diviser en triangles semblables, égaux en nombre et proportionnels aux polygones ; et ces polygones sont entr'eux en raison doublée de leurs côtés homologues.

Soient ABCDE, FGHKL (fig. 140) deux polygones semblables et que le côté AB soit l'homologue du côté FG : je dis que les polygones ABCDE, FGHKL peuvent se diviser en triangles semblables, égaux en nombre et proportionnels aux polygones, et que les polygones ABCDE, FGHKL sont entr'eux en raison doublée des côtés AB, FG.

Menez les droites BE, EC, GL, LH.

Puisque le polygone ABCDE est semblable au polygone FGHKL, l'angle BAE est égal à l'angle GFL; mais BA est à AE comme GF est à FL : donc, puisque ces deux triangles ont un angle égal à un angle et que les côtés placés autour des angles égaux sont proportionnels, les triangles ABE, FGL seront équiangles (prop. 6. 6), et par conséquent semblables (prop. 4. 6) : donc l'angle ABE est égal à l'an-

3

gle FGL; mais l'angle total ABC est égal à
l'angle total FGH, à cause de la similitude des
polygones : donc l'angle restant EBC est égal
à l'angle restant LGH; mais à cause de la similitude des triangles ABE, FGL, EB est à BA
comme LG est à GF, et à cause de la similitude
des polygones, AB est à BC comme FG est à GH,
EB sera à BC comme LG est à GH (prop. 22.5),
c'est-à-dire que les côtés placés autour des angles égaux EBC, LGH seront proportionnels :
donc les triangles EBC, LGH sont équiangles
(prop. 6. 6), et par conséquent semblables
(prop. 4. 6). Par la même raison, les triangles
ECD, LHK sont encore semblables : donc les
polygones ABCDE, FGHKL sont divisés en
triangles semblables et égaux en nombre.

Je dis de plus que ces triangles sont proportionnels aux polygones, c'est-à-dire que ces
triangles sont entr'eux comme les antécédens
ABE, EBC, ECD sont aux conséquens FGL,
LGH, LHK; je dis encore que les polygones
ABCDE, FGHKL sont en raison doublée des
côtés homologues, c'est-à-dire en raison doublée des côtés AB, FG.

Menez les droites AC, FH.

Puisqu'à cause de la similitude des polygones
l'angle ABC est égal à l'angle FGH, et que AB

est à BC comme FG est à GH, les triangles
ABC, FGH seront équiangles (prop. 6. 6) :
donc l'angle BAC est égal à l'angle GFH et
l'angle BCA égal à l'angle GHF. De plus, puisque l'angle BAM est égal à l'angle GFN et qu'il
a été démontré que l'angle ABM est égal à l'angle FGN, l'angle restant AMB sera égal à l'angle restant FNG (prop. 32. 1) : donc les deux
triangles ABM, FGN sont équiangles. Nous démontrerons semblablement que les deux triangles BMC, GNH sont équiangles : donc AM
est à MB comme FN est à NG, et BM est à MC
comme GN est à NH (prop. 4. 6) : donc AM
est à MC comme FN est à NG (prop. 22. 5);
mais AM est à MC comme le triangle ABM est
au triangle MBC, comme le triangle AME est
au triangle EMC, car ils sont entr'eux comme
leurs bases (prop. 1. 6), mais un seul des antécédens est à un seul des conséquens comme
tous les antécédens sont à tous les conséquens
(prop. 12. 5) : donc le triangle AMB est au
triangle BMC comme le triangle ABE est au
triangle CBE; mais AMB est à BMC comme
AM est à MC : donc AM est à MC comme le
triangle ABE est au triangle EBC (prop. 11. 5).
Par la même raison FN est à NH comme le
triangle FGL est au triangle GLH; mais AM

4

est à MC comme FN est à NH : donc le triangle ABE est au triangle BEC comme le triangle FGL est au triangle GLH (prop. 11.5) : ou bien en échangeant les places des moyens, le triangle ABE est au triangle FGL comme le triangle BEC est au triangle GLH (prop. 16.5). Nous démontrerons semblablement, après avoir mené BD, GH, que le triangle BEC est au triangle GLH comme le triangle ECD est au triangle LHK ; mais puisque le triangle ABE est au triangle FGL comme le triangle EBC est au triangle LGH et comme le triangle ECD est au triangle LHK, un des antécédens sera à un des conséquens comme tous les antécédens seront à tous les conséquens (prop. 12.5) : donc le triangle ABE est au triangle FGL comme le polygone ABCDE est au polygone FGHKL ; mais les triangles ABE, FGL sont entr'eux en raison doublée des côtés AB, FH ; car les triangles semblables sont en raison doublée des côtés homologues (prop. 19.6) : donc les polygones ABCDE, FGHKL sont en raison doublée des côtés homologues AB, FG.

Donc les polygones semblables peuvent être divisés en un même nombre de triangles semblables et proportionnels aux polygones ; et les polygones semblables sont entr'eux en raison doublée des côtés homologues ; ce qu'il falloit démontrer.

COROLLAIRE I.

On démontrera de la même manière que les quadrilatères semblables sont en raison doublée des côtés homologues ; mais cela a été démontré pour les triangles semblables (corol. 19. 6) : donc généralement les figures rectilignes semblables sont entr'elles en raison doublée des côtés homologues.

COROLLAIRE II.

Si nous prenons une troisième proportionnelle O aux deux droites AB, FG, les droites AB, O seront en raison doublée des droites AB, FG (déf. 10. 5) ; mais les polygones et les quadrilatères sont entr'eux en raison doublée des côtés homologues, c'est-à-dire en raison doublée des côtés AB, FG ; l'on démontre cela pour les triangles ; il est donc généralement évident que si trois droites sont proportionnelles, la première et la troisième sont entr'elles en raison doublée de la figure décrite sur la première, et de la figure semblable décrite semblablement sur la seconde.

AUTREMENT.

Nous démontrerons autrement et plus brièvement que les triangles sont proportionnels aux polygones de la manière suivante :

Soient les polygones ABCDE, FGHKL (fig. 141). Menez BE, EC, GL, LH : je dis que le triangle ABE est au triangle FGL comme le triangle EBC est au triangle LGH et comme le triangle CDE est au triangle HKL.

Puisque les triangles ABE, FGL sont semblables, les triangles ABE, FGL sont en raison doublée des côtés BE, GL (prop. 19.6). Par la même raison les triangles BEC, GLH sont en raison doublée des côtés BE, GL : donc le triangle ABE est au triangle FGL comme le triangle EBC est au triangle LGH (prop. 11.5). De plus, puisque le triangle EBC est semblable au triangle LGH, les triangles EBC, LGH sont en raison doublée des droites CE, HL (prop. 19.6). Par la même raison les triangles ECD, LHK sont en raison doublée des droites CE, HL : donc le triangle EBC est au triangle LGH comme le triangle ECD est au triangle LHK (prop. 11.5); mais on a démontré que le triangle EBC est au triangle LGH comme le triangle ABE est au triangle FGL : donc le triangle ABE est au triangle FGL comme le triangle BEC est au triangle GLH et comme le triangle ECD est au triangle LHK : donc un des antécédens est à un des conséquens comme tous les antécédens sont à tous les conséquens (prop. 12.5); et le reste comme dans la première démonstration ; ce qu'il falloit démontrer.

PROPOSITION XXI.

THÉORÊME.

Les figures rectilignes qui sont semblables à une même figure rectiligne sont semblables entre elles.

Que chacune des figures rectilignes A, B (fig. 142) soit semblable à la figure rectiligne C : je dis que la figure rectiligne A est semblable à la figure rectiligne B.

Car puisque les figures rectilignes A et B sont semblables, ces deux figures sont équiangles et les côtés placés autour des angles égaux sont proportionnels (déf. 1.6). De plus, puisque les figures rectilignes B, C sont semblables, ces deux figures sont équiangles et les côtés placés autour des angles égaux sont proportionnels : donc l'une et l'autre des figures rectilignes A, B sont équiangles avec la figure rectiligne C ; et les côtés placés autour des angles

égaux ·sont proportionnels : donc les figures
rectilignes A, B sont équiangles (ax. 1), et les
côtés placés autour des angles égaux sont proportionnels (prop. 11.5) : donc les figures
rectilignes A, B sont semblables (déf. 1.6);
ce qu'il falloit démontrer.

PROPOSITION XXII.

THÉORÈME.

*Si quatre droites sont proportionnelles, les figures
rectilignes semblables, construites semblablement sur ces droites, seront proportionnelles ;
et si les figures rectilignes semblables et construites semblablement sur ces droites sont proportionnelles, ces droites seront proportionnelles.*

Soient AB, CD, EF, GH (fig. 143) quatre
droites proportionnelles, de manière que AB soit
à CD comme EF est à GH. Soient décrites sur
les droites AB, CD les figures rectilignes semblables et semblablement placées KAB, LCD,
et sur les droites EF, GH soient décrites les
figures semblables et semblablement placées
MF, NH : je dis que la figure rectiligne KAB
est à la figure rectiligne LCD comme la figure
rectiligne MF est à la figure rectiligne NH.

Prenez une troisième proportionnelle O aux droites AB, CD, et une troisième proportionnelle P aux droites EF, GH (prop. 11. 6). Puisque AB est à CD comme EF est à GH et que CD est à O comme GH est à P, AB sera à O comme EF est à P (prop. 22. 5) ; mais AB est à O comme la figure rectiligne KAB est à la figure rectiligne LCD (cor. 2. prop. 20. 6), et EF est à P comme la figure rectiligne MF est à la figure rectiligne NG : donc KAB est à LCD comme MF est à NH (prop. 11. 5).

Si la figure rectiligne KAB est à la figure rectiligne LCD comme la figure rectiligne MF est à la figure rectiligne NH : je dis que AB est à CD comme EF est à GH.

Prenons une quatrième proportionnelle aux trois droites AB, CD, EF de manière que l'on ait AB est à CD comme EF est à QR (prop. 12. 6), et sur QR décrivez la figure rectiligne SR de manière qu'elle soit semblable à l'une et à l'autre des figures MF, NH, et semblablement placée (prop. 18. 6).

Puisque AB est à CD comme EF est à QR, que les figures rectilignes KAB, LCD décrites sur les droites AB, CD sont semblables et semblablement placées, et que les figures rectilignes MF, SR décrites sur les droites EF, QR sont semblables et semblablement placées, la figure rectiligne KAB est à la figure rectiligne LCD comme MF est à SR, ainsi que dans la première partie de cette proposition; mais on suppose que la figure rectiligne KAB est à la figure rectiligne LCD comme la figure rectiligne MF est à la figure rectiligne NH : donc la figure rectiligne MF a la même raison avec l'une et l'autre des figures rectilignes NH, SR (prop. 11.5) : donc la figure rectiligne NH est égale à la figure rectiligne SR (prop. 9.5); mais la figure rectiligne NH est semblable à la figure SR et semblablement placée : donc GH est égal à QR (lem. suiv.), et puisque AB est à CD comme EF est à QR et que QR est égal à GH, AB sera à CD comme EF est à GH (prop. 7.5).

Donc si quatre droites sont proportionnelles, les figures rectilignes semblables, construites semblablement sur ces droites, seront proportionnelles; et si les figures rectilignes semblables et semblablement construites sur ces droites sont proportionnelles, ces droites seront proportionnelles; ce qu'il falloit démontrer.

LEMME.

Si des figures rectilignes sont égales et semblables, nous démontrerons de cette manière que leurs côtés homologues sont égaux entre eux.

Supposons que les figures rectilignes NH, SR soient égales et semblables, et que HG soit à GN comme QR est à QS : je dis que QR est égal à GH.

Car si ces droites sont inégales, une d'elles sera plus grande ; supposons que la droite QR soit plus grande que la droite HG. Puisque QR est à QS comme HG est à GN, si on échange les places des moyens, QR sera à HG comme QS est à GN (prop. 16. 5); mais QR est plus grand que HG : donc QS sera plus grand que GN : donc la figure rectiligne RS est plus grande que la figure rectiligne HN (prop. 20. 6); mais elle lui est égale, ce qui est impossible : donc les droites QR, GH ne sont pas inégales : donc elles sont égales ; ce qu'il falloit démontrer.

PROPOSITION XXIII.

THÉORÈME.

Les parallélogrammes équiangles sont entr'eux en raison composée des côtés.

Soient les parallélogrammes équiangles AC, CF (fig. 144), ayant l'angle BCD égal à l'angle ECG : je dis que les parallélogrammes AC, CF

sont entr'eux en raison composée des côtés,
c'est-à-dire, en raison composée de la raison
de BC à CG et de la raison DC à CE.

Placez la droite BC dans la direction de la
droite CG; la droite DC sera placée dans la
direction de CE (prop. 14. 1). Achevez le parallélogramme DG; prenez une droite quelconque K, de manière que BC soit à CG comme
K est à L et que DC soit à CE comme L est
à M (prop. 12. 6).

Les raisons de K à L et de L à M sont les
mêmes que les raisons des côtés, c'est-à-dire
de BC à CG et de DC à CE; mais la raison
de K à M est composée de la raison de K à L
et de la raison de L à M (déf. 5. 6) : donc les
droites K et L sont entr'elles en raison composée des côtés; et puisque BC est à CG comme
le parallélogramme AC est au parallélogramme
CH (prop. 1. 6), et que BC est à CG comme K
est à L, K sera à L comme le parallélogramme
AC est au parallélogramme CH (prop. 11. 5).
De plus, puisque DC est à CE comme le parallélogramme CH est au parallélogramme CF, et
que DC est à CE comme L est à M (prop. 1. 6),
L sera à M comme le parallélogramme CH est
au parallélogramme CF (prop. 11. 5) : donc
puisqu'il a été démontré que K est à L comme

le parallélogramme AC est au parallélogramme CH, et que L est à M comme le parallélogramme CH est au parallélogramme CF, K sera à M comme le parallélogramme AC est au parallélogramme CF (prop. 22.5). Mais les droites K et M sont en raison composée des côtés : donc les parallélogrammes AC, CF sont entr'eux en raison composée des côtés.

Donc les parallélogrammes équiangles sont entr'eux en raison composée des côtés; ce qu'il falloit démontrer.

PROPOSITION XXIV.

THÉORÈME.

Dans tout parallélogramme, les parallélogrammes placés autour du diamètre sont semblables au parallélogramme total et semblables entr'eux.

Soit le parallélogramme ABCD (fig. 145) dont AC est le diamètre; qu'autour du diamètre AC soient les parallélogrammes EG, HK : je dis que les parallélogrammes EG, HK sont semblables au parallélogramme total ABCD et semblables entr'eux.

Car puisque la droite EF est parallèle à un des côtés du triangle ABC, savoir au côté BC, la droite BE sera à la droite EA comme la droite

CF est à la droite FA (prop. 2. 6). De plus, puisque la droite FG est parallèle à un des côtés du
triangle ACD, savoir au côté CD, la droite CF
sera à la droite FA comme la droite DG est à la
droite GA ; mais on a démontré que CF est à FA
comme BE est à EA : donc BE est à EA comme
DG est à GA (prop. 11. 5) ; ajoutant les conséquens aux antécédens (prop. 18.5), BA sera
à AE comme DA est à AG, et enfin en échangeant
les places des moyens (prop. 16.5), BA sera à
AD comme AE est à AG : donc les côtés des
parallélogrammes ABCD, EG qui comprennent
un angle commun BAD sont proportionnels.
Puisque GF est parallèle à DC, l'angle AGF
est égal à l'angle ADC (prop. 29. 1), et l'angle
GFA égal à l'angle DCA ; mais l'angle DAC est
commun aux deux triangles ADC, AGF : donc
les triangles ADC, AGF sont équiangles. Les
triangles ABC, AFE sont équiangles, par la
même raison : donc le parallélogramme total
ABCD et le parallélogramme EG sont équiangles : donc AD est à DC comme AG est à GF
(prop. 4. 6), et AC est à CB comme AF est à
FE, et de plus CB est à BA comme FE est à
EA : donc puisqu'on a démontré que DC est
à CA comme GF est à FA et que AC est à CB
comme AF est à FE, DC sera à CB comme GF

est à FE (prop. 22.5); donc les côtés des parallélogrammes ABCD, EG qui sont autour des angles égaux sont proportionnels : donc le parallélogramme ABCD est semblable au parallélogramme EG (déf. 1.6). Le parallélogramme ABCD est semblable au parallélogramme KH, par la même raison : donc chacun des parallélogrammes EG, HK est semblable au parallélogramme ABCD; mais les figures qui sont semblables chacune à une autre figure, sont semblables entr'elles (prop. 21.6) : donc le parallélogramme EG est semblable au parallélogramme HK.

Donc, dans tout parallélogramme, les parallélogrammes placés autour du diamètre sont semblables au parallélogramme total et semblables entr'eux; ce qu'il falloit démontrer.

PROPOSITION XXV.

PROBLÊME.

Construire une figure semblable à une figure donnée et égale à une autre figure aussi donnée.

Soit ABC (fig. 145) la figure donnée, à laquelle il faut construire une figure semblable, et D la figure à laquelle il faut la faire égale : il faut

2

construire une figure qui soit semblable à la figure ABC et égale à la figure D.

Construisez sur la droite BC un parallélogramme BE qui soit égal au triangle ABC, (prop. 44 et 45. 1), et sur la droite CE et dans l'angle FCE qui est égal à l'angle CBL, construisez un parallélogramme CM égal à la figure D ; la droite BC sera dans la direction de CF, et la droite LE dans la direction de EM (prop. 14. 1). Prenez une moyenne proportionnelle GH entre les droites BC, CF (prop. 13.6), et sur cette moyenne proportionnelle GH, construisez une figure KGH semblable à la figure ABC et semblablement placée (prop. 18.6).

Puisque BC est à GH comme GH est à CF, et puisque, lorsque trois droites sont proportionnelles, la première est à la troisième comme la figure qui est construite sur la première est à la figure semblable construite sur la seconde et semblablement placée (cor. 2. prop. 20. 6), la droite BC sera à la droite CF comme le triangle ABC est au triangle KGH ; mais BC est à CF comme le parallélogramme BE est au parallélogramme EF (prop. 1.6), et le triangle ABC est au triangle KGH comme le parallélogramme BE est au parallélogramme EF : donc en changeant les places des moyens (prop. 16.5), le triangle ABC sera au parallélogramme BE comme le triangle KGH est au parallélogramme EF; mais le triangle ABC est égal au parallélogramme BE, par construction : donc le triangle KGH est égal au parallélogramme EF; mais le parallélogramme EF est égal à la figure D : donc le triangle KGH est aussi égal à la figure D; mais le triangle KGH est semblable au triangle ABC, par construction.

Donc on a construit une figure KGH semblable à la figure ABC et égale à une autre figure donnée; ce qu'il falloit faire.

PROPOSITION XXVI.

THÉORÈME.

Si d'un parallélogramme on retranche un parallélogramme qui soit semblable au parallélogramme entier et semblablement placé, et qui ait avec lui un angle commun, ces deux parallélogrammes seront placés autour du même diamètre.

Que du parallélogramme ABCD (fig. 147) on retranche le parallélogramme AEFG semblable au parallélogramme ABCD et semblablement placé et ayant avec lui un angle commun DAB : je dis que les parallélogrammes

3

ABCD, AEFG sont placés autour du même diamètre.

Car si cela n'est point, supposons, si cela est possible, que la droite AHC soit leur diamètre, et par le point H conduisons la droite HK parallèle à l'une et à l'autre des droites AD, BC.

Puisque les parallélogrammes ABCD, KG sont placés autour du même diamètre, le parallélogramme ABCD sera semblable au parallélogramme KG (prop. 24.6) : donc DA est à AB comme GA est à AK (déf. 1.6) ; mais à cause de la similitude des parallélogrammes ABCD, EG, la droite DA est à la droite AB comme la droite GA est à la droite AE : donc GA est à AE comme GA est à AK (prop. 11.5) : donc la droite GA a la même raison avec chacune des droites AK, AE : donc la droite AK sera égale à la droite AE (prop. 9.5), c'est-à-dire que la plus petite sera égale à la plus grande, ce qui est impossible : donc les parallélogrammes ABCD, KG ne sont point placés autour du même diamètre : donc les parallélogrammes ABCD, AEFG sont placés autour du même diamètre.

Donc si d'un parallélogramme on retranche un parallélogramme qui soit semblable au parallélogramme total et semblablement placé, et qui ait avec lui un angle commun, ces deux parallélogrammes seront placés autour du même diamètre ; ce qu'il falloit démontrer.

PROPOSITION XXVII.

THÉORÊME.

De tous les parallélogrammes qui sont appliqués sur la même droite et qui sont défaillans de parallélogrammes semblables au parallélogramme décrit sur la moitié de cette droite et semblablement placés que lui, le plus grand est celui qui est appliqué sur la moitié de cette droite et qui est semblable à son défaut (1).

Soit la droite AB (fig. 148), que cette droite soit coupée en deux parties égales au point C,

---

(1) Un parallélogramme est dit appliqué sur une droite lorsqu'il est décrit sur cette droite.

Un parallélogramme est dit défaillant d'un parallélogramme lorsqu'il est décrit sur une partie de la base d'un autre parallélogramme, sous les mêmes angles et entre les mêmes parallèles ; le parallélogramme dont il est défaillant se nomme son défaut. Soit AO le parallélogramme que l'on considère ; le parallélogramme AD sera le parallélogramme défaillant et son défaut sera le parallélogramme CO.

Un parallélogramme est dit excédent d'un parallélogramme lorsqu'il est décrit sur la base prolongée d'un autre parallélogramme, sous le même angle et entre

4

et que sur cette droite AB soit appliqué le parallélogramme AD qui est défaillant du parallélogramme CE semblable à celui qui est décrit sur la moitié de AB, c'est-à-dire sur AC : je dis que de tous les parallélogrammes qui sont appliqués sur la droite AB et qui sont défaillans de parallélogrammes semblables au parallélogramme CE et semblablement placés que lui, le plus grand est le parallélogramme AD. En effet, appliquez sur la droite AB le parallélogramme AF défaillant du parallélogramme KH semblable au parallélogramme CE et semblablement placé que lui : je dis que le parallélogramme AD est plus grand que le parallélogramme AF.

Puis le parallélogramme CE est semblable au parallélogramme KH, ces deux parallélogrammes seront placés autour du même diamètre (prop. 26. 6). Menez leur diamètre DB et décrivez la figure.

Puisque le parallélogramme CF est égal au parallélogramme FE (prop. 43. 1), si l'on ajoute

les mêmes parallèles; le parallélogramme dont il surpasse le parallélogramme que l'on considère se nomme son excès.

Soit AO le parallélogramme que l'on considère; le parallélogramme AE sera le parallélogramme excédent et le parallélogramme KE sera son excès.

à chacun le parallélogramme KH, le parallélogramme total CH sera égal au parallélogramme total KE. Mais CH est égal à CG (prop. 36. 1), parce que la droite AC est égale à la droite CB. Donc GC est égal à EK : donc si nous ajoutons à chacune de ces quantités le parallélogramme CF, le parallélogramme total AF sera égal au gnomon LMN : donc le parallélogramme CE, c'est-à-dire le parallélogramme AD, est plus grand que le parallélogramme AF (prop. 36. 1).

Partageons de nouveau la droite AB (fig. 149) en deux parties égales au point C, et appliquons sur cette droite le parallélogramme AL défaillant du parallélogramme CM, et de plus appliquons sur la droite AB le parallélogramme AE défaillant du parallélogramme DF, semblablement posé et semblable au parallélogramme qui est décrit sur la moitié de AB, c'est-à-dire au parallélogramme CM. Je dis que le parallélogramme AL qui est appliqué sur la moitié de la droite AB est plus grand que le parallélogramme AE.

Car puisque les parallélogrammes DF et CM sont semblables, ces deux parallélogrammes sont autour du même diamètre (prop. 26. 6). Soit EB leur diamètre et décrivez la figure.

Attendu que L F est égal à L H (prop. 36. 1),
car F G est égal à G H, LF sera plus grand que
EK. Mais LF est égal à LD (prop. 43. 1) : donc
DL est plus grand que EK : donc si nous ajoutons à chacun de ces deux parallélogrammes le
parallélogramme KD, le parallélogramme total
AL sera plus grand que le parallélogramme
total AE.

Donc de tous les parallélogrammes qui sont
appliqués sur la même droite et qui sont défaillans de parallélogrammes semblables au parallélogramme décrit sur la moitié de cette
droite et semblablement placés que lui, le plus
grand est celui qui est appliqué sur la moitié de
cette droite et qui est semblable à son défaut ;
ce qu'il falloit démontrer.

PROPOSITION XXVIII.

PROBLÈME.

Sur une droite donnée appliquer un parallélo-
gramme qui soit égal à une figure rectiligne
donnée et qui soit défaillant d'un parallélo-
gramme semblable à un autre parallélogramme
donné ; il faut que la figure rectiligne donnée,
à laquelle on doit substituer une figure qui lui
soit égale, ne soit pas plus grande que le paral-
lélogramme qui est appliqué sur la moitié de la
droite donnée ; les défauts du parallélogramme
appliqué sur la moitié de cette droite et de celui
qui doit être défaillant d'un parallélogramme
semblable étant semblables entr'eux.

Soit AB (fig. 150) la droite donnée à laquelle
il faut appliquer un parallélogramme égal à la
figure rectiligne donnée C, que cette figure soit
plus petite que le parallélogramme appliqué sur
la moitié de la droite AB, les défauts étant semblables, et que le parallélogramme auquel le
défaut doit être semblable soit D. Il faut sur
la droite AB appliquer un parallélogramme qui
soit égal à la figure rectiligne donnée C et qui
soit défaillant d'un parallélogramme semblable
au parallélogramme D.

Coupez la droite AB en deux parties égales au point E (prop. 10. 1), et sur EB décrivez le parallélogramme EBFG semblable au parallélogramme D et semblablement placé que lui (prop. 18. 6), et terminez le parallélogramme AG. Le parallélogramme AG est égal à la figure C, ou il est plus grand que cette figure. Si le parallélogramme AG est égal à la figure C, on a fait ce qui étoit proposé ; car on a appliqué sur la droite AB un parallélogramme AG égal à la figure rectiligne donné C et défaillant d'un parallélogramme EF semblable au parallélogramme D. Au contraire, si le parallélogramme HE n'est pas égal à la figure rectiligne C, ce parallélogramme sera plus grand que cette figure. Mais HE est égal à EF : donc EF est plus grand que C. Construisez le parallélogramme KLMN de manière que ce parallélogramme soit égal à l'excès du parallélogramme EF sur la figure C, et semblable au parallélogramme D et semblablement placé que lui (prop. 25. 6) ; mais EF est semblable à D : donc le parallélogramme KM sera semblable au parallélogramme EF. Que la droite LK soit l'homologue de la droite GE et la droite LM l'homologue de la droite GF. Puisque le parallélogramme EF est égal aux deux figures C, KM, le parallélogramme EF sera plus grand

que le parallélogramme KM : donc la droite GE
est plus grande que la droite KL, et la droite
GF plus grande que la droite LM (prop. 20. 6).
Faites la droite GO égale à la droite LK, et la
droite GP égale à la droite LM (prop. 3. 1), et terminez le parallélogramme OGPQ (prop. 31. 1).
Le parallélogramme OP sera égal et semblable
au parallélogramme KM (prop. 24. 6); mais le
parallélogramme KM est semblable au parallélogramme EF : donc le parallélogramme OP est
semblable au parallélogramme EF (prop. 21.6):
donc ces deux parallélogrammes sont autour du
même diamètre (prop. 26. 6). Soit GQB leur
diamètre et décrivez la figure.

Puisque le parallélogramme EF est égal aux
deux figures C, KM, et que OP est égal à KM,
le gnomon restant VXY sera égal à la figure
restante C; et à cause que PR est égal à OS
(prop. 43. 1), si l'on ajoute à chacun de ces
deux parallélogrammes le parallélogramme RS,
le parallélogramme total PB sera égal au parallélogramme total OB. Mais OB est égal à TE
(prop. 36. 1), parce que le côté AE est égal
au côté EB : donc TE est égal à PB : donc
si on ajoute à chacun de ces deux parallélogrammes TE, PB le parallélogramme OS, le
parallélogramme total TS sera égal au gnomon

total VXY. Or on a démontré que le gnomon VXY est égal à C : donc le parallélogramme TS est égal à la figure rectiligne C.

Donc on a appliqué sur la droite AB un parallélogramme TS qui est égal à la figure rectiligne donnée C et qui est défaillant d'un parallélogramme RS semblable à un parallélogramme D, puisque RS est semblable à PO; ce qu'il falloit faire.

PROPOSITION XXIX.

PROBLÈME.

Appliquer sur une droite donnée un parallélogramme qui soit égal à une figure rectiligne donnée et qui soit excédent d'un parallélogramme semblable à un autre parallélogramme donné.

Soit AB (fig. 151) la droite donnée à laquelle il faut appliquer un parallélogramme qui soit égal à une figure rectiligne donnée C et qui soit excédent d'un parallélogramme semblable au parallélogramme D : il faut sur la droite AB appliquer un parallélogramme qui soit égal à la figure rectiligne C, et qui soit excédent d'un parallélogramme semblable au parallélogramme D.

Partagez la droite A B en deux parties égales au point E (prop. 9. 1), sur la droite E B décrivez le parallélogramme E L semblable au parallélogramme D et semblablement placé que lui, et construisez le parallélogramme G H égal aux deux figures E L, C, et semblable au parallélogramme D et semblablement posé que lui (prop. 25. 6); le parallélogramme G H sera semblable au parallélogramme E L. Que le côté K H soit l'homologue du côté F L et le côté K G l'homologue du côté F E. Puisque le parallélogramme G H est plus grand que le parallélogramme E L, la droite K H sera plus grande que la droite E L et la droite K G plus grande que la droite F E. Prolongez F L et F E jusqu'à ce que la droite F L M soit égale à la droite K H et jusqu'à ce que la droite F E N soit égale à la droite K G (prop. 3. 1), et terminez le parallélogramme M N. Le parallélogramme M N sera égal et semblable au parallélogramme G H ; mais le parallélogramme E L est semblable au parallélogramme G H : donc le parallélogramme M N sera semblable au parallélogramme E L (prop. 21. 6) : donc les deux parallélogrammes F L, M N seront autour du même diamètre (prop. 26. 6). Conduisez leur diagonale F O et terminez la figure.

Puisque le parallélogramme GH est égal aux deux figures EL, C et que MN est égal à GH, le parallélogramme MN sera égal aux deux figures EL, C : donc, si l'on retranche le parallélogramme commun EL, le gnomon restant ZYX sera égal à la figure rectiligne C ; et puisque EA est égal à EB, le parallélogramme AN sera égal au parallélogramme NB (prop. 36. 1), c'est-à-dire au parallélogramme LP (prop. 43. 1) : donc si nous ajoutons à chacun de ces deux parallélogrammes le parallélogramme EO, le parallélogramme total AO sera égal au gnomon total ZYX; mais le gnomon ZYX est égal à la figure rectiligne C : donc le parallélogramme AO est égal à la figure rectiligne C.

Donc on a appliqué sur la droite donnée AB un parallélogramme AO qui est égal à la figure rectiligne C et qui est excédent d'un parallélogramme QP semblable au parallélogramme D, parce que le parallélogramme QP est semblable au parallélogramme LE ; ce qu'il falloit faire.

PROPOSITION XXX.

PROBLÊME.

Couper une droite finie et donnée en moyenne et extrême raison.

Soit la droite AB (fig. 152) finie et donnée : il faut couper cette droite AB en moyenne et extrême raison.

Sur la droite AB construisez le quarré BC (prop. 46. 1), et sur la droite AC appliquez un parallélogramme CD qui soit égal au quarré BC et dont le parallélogramme excédent AD soit semblable au quarré BC (prop. 29. 6).

La figure BC est un quarré : donc la figure AD sera aussi un quarré ; et puisque BC est égal à CD, si l'on retranche la partie commune CE, la figure restante BF sera égale à la figure restante AD ; mais ces deux figures sont équiangles : donc les côtés des figures BF, AD qui sont autour des angles égaux sont réciproquement proportionnels (prop. 14. 6) : donc FE est à ED comme AE est à EB ; mais FE est égal à AC (fig. 34. 1), c'est-à-dire à AB et ED est égal à AE : donc AB est à AE comme AE est à EB ; mais AB est plus grand que AE : donc AE est plus grand que EB.

S

Donc la droite AE a été coupée au point E en moyenne et extrême raison, et sa partie AE est son plus grand segment ; ce qu'il falloit faire.

AUTREMENT.

Soit AB (fig. 153) la droite donnée : il faut couper cette droite en moyenne et extrême raison.

Partagez la droite AB au point C de manière que le rectangle compris sous les droites AB, BC soit égal au quarré de AC (prop. 11. 2).

Puisque le rectangle compris sous les droites AB, BC est égal au quarré de AC, AB sera à AC comme AC est à CB (prop. 17.6) : donc la droite AB a été coupée en moyenne et extrême raison (déf. 3.6) ; ce qu'il falloit faire.

PROPOSITION XXXI.

THÉORÈME.

Dans les triangles rectangles, la figure construite sur le côté qui soutend l'angle droit est égale aux figures semblables qui sont décrites semblablement sur les côtés qui comprennent l'angle droit.

Soit le triangle rectangle ABC (fig. 154) dont l'angle BAC est droit : je dis que la figure cons-

truite sur BC est égale aux figures semblables
décrites semblablement sur les côtés BA, AC.

Conduisez sur BC la perpendiculaire AD.

Puisque dans le triangle ABC on a conduit
de l'angle A sur la base BC la perpendiculaire
AD, les triangles ABD, ADC placés autour de
la perpendiculaire sont semblables au triangle
total ABC et semblables entr'eux (prop. 8. 6).
Puisque le triangle ABC est semblable au triangle ABD, CB sera à BA comme AB est à BD;
mais lorsque trois droites sont proportionnelles,
la première droite est à la troisième comme la
figure construite sur la première droite est à la
figure semblable construite semblablement sur
la seconde (prop. 2. cor. 20. 6) : donc CB est
à BD comme la figure construite sur CB est à
la figure semblable construite semblablement
sur BA. Par la même raison, BC est à CD
comme la figure construite sur BC est à la figure
décrite sur CA : donc BC est à BD plus DC
comme la figure construite sur BC est aux figures
semblables qui sont décrites semblablement sur
BA, AC; mais BC est égal à BD plus DC (1) :

(1) En effet, si l'on ajoute les deux proportions
CB:BD :: BE:BF, et BC:CD :: BE:CG, et si l'on
divise les antécédens par deux, on aura la proportion
BC:BD + CD :: BE:BF + CG.

donc la figuré construite sur BC est égale aux
figures semblables qui sont décrites semblablement sur BA, AC.

Donc dans les triangles rectangles, la figure
qui est construite sur le côté qui soutend l'angle droit est égale aux figures semblables qui
sont semblablement décrites sur les côtés qui
comprennent l'angle droit; ce qu'il falloit démontrer.

A U T R E M E N T.

Puisque les figures semblables sont entre
elles en raison doublée des côtés homologues
(prop. 23.6), la figure construite sur BC et
celle qui est construite sur BA seront entr'elles
en raison doublée des côtés BC, BA; mais le
quarré construit sur BC et le quarré construit
sur BA sont en raison doublée de BC, BA
(prop. 1. cor. 20.6) : donc la figure construite
sur BC est à celle qui est construite sur BA
comme le quarré de BC est au quarré de BA
(prop. 11.5). Par la même raison la figure
construite sur BC est à celle qui est construite
sur CA comme le quarré de BC est au quarré
de CA : donc la figure construite sur BC est
aux figures construites sur BA, AC comme le
quarré de BC est aux quarrés de BA et de AC.
Mais le quarré de BC est égal aux quarrés de

BA et de AC (prop. 47. 1) : donc la figure construite sur BC est égale aux figures semblables
qui sont semblablement décrites sur BA et sur
AC; ce qu'il falloit démontrer.

PROPOSITION XXXII.

THÉORÊME.

Si deux triangles qui ont deux côtés proportion-
nels à deux côtés sont disposés selon un angle
de manière que leurs côtés homologues soient
parallèles, les autres côtés formeront une seule
droite.

Soient les deux triangles ABC, DCE (fig. 155)
qui aient les deux côtés BA, AC proportionnels
aux deux côtés CD, DE de manière que BA soit
à AC comme CD est à DE, et que AB soit parallèle à DC et AC parallèle aussi à DE : je dis
que BC et CE ne formeront qu'une seule droite.

Puisque AB est parallèle à DC et que AC
tombe sur ces deux droites, les angles alternes
BAC, ACD sont égaux entr'eux (prop. 29. 1).
Par la même raison, l'angle CDE est égal à l'angle ACD : donc l'angle BAC est égal à l'angle
CDE ; et puisque les deux triangles ABC, ACE
ont deux angles égaux en A et en D, et que les
côtés qui comprennent ces deux angles égaux

3

sont proportionnels, c'est-à-dire que BA est à
AC comme CD est à DE, les triangles ABC,
DCE seront équiangles (prop. 6. 6) : donc
l'angle ABC est égal à l'angle DCE. Mais on a
démontré que l'angle ACD est égal à l'angle
BAC : donc l'angle total ACE est égal aux deux
angles ABC, BAC : donc, si nous ajoutons à
chacune de ces deux quantités l'angle ACB, les
angles ACE, ACB seront aux angles BAC,
ACB, ABC ; mais les angles BAC, ACB, ABC
sont égaux à deux angles droits (prop. 32. 1) :
donc les angles ACE, ACB sont égaux à deux
angles droits : donc avec une droite quelconque AC et au point C les deux droites BC, CE
placées de différens côtés font les angles de
suite ACE, ACB égaux à deux angles droits :
donc les deux droites BC, CE ne forment qu'une
seule droite (prop. 14. 1).

Donc si deux triangles qui ont deux côtés
proportionnels à deux côtés sont disposés selon
un angle de manière que leurs côtés homologues soient parallèles, les autres côtés formeront une seule droite ; ce qu'il falloit démontrer.

PROPOSITION XXXIII.

THÉORÈME.

Dans les cercles égaux, les angles sont proportionnels aux arcs qu'ils comprennent, soit que ces angles soient placés aux centres ou bien aux circonférences. Il en est de même des secteurs qui sont placés aux centres.

Soient les cercles égaux ABC, DEF (fig. 156), que les angles BGC, EHF soient placés à leurs centres G, H, et que les angles BAC, EDF soient placés à leurs circonférences : je dis que l'arc BC est à l'arc EF comme l'angle BGC est à l'angle EHF, comme l'angle BAC est à l'angle EDF et comme le secteur GBC est au secteur HEF.

Faites les arcs de suite CK, KL, etc. égaux chacun à l'arc BC; faites aussi les arcs de suite FM, MN, etc. égaux chacun à l'arc EF, et menez les rayons GK, GL, HM, HN.

Puisque les arcs BC, CK, KL sont égaux entr'eux, les angles BGC, CGK, KGL sont aussi égaux entr'eux (prop. 27. 3): donc l'arc BL est multiple de l'arc BC autant de fois que l'angle BGL est multiple de l'angle BGC. Par la même raison, l'arc EN est multiple de l'arc

4.

EF autant de fois que l'angle EHN est multiple de l'angle EHF. Donc si l'arc BL est égal à l'arc EN, l'angle BGL sera égal à l'angle EHN (prop. 27. 3), si l'arc BL est plus grand que l'arc EN, l'angle BGL sera plus grand que l'angle EHN, et si l'arc BL est plus petit que l'arc EN, l'angle BGL sera plus petit que l'angle EHN. Ayant donc quatre quantités, savoir les arcs BC, EF et deux angles AGC, BHF, on a pris des équimultiples de l'arc BC et de l'angle BGL, savoir, l'arc BL et l'angle BGL; on a pris aussi des équimultiples de l'arc EF et de l'angle EHF, savoir, l'arc EN et l'angle EHN; mais on a démontré que si l'arc BL surpasse l'arc EN, l'angle BGL surpassera l'angle EHN; que si l'arc BL est égal à l'arc EN, l'angle BGL sera égal à l'angle EHN, et que si l'arc BL est plus petit que l'arc EN, l'angle BGL sera plus petit que l'angle EHN : donc l'arc BC est à l'arc EF comme l'angle BGC est à l'angle EHF (déf. 5. 5); mais l'angle BGC est à l'angle EHF comme l'angle BAC est à l'angle EDF (prop. 15. 5), car ils sont doubles les uns des autres (prop. 20. 3) : donc l'arc BC est à l'arc EF comme l'angle BGC est à l'angle EHF, et comme l'angle BAC est à l'angle EDF.

Donc dans des cercles égaux, les angles sont

proportionnels aux arcs, soit que ces angles soient placés aux centres ou bien aux circonférences; ce qu'il falloit démontrer.

Je dis de plus que l'arc BC est à l'arc EF comme le secteur GBC est au secteur HEF.

Menez les droites BC, CK (fig. 157), et ayant pris sur les arcs BC, CK, les points O, P, conduisez les droites BO, OC, CP, PK.

Puisque les deux droites BG, GC sont égales aux deux droites CG, GK, et qu'elles comprennent des angles égaux, la base BC sera égale à la base CK : donc le triangle GBC est égal au triangle GCK (prop. 4. 1); et à cause que l'arc BC est égal à l'arc CK, et que le reste CAB de la circonférence qui complète le cercle entier ABC est égal au reste KAC de la circonférence qui complète le même cercle (ax. 3), l'angle BOC sera égal à l'angle CPK (prop. 27. 3): donc le segment BOC est semblable au segment CPK (déf. 11. 3), et ces deux segmens sont placés sur des droites égales; mais les segmens semblables qui sont placés sur des droites égales sont égaux (prop. 24. 3): donc le segment BOC est égal au segment CPK; mais le triangle BGC est égal au triangle CGK : donc le secteur total GBC sera égal au secteur total GCK (ax. 2). Par la même raison, le secteur GKL sera égal à

l'un ou à l'autre des secteurs GKC, GCB : donc
les trois secteurs GBC, GCK, GKL sont égaux
entr'eux. Les secteurs HEF, HFM, HMN
sont pareillement égaux entr'eux : donc l'arc BL
est multiple de l'arc BC autant de fois que le
secteur GBL est multiple du secteur GBC. Par
la même raison, l'arc EN est multiple de l'arc
EF autant de fois que le secteur HEN est multiple du secteur HEF : donc d'après ce que l'on
vient de voir, si l'arc BL est égal à l'arc EN,
le secteur GBL sera égal au secteur HEN ; si
l'arc BL surpasse l'arc EN, le secteur GBL
surpassera le secteur HEN, et si l'arc BL est
plus petit que l'arc EN, le secteur GBL sera
plus petit que le secteur HEN. Ayant donc
quatre quantités, savoir les deux arcs BC, EF
et les deux secteurs GBC, HEF, on a pris des
équimultiples de l'arc BC et du secteur GBC,
savoir, l'arc BL et le secteur GBL; on a pris
aussi des équimultiples de l'arc EF et du secteur HEF, savoir, l'arc EN et le secteur HEN ;
mais on a démontré que si l'arc BL surpasse l'arc
EN, le secteur GBL surpassera le secteur HEN,
que si l'arc BL est égal à l'arc EN, le secteur
GBL sera égal au secteur HEN, et que si l'arc
BL est plus petit que l'arc EN, le secteur GBL
sera plus petit que le secteur GEN : donc l'arc

BC est à l'arc EF comme le secteur GBC est au secteur HEF (déf. 5. 5).

COROLLAIRE.

Il est évident qu'un secteur est à un autre secteur comme l'angle du premier secteur est à l'angle du second secteur (prop. 11. 5).

FIN DU SIXIÈME LIVRE.

LIVRE XI.

DÉFINITIONS.

1. Un solide est ce qui a longueur, largeur et épaisseur.

2. Un solide est terminé par des surfaces.

3. Une droite est perpendiculaire sur un plan lorsqu'elle fait des angles droits avec toutes les droites qui la rencontrent et qui sont dans ce plan.

4. Un plan est perpendiculaire sur un plan, lorsque les perpendiculaires menées dans un seul plan sur la commune section des plans sont perpendiculaires sur l'autre plan.

5. L'inclinaison d'une droite sur un plan est l'angle aigu compris par cette même droite et par la droite qui joint le point du plan que la première droite rencontre et le point de ce plan que rencontre la perpendiculaire menée sur ce plan de l'extrémité supérieure de la première droite.

6. L'inclinaison d'un plan sur un plan est l'angle aigu compris entre les perpendiculaires sur leur commune section, menées d'un point de cette commune section dans l'un et dans l'autre plan.

7. L'inclinaison d'un plan sur un plan est égale à l'inclinaison d'un autre plan sur un autre plan, lorsque les angles de leurs inclinaisons sont égaux entr'eux.

8. Les plans parallèles sont ceux qui, étant prolongés, ne se rencontrent point.

9. Les solides semblables sont ceux qui sont contenus dans le même nombre des plans semblables.

10. Les solides semblables et égaux sont ceux qui sont contenus dans le même nombre de plans semblables et égaux.

11. Un angle solide est l'inclinaison de plus de deux droites les unes vers les autres, qui se rencontrent et qui ne sont pas dans le même plan.

AUTREMENT.

Un angle plan est celui qui est compris par plus de deux angles plans qui ne sont pas dans le même plan et qui sont construits dans le même point.

12. Une pyramide est un solide compris sous

des plans qui, étant construits sur un seul plan,
se réunissent dans un même point.

13. Un prisme est un solide compris sous des
plans, dont deux plans opposés sont égaux,
semblables et parallèles, et dont les autres plans
sont des parallélogrammes.

14. Une sphère est un solide compris sous
la surface décrite par l'arc d'un demi-cercle
qui tourne autour du diamètre immobile jusqu'à ce qu'il soit revenu au même endroit d'où
il étoit parti.

15. L'axe de la sphère est cette droite immobile autour de laquelle tourne le demi-cercle.

16. Le centre de la sphère est le même que
celui du demi-cercle.

17. Un diamètre de la sphère est une droite
menée par le centre et terminée de l'un et de
l'autre côté par la surface de la sphère.

18. Un cône est un solide compris sous la
superficie décrite par deux côtés d'un triangle
rectangle tournant autour d'un des côtés de
l'angle droit qui reste immobile, jusqu'à ce
qu'il soit revenu au même endroit d'où il étoit
parti. Si le côté immobile est égal à l'autre côté
de l'angle droit, le cône est rectangle; s'il est
plus petit, il est obtus-angle, et s'il est plus
grand, le cône est acutangle.

19. L'axe du cône est la droite immobile autour de laquelle tourne le triangle rectangle.

20. La base du cône est le cercle décrit par un des côtés qui tournent.

21. Un cylindre est un solide compris sous la surface décrite par trois côtés d'un parallélogramme rectangle tournant autour du quatrième côté qui reste immobile jusqu'à ce que ce rectangle soit revenu au même endroit d'où il étoit parti.

22. L'axe du cylindre est la droite immobile autour de laquelle tourne le parallélogramme.

23. Les bases du cylindre sont les cercles décrits par les deux côtés opposés du parallélogramme qui se meuvent.

24. Les cônes et les cylindres semblables sont ceux dont les axes et dont les diamètres des bases sont proportionnels.

25. Un cube est un solide compris sous six quarrés égaux.

26. Un tétraèdre est un solide compris sous quatre triangles égaux et équilatéraux.

27. Un octaèdre est un solide compris sous huit triangles égaux et équilatéraux.

28. Un dodécaèdre est un solide compris sous douze pentagones égaux, équilatéraux et équiangles.

29. Un icosaèdre est un solide compris sous vingt triangles égaux et équilatéraux.

PROPOSITION PREMIÈRE.

THÉORÈME.

Une partie d'une droite ne peut être dans un plan et une autre partie de cette droite hors de ce plan.

Supposons, si cela peut se faire, qu'une partie AB (fig. 158) de la droite ABC soit dans un plan et une autre partie BC hors de ce plan.

Prolongez la droite AB dans le plan sur lequel elle est placée; soit BD le prolongement de cette droite; les deux droites ABC, ABD auront une partie commune AB, ce qui est impossible, car deux droites ne peuvent se rencontrer qu'en un seul point, autrement elles se confondroient.

Donc une partie d'une droite n'est point dans un plan et une autre partie de cette droite hors de ce plan; ce qu'il falloit démontrer.

PROPOSITION II.

THÉORÈME.

Si deux droites se coupent, elles sont dans un seul plan; tout triangle est aussi placé dans un seul plan.

Que les deux droites AB, CD (fig. 159) se coupent mutuellement au point E : je dis que les droites AB, CD sont dans un seul plan; je dis aussi que tout triangle est placé dans un seul plan.

Prenez sur les droites EB, EC deux points quelconques F, G; menez CB, FG et FH, GK : je dis d'abord que le triangle EBC est placé dans un seul plan; car si la partie FHC ou la partie GBK du triangle EBC est dans un plan et l'autre partie dans un autre plan, une partie de l'une des droites EC, EB sera dans un plan et l'autre partie dans un autre plan; mais si une partie FCBG du triangle ECB est dans un plan et l'autre partie dans un autre plan, une certaine partie de l'une et de l'autre des droites EC, EB sera dans un plan et certaine autre partie dans un autre plan; ce qui a été démontré absurde : donc le triangle EBC est dans un seul plan; mais l'un et l'autre des droites EC,

T

EB sont dans le même plan que le triangle
BCE, et les droites AB, CD sont dans le même
plan que l'une et que l'autre des droites EC, EB
(prop. 1. 11) : donc les droites AB, CD sont
dans un seul plan, et tout triangle est aussi
placé dans un seul plan ; ce qu'il falloit démontrer.

PROPOSITION III.

THÉORÈME.

*Si deux plans se coupent mutuellement, leur com-
mune section est une ligne droite.*

Que les deux plans AB, BC (fig. 160) se coupent mutuellement et que leur commune section soit DB : je dis que la ligne DB est une
ligne droite.

Car si cela n'est point, du point D au point
B et sur le plan AB conduisez la droite DEB,
et sur le plan BC conduisez la droite DFB; les
extrémités des deux droites DEB, DFB seront
les mêmes, et ces deux droites renfermeront
un espace, ce qui est absurde (ax. 12) : donc
les lignes DEB, DFB ne sont pas des lignes
droites. Nous démontrerons semblablement que
toute autre ligne menée du point D au point B
n'est point une ligne droite, excepté la ligne

DB, c'est-à-dire la commune section des plans AB, BC.

Donc si deux plans se coupent mutuellement, leur commune section sera une ligne droite ; ce qu'il falloit démontrer.

PROPOSITION IV.

THÉORÈME.

Si deux droites se coupent mutuellement, la droite qui sera perpendiculaire sur ces deux droites, à leur section commune, le sera aussi sur le plan qui passera par ces deux droites.

Que les deux droites AB, CD (fig. 161) se coupent mutuellement au point E et que la droite EF leur soit perpendiculaire au point E : je dis que la droite EF est aussi perpendiculaire sur le plan qui passe par les droites AB, CD.

Prenez les droites AE, EB, CE, ED égales entr'elles. Par le point E et sur le plan AB conduisez d'une manière quelconque une droite GEH, menez AD, CB, et ensuite d'un point quelconque F conduisez les droites FA, FG, FD, FC, FH, FB. Puisque les deux droites AE, ED sont égales aux deux droites CE, EB, et que ces droites comprennent des angles égaux (prop. 15. 1), la base AD sera égale à

2

la base CB (prop. 4. 1), le triangle AED égal
au triangle CEB, et l'angle DAE égal à l'angle
EBC; mais l'angle AEG est égal à l'angle BEH
(prop. 15. 1) : donc les deux triangles AGE,
BEH ont deux angles égaux à deux angles, chacun à chacun; mais les côtés AE, EB adjacens
à des angles égaux sont égaux entr'eux : donc les
autres côtés de ces triangles seront aussi égaux
entr'eux (prop. 26. 1) : donc GE est égal à EH
et AG égal à BH; et puisque AE est égal à EB
et que la perpendiculaire FE est commune, la
base FA sera égale à la base FB (prop. 4. 1).
Par la même raison, FC sera aussi égal à FD. De
plus, puisque la droite AD est égale à la droite
CB et la droite FA égale à la droite FB, les deux
droites FA, AD seront égales aux deux droites
FB, BC, chacune à chacune; mais on a démontré que la base FD est égale à la base FC :
donc l'angle FAD est égal à l'angle FBC
(prop. 8. 1); mais on a démontré de plus que
AG est égal à BH et FA est égal à FB : donc
les deux droites FA, AG sont égales aux deux
droites FB, BH; mais on a démontré que l'angle FAG est égal à l'angle FBH : donc la base
FG est égale à la base FH (prop. 4. 1); et puisqu'on a démontré encore que GE est égal à
EH, et à cause que la droite EF est commune,

les deux droites GE, EF seront égales aux deux droites HE, EF; mais la base FH est égale à la base FG : donc l'angle GEF est égal à l'angle HEF (prop. 8. 1) : donc l'un et l'autre des angles GEF, HEF sont droits : donc la droite FE fait des angles droits avec la droite GH, de quelque manière que la droite GH soit menée dans le plan AB par le point E. Nous démontrerons semblablement que la droite FE fait des angles droits avec toutes les droites qui la rencontrent et qui sont dans le plan AB; mais une droite est perpendiculaire sur un plan lorsqu'elle fait des angles droits avec toutes les droites qui la rencontrent et qui sont placées dans ce plan (déf. 3. 11) : donc la droite EF est perpendiculaire sur le plan AB; mais le plan AB est celui qui passe par les deux droites AB, CD : donc la droite FE est perpendiculaire sur le plan qui passe par les droites AB, CD.

Donc si deux droites se coupent mutuellement, et si une droite est perpendiculaire sur ces deux droites à leur commune section, cette droite sera aussi perpendiculaire sur le plan qui passe par ces deux droites; ce qu'il falloit démontrer.

P R O P O S I T I O N V.

T H É O R È M E.

Si trois droites se rencontrent et si une droite leur
est perpendiculaire à leur commune section, ces
trois droites seront dans un seul plan.

Si une droite AB (fig. 162) est perpendiculaire sur trois droites BC, BD, BE au point de
contact B : je dis que les trois droites BC, BD,
BE sont dans un seul plan.

Car supposons, si cela est possible, que BD,
BE soient dans un plan et BC dans un autre
plan élevé au-dessous du premier ; faites passer
un plan par les droites AB, BC ; la commune
section de ce plan avec le plan inférieur sera
une ligne droite (prop. 3. 11) ; que cette droite
soit BF. Il est évident que les trois droites AB,
BC, BF sont dans le plan qui passe par les droites
AB, BC : donc, puisque la droite AB est perpendiculaire sur l'une et l'autre des droites BD, BE,
cette droite sera perpendiculaire sur le plan qui
passe par DB, BE (prop. 4. 11) ; mais le plan qui
passe par DB, BE est le plan inférieur : donc la
droite AB est perpendiculaire sur le plan inférieur : donc cette droite sera perpendiculaire sur
toutes les droites qui la rencontrent et qui sont
dans ce plan (déf. 3. 11) ; mais cette perpendi-

culaire est rencontrée dans le plan inférieur par la droite BF : donc l'angle ABF est droit ; mais on a supposé que l'angle ABC est droit : donc les deux angles ABF, ABC, placés dans le même plan, sont égaux entr'eux ; ce qui est impossible (ax. 9) : donc la droite BC n'est pas dans un plan élevé au-dessus de celui qui passe par les droites BD, BE : donc les trois droites BC, BD, BE sont dans un seul plan.

Donc si trois droites se rencontrent, et si une droite leur est perpendiculaire à leur commune section, ces trois droites seront dans un seul plan ; ce qu'il falloit démontrer.

PROPOSITION VI.

THÉORÈME.

Si deux droites sont perpendiculaires sur le même plan, ces deux droites seront parallèles.

Que les deux droites AB, CD (fig. 163) soient perpendiculaires sur un même plan : je dis que AB est parallèle à CD.

Supposons que ces perpendiculaires rencontrent ce plan aux points B, D ; menez la droite BD ; conduisez dans ce plan la droite DE perpendiculaire sur BD, et après avoir fait DE égal à AB, menez les droites BE, AE, AD.

4

Puisque la droite AB est perpendiculaire sur le plan BDE, elle est perpendiculaire sur toutes les droites qui la rencontrent et qui sont dans ce plan (déf. 3. 11); mais cette droite est rencontrée par l'une et l'autre des droites BD, BE qui sont dans ce plan : donc les angles ABD, ABE sont droits l'un et l'autre. Par la même raison, les angles CDB, CDE sont aussi droits l'un et l'autre. Mais puisque la droite AB est égale à la droite DE et que la droite BD est commune, les deux droites AB, BD sont égales aux deux droites ED, DB; mais ces droites comprennent des angles droits : donc la base AD est égale à la base BE (prop. 4. 1); et puisque la droite AB est égale à la droite DE et la droite AD égale à la droite BE, les deux droites AB, BE sont égales aux deux droites ED, DB; mais la base AE est commune : donc l'angle ABE est égal à l'angle EDA (prop. 8. 1); mais l'angle ABE est droit : donc l'angle EDA est droit aussi : donc la droite ED est perpendiculaire sur la droite DA; mais la droite ED est perpendiculaire sur l'une et l'autre des droites BD, DC : donc ED est perpendiculaire sur les trois droites BD, DA, DC à leur point de contact : donc les trois droites BD, DA, DC sont dans un seul plan (prop. 5. 11); mais la droite AB est dans le même plan que les droites BD, DA, car tout triangle est dans un seul plan (prop. 2. 11) : donc les trois droites AB, BD, DC sont dans un seul plan ; mais les angles ABD, BDC sont droits l'un et l'autre : donc la droite AB est parallèle à la droite CD (prop. 28. 1).

Donc si deux droites sont perpendiculaires sur le même plan, ces deux droites seront parallèles entr'elles ; ce qu'il falloit démontrer.

PROPOSITION VII.

THÉORÈME.

Si deux droites sont parallèles, et si l'on prend sur chacune de ces droites des points quelconques, la droite qui joindra ces points sera dans le même plan que les parallèles.

Soient AB, CD (fig. 164) deux droites parallèles, et soient pris dans ces droites des points quelconques E, F : je dis que la droite qui joint les points E, F est dans le même plan que les deux parallèles.

Supposons que cela ne soit point, et supposons, si cela est possible, que cette droite soit dans un plan élevé au-dessus du premier, et qu'elle ait, par exemple, la position EGF ; par la ligne EGF conduisez un plan qui fasse avec

le plan inférieur une section qui sera une ligne
droite (prop. 3. 11); que cette section soit EF:
il est évident que les deux droites EGF, EF
renfermeront un espace, ce qui est impossible
(ax. 12): donc la droite conduite du point E
au point F n'est point dans un plan élevé au-
dessus du premier: donc elle est dans celui qui
passe par les parallèles AB, CD.

Donc si deux droites sont parallèles, et si l'on
prend dans l'une et l'autre de ces parallèles des
points quelconques, la droite qui joindra ces
points sera dans le même plan que les parallèles; ce qu'il falloit démontrer.

PROPOSITION VIII.

THÉORÈME.

Si deux droites sont parallèles, et si l'une d'elles
est perpendiculaire sur un plan, l'autre sera
aussi perpendiculaire sur ce plan.

Soient AB, CD (fig. 163) deux droites parallèles, et que l'une de ces droites AB soit perpendiculaire sur le plan BED : je dis que l'autre
droite CD sera aussi perpendiculaire sur ce
plan.

Que les droites AB, CD rencontrent le plan
BED aux points B, D. Menez BD. Les droites AB,

DC, BD seront dans le même plan (prop. 7. 11).
Conduisez dans le plan BED la droite DE perpendiculaire sur BD ; faites ensuite DE égal à AB, et menez BE, AE, AD. Puisque AB est perpendiculaire sur le plan AED, elle sera perpendiculaire sur toutes les droites qui la rencontrent et qui sont dans ce plan (déf. 3. 11) : donc les angles ABD, ABE sont droits l'un et l'autre ; et puisque la droite BD tombe sur les droites AB, CD, les angles ABD, CDB seront égaux à deux angles droits (prop. 29. 1). Mais l'angle ABD est droit : donc l'angle CDB est droit aussi : donc CD est perpendiculaire sur BD ; et puisque la droite AB est égale à la droite DE, et que la droite BD est commune, les deux droites AB, DB sont égales aux deux droites ED, DB ; mais l'angle ABD est égal à l'angle EDB, car ils sont droits l'un et l'autre : donc la base AD est égale à la base BE (prop. 4. 1) ; et puisque AB est égal à DE et BE égal à AD, les deux droites AB, BE seront égales aux deux droites ED, DA, chacune à chacune ; mais la base AB est commune : donc l'angle ABE est égal à l'angle EDA (prop. 8. 1) ; mais l'angle ABE est droit : donc l'angle EDA est droit aussi : donc ED est perpendiculaire sur DA ; mais ED est aussi perpendiculaire sur BD : donc

la droite ED sera perpendiculaire sur le plan qui
passe par les droites BD, DA (prop. 4. 11):
donc la droite ED est perpendiculaire sur toutes
les droites qui la rencontrent et qui sont dans
ce plan. Mais la droite DC est dans le plan qui
passe par les droites BA, AD, parce que les
droites AB, BD sont dans le plan qui passe par
les droites BD, DA (prop. 2. 11); mais la droite
DC est dans le même plan que les droites AB,
BD (prop. 7. 11): donc la droite ED est perpendiculaire sur DC; donc la droite CD est perpendiculaire sur DE; mais la droite CD est perpendiculaire sur la droite BD : donc la droite
CD est perpendiculaire sur les deux droites DE,
DB à leur point de rencontre D : donc la droite
CD est perpendiculaire sur le plan qui passe par
les droites DE, DB (prop. 4. 11); mais le plan
qui passe par les droites DE, DB est le plan
BED : donc CD est perpendiculaire sur le plan
BED; ce qu'il falloit démontrer.

PROPOSITION IX.

THÉORÈME.

Les droites qui sont parallèles à une même droite, sans être dans le même plan que cette autre droite, sont cependant parallèles entr'elles.

Que l'une et l'autre des droites AB, CD (fig. 165) soient parallèles à la droite EF, et que les droites AB, CD ne soient pas dans le même plan que la droite EF : je dis que la droite AB est parallèle à la droite CD.

Prenez sur EF un point quelconque G, et de ce point menez dans le plan qui passe par EF, AB la droite GH perpendiculaire sur EF, et dans le plan qui passe par FE, CD, menez la droite GK perpendiculaire aussi sur FE : puisque la droite EF est perpendiculaire sur l'une et l'autre des droites GH, GK, la droite EF sera aussi perpendiculaire sur le plan qui passe par les droites GH, GK (prop. 4. 11); mais. AB est parallèle à EF : donc AB est perpendiculaire sur le plan qui passe par les points H, G, K (prop. 8. 11); par la même raison CD est perpendiculaire sur le plan qui passe par les points H, G, K : donc les droites AB, CD sont perpendiculaires l'une et l'autre sur le plan qui passe par les points H, G, K; mais si deux droites sont perpendiculaires sur un seul plan , ces deux droites sont parallèles entr'elles (prop. 6. 11) : donc la droite AB est parallèle à la droite CD; ce qu'il falloit démontrer.

PROPOSITION X.

THÉORÈME.

Si deux droites qui se touchent sont parallèles à deux droites qui se touchent et qui ne sont pas dans le même plan, ces droites comprendront des angles égaux.

Que les deux droites AB, BC (fig. 166) qui se touchent soient parallèles aux deux droites DE, EF qui se touchent et qui ne sont pas dans le même plan : je dis que l'angle ABC est égal à l'angle DEF.

Prenez les droites BA, BC, ED, EF égales entr'elles, et menez les droites AD, CF, BE, AC, DF. Puisque BA est égal et parallèle à ED, AD sera égal et parallèle à BE (prop. 35. 1). Par la même raison CF sera égal et parallèle à BE : donc les deux droites AD, CF sont égales et parallèles chacune à la droite BE; mais les droites qui sont parallèles à une même droite sont parallèles entr'elles (prop. 9. 11) : donc la

droite A D est parallèle et égale à la droite CF;
mais ces parallèles sont jointes par les droites
AC, DF : donc la droite AC est parallèle et
égale à la droite DF; et puisque les droites AB,
BC sont égales aux deux droites DE, EF, et
que la base AC est égale à la base DF, l'angle
ABC sera égal à l'angle DEF (prop. 8. 1).

Donc si deux droites qui se touchent sont
parallèles à deux droites qui se touchent et qui
ne sont pas dans le même plan, ces deux droites
comprendront des angles égaux; ce qu'il falloit
démontrer.

PROPOSITION XI.

PROBLÊME.

*D'un point donné hors d'un plan, mener une
perpendiculaire sur ce plan.*

Soit A (fig. 167) le point donné hors d'un
plan, soit BH le plan donné : il faut du point A
mener une perpendiculaire sur ce plan.

Dans le plan donné, conduisez une droite
BC d'une manière quelconque, et du point A
menez la droite AD perpendiculaire sur BC
(prop. 12. 1). Si la droite AD est aussi perpendiculaire sur ce plan, on aura fait ce qui étoit
proposé; si cela n'est pas, du point D et dans le

plan donné menez sur BC la perpendiculaire DE
(prop. 11. 1), et du point A menez sur DE la
perpendiculaire AF (prop. 12. 1), et enfin par le
point F conduisez la droite GH parallèle à BC.

Puisque BC est perpendiculaire sur l'une et sur
l'autre des droites DA, DE, la droite BC sera perpendiculaire sur le plan qui passe par les droites
ED, DA, et parallèle à la droite GH (prop. 4. 11);
mais si deux droites sont parallèles et si l'une
d'elles est perpendiculaire à un plan, l'autre
droite est aussi perpendiculaire à ce même plan
(prop. 8. 11): donc GH est perpendiculaire sur
le plan qui passe par ED, DA, et par conséquent
perpendiculaire sur toutes les droites qui se
rencontrent dans ce plan (déf. 3. 11); mais la
droite AF rencontre la droite GH dans le plan
qui passe par ED, DA : donc la droite GH est
perpendiculaire sur AF : donc AF est perpendiculaire sur GH; mais AF est perpendiculaire
sur DF, par construction : donc la droite AF est
perpendiculaire à l'une et à l'autre des droites
GH, DE; mais si une droite est perpendiculaire
au point de contact sur deux droites qui se rencontrent, elle sera aussi perpendiculaire sur le
plan qui passe par ces deux droites (prop. 4. 11):
donc FA est perpendiculaire sur le plan qui passe
par ED, GH; mais le plan qui passe par ED,

G H est le plan BH : donc la droite AF est perpendiculaire sur le plan BH.

Donc du point donné A, pris au-dessus d'un
plan, on a mené une perpendiculaire AF sur ce
plan ; ce qu'il falloit faire.

PROPOSITION XII.

PROBLÈME.

*D'un point donné dans un plan donné, élever
une perpendiculaire sur ce plan.*

Soit EF (fig. 168) le plan donné, et soit A
le point donné dans ce plan : il faut du point A
élever une perpendiculaire sur ce plan.

D'un point quelconque B, pris au-dessus du
plan donné, menez une perpendiculaire BC
sur ce plan (prop. 31. 11), et par le point A
menez AD parallèle à BC (prop. 31. 1).

Puisque les deux droites AD, CB sont parallèles et que BC, l'une de ces droites, est perpendiculaire sur le plan donné, l'autre droite AD sera
aussi perpendiculaire sur ce plan (prop. 8. 11).

Donc, d'un point donné dans un plan donné,
on a élevé une perpendiculaire sur ce plan ; ce
qu'il falloit faire.

V

PROPOSITION XIII.

THÉORÈME.

D'un point donné dans un plan donné, on ne peut
élever du même côté deux perpendiculaires sur
ce plan.

Supposons que cela soit possible; du point
donné A (fig. 169) pris dans le plan donné,
élevez du même côté les deux perpendiculaires
AB, AC sur ce plan ; conduisez un plan par les
deux droites BA, AC; ce plan fera au point A
avec le plan donné une section qui sera une
ligne droite (prop. 3. 11); que cette section
soit DAE; les droites AB, AC, DAF seront
dans le même plan ; mais puisque CA est perpendiculaire sur le plan donné, elle sera perpendiculaire sur toutes les droites qui la rencontrent et qui sont dans le plan donné (déf. 3. 11);
mais la droite DAE, qui est dans le plan donné,
rencontre la droite CA : donc l'angle CAE est
droit. L'angle BAE est droit, par la même raison ; donc l'angle CAE et l'angle BAE qui sont
dans le même plan sont égaux entr'eux, ce qui
est impossible (ax. 9).

Donc, d'un point donné dans un plan donné,
on ne peut élever deux perpendiculaires sur ce
plan; ce qu'il falloit démontrer.

PROPOSITION XIV.

THÉORÊME.

*Les plans sur lesquels une même droite est perpen-
diculaire sont parallèles entr'eux.*

Que la droite AB (fig. 170) soit perpendiculaire sur l'un et l'autre plan CD, EF : je dis
que ces plans sont parallèles.

Car si cela n'est point, ces plans étant prolongés se rencontreront et leur section sera une
ligne droite (prop. 3. 11). Que cette section
soit GH; ayant pris dans cette section un point
quelconque K, menez AK, BK. Puisque la
droite AB est perpendiculaire sur le plan EF,
cette droite sera perpendiculaire sur la droite
BK qui est placée dans le prolongement du plan
EF (déf. 3. 11) : donc l'angle ABK est droit.
L'angle BAK est droit, par la même raison :
donc les deux angles ABK, BAK du triangle
ABK sont égaux à deux angles droits; ce qui
est impossible (prop. 17. 1) : donc les plans
CD, EF étant prolongés, ne se rencontreront
point entr'eux : donc les plans CD, EF sont
parallèles.

Donc les plans sur lesquels une même droite
est perpendiculaire sont parallèles entr'eux; ce
qu'il falloit démontrer.

2.

PROPOSITION XV.

THÉORÈME.

*Si deux droites qui se rencontrent sont parallèles
à deux droites qui se rencontrent et qui ne sont
pas dans le même plan, les plans qui passeront
par ces droites seront parallèles.*

Que les droites AB, BC (fig. 171) qui se rencontrent soient parallèles avec deux droites DE,
EF qui se rencontrent et qui ne sont pas dans
le même plan : je dis que les plans qui passent
par les droites AB, BC et par les droites DE, EF
ne se rencontreront point s'ils sont prolongés.

Du point B menez sur le plan qui passe par
les droites DE, EF la perpendiculaire BG qui
rencontre ce plan au point G (prop. 11. 11);
par le point G menez la droite GH parallèle à
la droite ED et la droite GK parallèle à la droite
EF (prop. 31. 1). Puisque la droite BG est perpendiculaire sur le plan qui passe par les droites
DE, EF, elle sera perpendiculaire sur toutes
les droites qui la rencontrent et qui sont dans
ce même plan (déf. 3. 11); mais cette droite
est rencontrée par l'une et l'autre des droites
GH, GK qui sont dans le plan qui passe par les
droites DE, EF : donc les angles BGH, BGK

sont droits l'un et l'autre; et puisque BA est parallèle à la droite GH, les angles GBA, BGH seront égaux à deux angles droits (prop. 29. 1); mais l'angle BGH est droit : donc l'angle GBA sera droit : donc GB est perpendiculaire sur BA. Par la même raison, BG est perpendiculaire sur BC : donc puisque la droite BG est perpendiculaire sur les deux droites BA, BC qui se coupent mutuellement, la droite BG sera perpendiculaire sur le plan qui passe par les deux droites AB, BC (prop. 4. 11). Par la même raison, la droite BG est perpendiculaire sur le plan qui passe par les droites GH, GK. Mais le plan qui passe par les droites GH, GK est le même que celui qui passe par les droites DE, EF : donc la droite BG est perpendiculaire sur le plan qui passe par les droites DE, EF. Mais on a démontré que la droite BG est perpendiculaire sur le plan qui passe par les droites AB, BC, et cette droite est encore perpendiculaire sur le plan qui passe par les droites DE, EF : donc la droite BG est perpendiculaire sur l'un et l'autre des plans qui passent par les droites AB, BC et par les droites DE, EF; mais les plans sur lesquels une même droite est perpendiculaire sont parallèles entre eux (prop. 14. 11) : donc le plan qui passe par

3

les droites AB, BC est parallèle à celui qui passe par les droites DE, EF.

Donc si deux droites qui se rencontrent sont parallèles à deux droites qui se rencontrent et qui ne sont pas dans le même plan, les plans qui passeront par ces droites seront parallèles entr'eux ; ce qu'il falloit démontrer.

PROPOSITION XVI.

THÉORÈME.

Si deux plans parallèles sont coupés par un plan quelconque, leurs communes sections seront parallèles.

Que les deux plans parallèles AB, CD (fig. 172) soient coupés par un plan quelconque EFGH, et que leurs communes sections soient EF, GH : je dis que EF est parallèle à GH

Supposons que cela ne soit point ; prolongez les droites EF, GH, ces droites se rencontre-ront ou du côté des points F, H, ou du côté des points E, G. Prolongez ces droites du côté des points F, H, et supposons qu'elles se ren-contrent au point K ; puisque EFK est dans le plan AB, tous les points pris dans EFK seront dans le même plan ; mais le point K est un des points pris sur EFK : donc le point K est dans le plan AB. Par la même raison, le point K est dans le plan CD : donc les plans AB, CD prolongés, se rencontreront entr'eux ; mais ces deux plans ne se rencontreront point puisqu'ils sont parallèles : donc les droites EF, GH prolongées ne se rencontreront point du côté des points F, H. Nous démontrerons semblablement que les droites EF, GH prolongées ne se rencontreront point du côté des points E, G. Mais les droites qui ne se rencontrent d'aucun côté sont parallèles (déf. 35. ɪ) : donc les droites EF, GH sont parallèles.

Donc si deux plans parallèles sont coupés par un plan quelconque, leurs communes sections seront parallèles entr'elles ; ce qu'il falloit démontrer.

PROPOSITION XVII.

THÉORÈME.

Si deux droites sont coupées par des plans parallèles, elles seront coupées proportionnellement.

Que les deux droites AB, CD (fig. 173) soient coupées par les plans parallèles GH, KL, MN aux points A, E, B, C, F, D : je dis que AE est à EB comme CF est à FD.

4

Menez les droites AC, BD, AD; supposons que la droite AD rencontre le plan KL au point O; et conduisez les droites EO, OF. Puisque les deux plans parallèles KL, MN sont coupés par le plan EBDG, leurs sections EO, BD sont parallèles (prop. 16. 11); puisque les deux plans parallèles GH, KL sont coupés par le plan AOFC, leurs sections communes AC, FO sont parallèles, par la même raison. Mais puisque EO est parallèle à un des côtés du triangle ABD, savoir au côté BD, le côté AE sera au côté EB comme le côté AO est au côté OD (prop. 2. 6). De plus, puisque le côté OF est parallèle à un des côtés du triangle ADC, savoir au côté AC, le côté AO est au côté OD comme le côté CF est au côté FD. Mais on a démontré que le côté AO est au côté OD comme le côté AE est au côté EB : donc le côté AE est au côté EB comme le côté CF est au côté FD (prop. 11. 5).

Donc si deux droites sont coupées par des plans parallèles, ces droites seront coupées proportionnellement ; ce qu'il falloit démontrer.

PROPOSITION XVIII.

THÉORÈME.

Si une droite est perpendiculaire sur un plan, tous les plans qui passent par cette droite sont perpendiculaires sur ce même plan.

Qu'une droite quelconque AB (fig. 174) soit perpendiculaire sur un plan : je dis que tous les plans qui passent par cette droite sont perpendiculaires sur ce même plan.

Par la droite AB conduisez le plan DE, et que la droite CE soit la commune section du plan DE et du plan donné ; sur la droite CE prenez un point quelconque F ; de ce point et dans le plan DE conduisez la droite FG perpendiculaire sur la droite CE. Puisque la droite AB est perpendiculaire sur le plan donné, cette droite sera perpendiculaire sur toutes les droites qui la rencontrent et qui sont dans ce plan (déf. 3. 11) : donc la droite AB est perpendiculaire sur la droite CE : donc l'angle ABF est droit ; mais l'angle GFB est droit aussi : donc AB est parallèle à FG (prop. 28. 1) ; mais AB est perpendiculaire sur le plan donné : donc FG sera perpendiculaire sur ce même plan (prop. 8. 11) ; mais un plan est perpendiculaire sur un plan, lorsque les droites menées dans l'un de ces plans sont perpendiculaires sur leur commune section et sur l'autre plan (déf. 4. 11) : donc la droite FG menée dans le plan DE et perpendiculaire sur la droite CE, commune section des plans, est aussi perpendiculaire sur le plan donné : donc le plan DE est perpendiculaire sur le plan donné. Nous démontrerons semblablement que tous les autres plans qui passent par la droite AB sont aussi perpendiculaires sur le plan donné.

Donc si une droite est perpendiculaire sur un plan, tous les plans qui passeront par cette droite seront perpendiculaires sur ce même plan ; ce qu'il falloit démontrer.

PROPOSITION XIX.

THÉORÊME.

Si deux plans qui se coupent mutuellement sont perpendiculaires sur un plan, leur commune section sera aussi perpendiculaire sur ce plan.

Que deux plans AB, BC (fig. 175) qui se coupent mutuellement soient perpendiculaires sur un plan donné, et que leur commune section soit BD : je dis que la droite BD est perpendiculaire sur le plan donné.

Supposons que cela ne soit point ; du point D menez dans le plan AB la droite DE perpendiculaire sur la droite AD (prop. 11.1), et du point D et dans le plan BC menez la droite DF perpendiculaire sur la droite CD. Puisque le plan AB est perpendiculaire sur le plan donné et que la droite DE a été menée dans le plan AB perpendiculaire à la commune section AD de ces plans, la droite DE sera perpendiculaire sur le plan donné. Nous démontrerons semblablement que DF est perpendiculaire sur le plan donné : donc du point D on a mené du même côté deux perpendiculaires sur le plan donné ; ce qui est impossible (prop. 13. 11) : donc du point D on ne peut pas mener d'autres droites qui soient perpendiculaires sur le plan donné, si ce n'est la commune section DB des plans AB, BC.

Donc si deux plans qui se coupent mutuellement sont perpendiculaires sur un plan donné, leur commune section sera perpendiculaire sur ce plan ; ce qu'il falloit démontrer.

PROPOSITION XX.

THÉORÈME.

Si un angle solide est compris sous trois angles plans, deux de ces angles, de quelque manière qu'on les prenne, sont plus grands que le troisième.

Que l'angle solide A (fig. 176) soit compris sous les trois angles plans BAC, CAD, DAB : je dis que deux quelconques des trois angles plans BAC, CAD, DAB, de quelque manière qu'on les prenne, sont plus grands que l'angle restant.

Car si les angles BAC, CAD, DAB sont égaux entr'eux, il est évident que deux quelconques de ces angles, de quelque manière qu'on les prenne, sont plus grands que l'angle restant. Supposons que ces trois angles ne sont point égaux entr'eux, et que l'angle BAC est le plus grand. Sur la droite AB et au point A faisons dans le plan qui passe par BAC l'angle BAE égal à l'angle DAB (prop. 23. 11). Faisons AE égal à AD (prop. 3. 1), menons ensuite par le point E la droite BEC qui coupe les droites AB, AC aux points B, C, menons aussi les droites DB, DC. Puisque la droite DA est égale à la droite AE et que la droite AB est commune, les deux droites DA, AB sont égales aux deux droites AE, AB; mais l'angle DAB est égal à l'angle BAE : donc la base DB est égale à la base BE (prop. 4. 1); et puisque les deux droites DB, DC sont plus grandes que la droite BC et que la droite DB est égale à la droite BE, la droite restante DC sera plus grande que la droite restante EC; mais puisque la droite DA est égale à la droite AE, que la droite AC est commune et que la base DC est plus grande que la base EC, l'angle DAC sera plus grand que l'angle EAC, (prop. 25. 1). Mais l'angle DAB est égal à l'angle BAE, par construction : donc les angles DAB, DAC sont plus grands que l'angle BAC. Si l'on prend deux autres angles quelconques, nous démontrerons semblablement qu'ils sont plus grands que l'angle restant.

Donc si un angle solide est compris sous trois angles plans, deux quelconques de ces angles, de quelque manière qu'on les prenne, sont plus grands que le troisième; ce qu'il falloit démontrer.

PROPOSITION XXI.

THÉORÈME.

Tout angle solide est compris sous des angles plans
qui sont moindres que quatre angles droits.

Soit l'angle solide A (fig. 177) compris sous
les angles plans BAC, CAD, DAB : je dis que
les angles BAC, CAD, DAB sont moindres
que quatre angles droits.

Dans chacune des droites AB, AC, AD, prenez des points quelconques B, C, D, et menez
BC, CD, DB. Puisque l'angle solide B est compris sous les trois angles plans CBA, ABD,
CBD, deux quelconques de ces triangles sont
plus grands que l'angle restant (prop. 20. 11) :
donc les angles CBA, ABD sont plus grands que
l'angle CBD. Par la même raison, les angles
BCA, ACD sont plus grands que l'angle BCD, et
les angles CDA, ADB plus grands que l'angle
CDB : donc les six angles CBA, ABD, BCA, ACD,
ADC, ADB sont plus grands que les trois angles
CBD, BCD, CDB. Mais les trois angles CBD,
BCD, CDB sont égaux à deux angles droits
(prop. 32. 1) : donc les six angles CBA, ABD,
BCA, ACD, ADC, ADB sont plus grands que
deux angles droits ; mais puisque les trois angles

de chacun des triangles ABC, ACD, ADB sont
égaux à deux angles droits, les neuf angles CBA,
ACB, BAC, ACD, DAC, CDA, ADB, DBA,
BAD de ces trois triangles sont égaux à six angles
droits ; mais les six angles ABC, BCA, ACD,
CDA, ADB, DBA sont plus grands que deux
angles droits : donc les angles restans BAC, CAD,
DAB qui contiennent l'angle solide sont plus
petits que quatre angles droits.

Donc tout angle solide est compris sous des
angles plans plus petits que quatre angles droits ;
ce qu'il falloit démontrer.

PROPOSITION XXII.

THÉORÈME.

*Si l'on a trois angles plans, dont deux de ces
angles, de quelque manière qu'on les prenne,
sont plus grands que l'angle restant, et si ces
angles sont compris par des côtés égaux, on
pourra construire un triangle avec les droites
qui joignent ces côtés égaux.*

Soient les trois angles plans ABC, DEF,
GHK (fig. 178) dont deux de ces angles, de
quelque manière qu'on les prenne, sont plus
grands que l'angle restant, c'est-à-dire que les
deux angles ABC, DEF sont plus grands que

l'angle GHK, que les deux angles DEF, GHK
sont plus grands que l'angle ABC, et enfin que
les deux angles GHK, ABC sont plus grands
que l'angle DEF ; que les droites AB, BC, DE,
EF, GH, HK soient égales ; menez AC, DF,
GK : je dis qu'on peut construire un triangle
avec des droites égales aux droites AC, DF, GK ;
c'est-à-dire que deux quelconques des droites
AC, DF, GK, de quelque manière qu'on les
prenne, sont plus grandes que la droite restante.

Si les angles ABC, DEF, GHK sont égaux
entr'eux, il est évident qu'on pourra construire
un triangle avec des droites égales aux droites
AC, DF, GK qui sont alors égales entr'elles. Au
contraire, si ces angles ne sont point égaux, sur
la droite HK et au point H, faites l'angle KHL
égal à l'angle ABC (prop. 23. 1) ; faites aussi
la droite HL égale à une des droites AB, BC,
DE, EF, GH, HK, et menez les droites GL,
KL. Puisque les deux droites AB, BC sont
égales aux deux droites KH, HL, et que l'angle B est égal à l'angle KHL, la base AC sera
égale à la base KL (prop. 4. 1) ; et puisque les
angles ABC, GHK sont plus grands que l'angle DEF et que l'angle ABC est égal à l'angle
KHL, l'angle GHL sera plus grand que l'angle DEF. De plus, puisque les deux droites

GH, HL sont égales aux deux droites DE, EF
et que l'angle GHL est plus grand que l'angle E,
la base GL sera plus grande que la base DF
(prop. 24. 1); mais les droites GK, KL sont
plus grandes que la droite GL (prop. 20. 1):
donc, à plus forte raison, les droites GK, KL
sont plus grandes que la droite DF; mais KL
est égal à AC : donc les droites AC, GK sont
plus grandes que la droite restante DF. Nous
démontrerons semblablement que les droites
AC, DF sont plus grandes que la droite GK,
et que les droites GK, DF sont aussi plus grandes
que la droite AC : donc on peut construire un
triangle avec des droites égales aux droites AC,
DF, GK (prop. 22. 1).

AUTREMENT.

Soient donnés les trois angles plans ABC,
DEF, GHK (fig. 179) dont deux de ces angles,
de quelque manière qu'on les prenne, sont plus
grands que l'angle restant; que ces angles soient
compris par des droites égales AB, BC, DE,
EF, GH, HK. Menez les droites AC, DF, GK :
je dis qu'on peut construire un triangle avec des
droites égales aux droites AC, DF, GK; c'est-
à-dire que deux de ces droites, de quelque manière qu'on les prenne, sont plus grandes que

X

la droite restante. Si les angles ABC, DEF, GHK sont égaux, les droites AC, DF, GK seront égales entr'elles (prop. 4. 1), et deux de ces droites seront plus grandes que la droite restante. Au contraire, si ces angles ABC, DEF, GHK sont inégaux, et si l'angle ABC est plus grand que l'un et que l'autre des angles E, H, la droite AC sera plus grande que l'une et que l'autre des droites DF, GK (prop. 24. 1); et il est évident que la droite AC avec l'une ou avec l'autre des droites DF, GK sera plus grande que la droite restante. Je dis que les droites DF, GK sont plus grandes que la droite AC. Sur la droite AB et au point B construisez l'angle ABL égal à l'angle GHK (prop. 23. 1); faites la droite BL égale à une des droites AB, BC, DE, EF, GH, HK, et menez AL, LC. Puisque les deux droites AB, BL sont égales aux deux droites GH, HK, chacune à chacune, et qu'elles comprennent des angles égaux, la base AL sera égale à la base GK (prop. 4. 1); et puisque les angles E, H sont plus grands que l'angle ABC et que l'angle GHK est égal à l'angle ABL, l'angle restant E sera plus grand que l'angle LBC. De plus, puisque les deux droites LB, BC sont égales aux deux droites DE, EF, chacune à chacune, et que l'angle DEF est plus grand que l'angle LBC, la base DF sera plus grande que la base LC (prop. 24. 1). Mais on a démontré que la droite GK est égale à la droite AL : donc les droites DF, GK sont plus grandes que les droites AL, LC ; mais les droites AL, LC sont plus grandes que la droite AC (prop. 20. 1) : donc à plus forte raison les droites DF, GK sont plus grandes que la droite AC : donc deux des droites AC, DF, GK, de quelque manière qu'on les prenne, sont plus grandes que la droite restante.

Donc on peut construire un triangle avec trois droites égales aux droites AC, DF, GK (prop. 22. 1) ; ce qu'il falloit démontrer.

PROPOSITION XXIII.

PROBLÈME.

Construire un angle solide avec trois angles plans dont deux de ces angles, de quelque manière qu'on les prenne, sont plus grands que l'angle restant ; il faut que ces trois angles soient plus petits que quatre angles droits.

Soient donnés les trois angles plans ABC, DEF, GHK (fig. 180) dont deux de ces angles, de quelque manière qu'on les prenne, soient plus grands que l'angle restant ; que ces trois angles

2

soient plus petits que quatre angles droits : il faut avec des angles égaux aux angles ABC, DEF, GHK construire un angle solide.

Faites les droites AB, BC, DE, EF, GH, HK égales entr'elles et menez AC, DF, GK. On peut avec des droites égales à AC, DF, GK construire un triangle (prop. 22. 11). Construisez le triangle LMN (prop. 22. 1) de manière que LM soit égal à AC, MN égal à DF et LN égal à GK. Décrivez ensuite une circonférence de cercle LMN autour du triangle LMN (prop. 5. 4) ; prenez le centre de ce cercle qui sera ou dans le triangle LMN ou sur un de ses côtés, ou hors de ce triangle.

Que le centre du cercle soit d'abord dans le triangle, et que ce centre soit O ; menez LO, MO, NO : je dis que AB est plus grand que LO ; car si cela n'est point, la droite AB sera égale à la droite LO ou plus petite que cette droite. Supposons d'abord qu'elle lui soit égale. Puisque AB est égal à LO et que AB est égal à BC, LO sera égal à BC ; mais LO est égal à OM : donc les deux droites AB, BC sont égales aux deux droites LO, OM, chacune à chacune ; mais la base AC est supposée égale à la base LM : donc l'angle ABC est égal à l'angle LOM (prop. 8. 1). Par la même raison, l'angle DEF est égal à l'an-

gle MON et l'angle GHK égal à l'angle NOL :
donc les trois angles ABC, DEF, GHK sont
égaux aux trois angles LOM, MON, NOL; mais
les trois angles LOM, MON, NOL sont égaux à
quatre angles droits : donc les trois angles ABC,
DEF, GHK sont égaux à quatre angles ; mais
on les a supposés plus petits que quatre angles
droits, ce qui est absurde : donc la droite AB
n'est pas égale à la droite LO : je dis de plus que
la droite AB n'est pas plus petite que la droite
LO. Car supposons, si cela est possible, qu'elle
soit plus petite, et que la droite AB soit égale à
la droite OP et la droite BC égale à la droite OQ;
menez PQ. Puisque la droite AB est égale à la
droite BC, la droite OP sera égale à la droite OQ :
donc la droite restante PL sera égale à la droite
restante QM : donc la droite LM est parallèle
à la droite PQ (prop. 2. 6): donc les triangles
LMO, PQO sont équiangles : donc OL est à
LM comme OP est à PQ (prop. 4. 6); et en
échangeant les places des moyens, LO est à OP
comme LM est à PQ (prop. 16. 5); mais LO
est plus grand que OP : donc LM est plus grand
que PQ; mais LM est égal à AC, par construction : donc AC sera plus grand que PQ; et
puisque les deux droites AB, BC sont égales
aux deux droites PO, OQ et que la base AC

est plus grande que la base PQ, l'angle ABC sera
plus grand que l'angle POQ (prop. 24. 1). Nous
démontrerons semblablement que l'angle DEF
est plus grand que l'angle MON et l'angle GHK
plus grand que l'angle NOL : donc les trois
angles ABC, DEF, GHK sont plus grands que
les angles LOM, MON, NOL ; mais les angles
ABC, DEF, GHK sont supposés plus petits
que quatre angles droits : donc à plus forte
raison les trois angles LOM, MON, NOL sont
plus petits que quatre angles droits ; mais ces
trois angles sont égaux à quatre angles droits,
ce qui est absurde : donc la droite AB n'est pas
plus petite que la droite LO. On a démontré
qu'elle ne lui est point égale : donc la droite AB
est plus grande que la droite LO. Du point O
élevez une perpendiculaire OR sur le plan du
cercle LMN (prop. 12. 11). Supposons que le
quarré de OR soit égal à l'excès du quarré de
AB sur le quarré de LO (lem. suiv.), et menons
les droites RL, RM, RN. Puisque la droite OR
est perpendiculaire sur le plan du cercle LMN,
cette droite sera perpendiculaire sur chacune
des droites LO, MO, NO (déf. 3. 11) ; et
puisque LO est égal à OM et que la droite OR
est commune et qu'elle est perpendiculaire sur
ces deux droites, la base LR sera égale à la

base RM (prop. 4. 1). Par la même raison, la droite RN est égale à l'une et à l'autre des droites RL, RM : donc les trois droites RL, RM, RN sont égales entr'elles. Puisque le quarré fait sur OR est égal à l'excès du quarré de AB sur le quarré LO, le quarré de AB sera égal aux quarrés des droites LO, OR; mais le quarré de RL est égal aux quarrés des droites LO, OR (prop. 47. 1), car l'angle LOR est droit : donc le quarré de la droite AB est égal au quarré de la droite RL : donc la droite AB est égale à la droite RL; mais chacune des droites BC, DE, EF, GH, HK est égale à la droite AB, et chacune des droites RM, RN est égale à la droite AL : donc chacune des droites AB, BC, DE, EF, GH, HK est égale à chacune des droites RL, RM, RN; mais puisque les deux droites LR, RM sont égales aux deux droites AB, BC et que la base LM est égale à la base AC, l'angle LRM sera égal à l'angle ABC (prop. 8. 1). L'angle MRN sera égal à l'angle DEF et l'angle LRN égal à l'angle GHK, par la même raison : donc avec les trois angles plans LRM, MRN, LRN, qui sont égaux aux trois angles donnés, on a construit un angle solide R qui est compris sous les angles LRM, MRN, LRN.

4.

Que le centre du cercle soit présentement sur un des côtés, savoir, sur le côté MN (fig. 181), et que le centre de ce cercle soit le point O; menez OL : je dis de nouveau que AB est plus grand que LO; car si cela n'est point, la droite AB sera égale à la droite LO ou bien elle sera plus petite que cette droite. Supposons d'abord qu'elle lui soit égale; les deux droites AB, BC, c'est-à-dire les deux droites DE, EF, sont égales aux deux droites MO, OL, c'est-à-dire à la droite MN; mais la droite MN est supposée égale à la droite DF : donc les droites DE, EF sont égales à la droite DF, ce qui ne peut être (prop. 20. 1) : donc la droite AB n'est point égale à la droite LO. On démontreroit semblablement qu'elle n'est pas plus petite, car de cette supposition il s'ensuivroit une plus grande absurdité : donc la droite AB est plus grande que la droite LO. Si l'on mène la droite RO perpendiculaire sur le plan du cercle, et si l'on suppose que le quarré de OR soit égal à l'excès du quarré de AB sur le quarré LO (lem. suiv.), le problême sera résolu.

Que le centre du cercle soit enfin hors du triangle LMN (fig. 182), et que le centre de ce cercle soit O; menez LO, MO, NO : je dis que la droite AB est plus grande que la droite

LO; car si cela n'est point, elle lui sera égale ou plus petite. Supposons d'abord qu'elle lui soit égale ; dans cette supposition les deux droites AB, BC sont égales aux deux droites MO, OL, chacune à chacune ; mais la base AC est aussi égale à la base ML : donc l'angle ABC est égal à l'angle MOL (prop. 8. 1). L'angle GHK est égal à l'angle LON, par la même raison : donc l'angle total MON est égal aux deux angles ABC, GHK ; mais les angles ABC, GHK sont plus grands que l'angle DEF : donc l'angle MON est plus grand que l'angle DEF ; et puisque les deux droites DE, EF sont égales aux deux droites MO, ON, et que la base DF est égale à la base MN, l'angle MON sera égal à l'angle DEF (prop. 8. 1) ; mais on a démontré qu'il est plus grand, ce qui est absurde : donc la droite AB n'est pas égale à la droite LO. Nous démontrerons de suite qu'elle n'est pas plus petite, donc elle est nécessairement plus grande. Si nous menons de nouveau la droite OR perpendiculaire sur le plan du cercle, et si nous supposons cette perpendiculaire égale à une droite dont le quarré soit égal à l'excès du quarré de la droite AB sur le quarré de la droite LO (lem. suiv.), le problème sera résolu. Je dis à présent que la droite AB n'est pas plus petite que la droite LO. Supposons, si cela est possible, qu'elle soit plus petite; faites OP égal à AB et OQ égal à BC et menez PQ. Puisque AB est égal à BC, la droite OP sera égale à la droite OQ : donc la droite restante PL sera égale à la droite restante QM : donc la droite LM est parallèle à la droite QP (prop. 2.6) : donc les deux triangles LMO, QOP sont équiangles : donc LO est à LM comme OP est à PQ (prop. 4.6), et en échangeant les plans des moyens, LO est à OP comme LM est à PQ; mais LO est plus grand que OP : donc LM est plus grand que PQ; mais LM est égal à AC par construction : donc AC sera plus grand que PQ; mais puisque les deux droites AB, BC sont égales aux deux droites PO, OQ, chacune à chacune, et que la base AC est plus grande que la base PQ, l'angle ABC sera plus grand que l'angle POQ (prop. 25. 1). Si l'on prend la droite OV égale à chacune des droites OP, OQ, et si l'on mène PV, nous démontrerons semblablement que l'angle GHK est plus grand que l'angle POV. Sur la droite LO et au point O, pris sur cette droite, construisez l'angle LOS égal à l'angle ABC et l'angle LOT égal à l'angle GHK; faites chacune des droites OS, OT égale à la droite PO, et menez PS, PT, ST. Puisque les

deux droites AB, BC sont égales aux deux
droites PO, OS, et que l'angle ABC est égal à
l'angle POS, la base AC, c'est-à-dire la droite
LM, sera égale à la base PS (prop. 4. 1). La
droite LN sera égale à la droite PT, par la même
raison; et puisque les deux droites ML, LN
sont égales aux deux droites PS, PT et que
l'angle MLN est plus grand que l'angle SPT,
la base MN sera plus grande que la base ST
(prop. 24. 1); mais MN est égal à DF : donc
DF sera plus grand que ST : donc puisque les
deux droites DE, EF sont égales aux deux
droites SO, OT et que la base DF est plus
grande que la base ST, l'angle DEF sera plus
grand que SOT (prop. 25. 1); mais l'angle SOT
est égal aux angles ABC, GHK : donc l'angle
DEF est plus grand que les angles ABC, GHK :
mais il est au contraire plus petit; ce qui est
impossible.

LEMME.

Nous allons faire voir de quelle manière on
fait sur RO un quarré qui soit égal à l'excès
du quarré de la droite AB sur le quarré de la
droite LO.

Soient les droites AB, LO (fig. 183); que
AB soit la plus grande, et sur cette droite décrivez la demi-circonférence ABC, et appliquez

dans la demi-circonférence ABC une droite AC
égale à la droite LO et menez la droite BC.

Puisque l'angle ACB est compris dans le demi-
cercle ABC, l'angle ACB sera droit (prop. 31.3):
donc le quarré de la droite AB est égal aux
quarrés des droites AC, CB (prop. 47. 1):
donc le quarré de AB surpasse le quarré de
AC du quarré de CB; mais AC est égal à LO:
donc le quarré de AB surpasse le quarré de LO
du quarré de CB : donc si nous faisons la droite
OR égale à la droite CB, le quarré de la droite
AB surpassera le quarré de la droite LO du
quarré de la droite OR; ce que nous voulions
faire.

PROPOSITION XXIV.

THÉORÊME.

Si un solide est compris sous des plans parallèles,
les plans opposés sont des parallélogrammes
égaux.

Que le solide CDHG (fig. 184) soit compris
sous les plans parallèles AC, GF, AH, DF,
FB, AE : je dis que les plans opposés sont des
parallélogrammes égaux.

Puisque les deux plans parallèles BG, CE
sont coupés par le plan AC, leurs communes
sections sont parallèles (prop. 16. 11) : donc la

droite AB est parallèle à la droite DC. De plus,
puisque les deux plans parallèles BF, AE sont
coupés sur le plan AC, leurs communes sections
sont parallèles : donc la droite AD est parallèle
à la droite BC ; mais on a démontré que la
droite AB est parallèle à la droite DC : donc le
plan AC est un parallélogramme. Nous démontrerons semblablement que chacun des plans
DF, FG, GB, BF, AE est un parallélogramme.

Menez les droites AH, DF. Puisque AB est
parallèle à DC et BH parallèle à CF, les deux
droites AB, BH qui se rencontrent seront parallèles aux deux droites DC, CF qui se rencontrent et qui ne sont pas dans le même plan :
donc ces droites comprendront des angles égaux
(prop. 10. 11) : donc l'angle ABH est égal à
l'angle DCF ; et puisque les deux droites AB,
BH sont égales aux deux droites DC, CF
(prop. 34. 1), et que l'angle ABH est égal à
l'angle DCF, la base AH sera égale à la base
DF (prop. 4. 1), et le triangle ABH égal au
triangle DCF ; mais le parallélogramme BG est
double du triangle ABH et le parallélogramme
CE double aussi du triangle DCF (prop. 34. 1) :
donc le parallélogramme BG sera égal au parallélogramme CE. Nous démontrerons semblablement que le parallélogramme AC est égal au

parallélogramme G F et le parallélogramme A E
égal au parallélogramme B F.

Donc si un solide est compris sous des plans
parallèles, les plans opposés sont des parallélogrammes égaux ; ce qu'il falloit démontrer.

PROPOSITION XXV.

THÉORÈME.

Si un parallélipipède est coupé par un plan pa-
rallèle à des plans opposés, les solides obtenus
par cette section seront entr'eux comme leurs
bases.

Que le parallélipipède ABCD (fig. 185) soit
coupé par un plan V E parallèle aux plans opposés R A, DH : je dis que le solide A B F V est
au solide E G C D comme la base A E F X est à
la base E H C F.

Prolongez de part et d'autre la droite A H et
prenez autant de droites égales que vous voudrez H M, M N égales chacune à la droite E H ;
prenez aussi autant de droites que vous voudrez
A K, K L égales chacune à la droite A E et achevez les parallélogrammes L P, K X, H Y, M S, et
les parallélipipèdes A Q, K Z, D M, M T. Puisque
les droites L K, K A, A E sont égales entr'elles,
les parallélogrammes L P, K X, A F seront égaux

entr'eux (prop. 38. 1). Les parallélogrammes
KO, KB, AG sont aussi égaux entr'eux, ainsi que
les parallélogrammes LZ, KQ, AR (pro. 24. 11),
car ces parallélogrammes sont opposés. Par la
même raison, les parallélogrammes EC, HY,
MS sont encore égaux entr'eux, ainsi que les
parallélogrammes HG, HI, IN et les parallélogrammes DH, MA', NT : donc trois plans des
solides LQ, KR, AV sont égaux à trois plans ;
mais trois plans sont égaux à trois plans opposés : donc les trois parallélipipèdes LQ, KR,
AV seront égaux entr'eux (déf. 10. 11). Les
trois parallélipipèdes ED, DM, MT sont égaux
entr'eux, par la même raison : donc la base LF
est multiple de la base AF autant de fois que
le parallélipipède LV est multiple du parallélipipède AV. Par la même raison la base NF
est multiple de la base HF autant de fois que
le parallélipipède NV est multiple du parallélipipède HV. Enfin si la base LF est égale à la
base NF, le parallélipipède LV sera égal au parallélipipède NV ; si la base LF surpasse la base
NF, le parallélipipède LV surpassera le parallélipipède NV, et si la base LF est plus petite
que la base NF, le parallélipipède LV sera plus
petit que le parallélipipède MV. On a donc
quatre quantités, savoir, les deux bases AF, FH

et les deux parallélipipèdes AV, VH, et l'on a
pris des équimultiples de la base AF et du parallélipipède AV, savoir, la base LF et le parallélipipède LV; on a pris aussi des équimultiples
de la base HF et du parallélipipède HV, savoir,
la base NF et le parallélipipède NV. Mais on a
démontré que si la base LF surpasse la base
NF, le parallélipipède LV surpassera le parallélipipède NV; que si la base LV est égale à la
base NV, le parallélipipède LV sera égal au
parallélipipède NV, et que si la base LV est
plus petite que la base NV, le parallélipipède
LV sera plus petit que le parallélipipède NV:
donc le parallélipipède AV est au parallélipipède VH comme la base AF est à la base FH
(déf. 5. 5); ce qu'il falloit démontrer.

PROPOSITION XXVI.

PROBLÊME.

*Sur une droite donnée et à un point donné dans
cette droite, construire un angle solide égal à
un angle solide donné.*

Soit AB (fig. 186) la droite donnée, A le point
donné dans cette droite, et D l'angle solide donné
et compris sous les plans EDC, EDF, FDC:
il faut sur la droite donnée AB et au point A

donné dans cette droite construire un angle
solide égal à l'angle solide donné D.

Prenez dans la droite DF un point quelconque F, et de ce point menez une perpendiculaire FG sur le plan qui passe par les droites ED,
DC (prop. 11. 11); que la perpendiculaire FG
rencontre le plan DEC au point G; menez la
droite DG. Ensuite sur la droite AB et au point
donné A pris dans cette droite construisez l'angle
BAL égal à l'angle EDC (prop. 23. 1), et l'angle BAK égal à l'angle EDG; faites ensuite AK
égal à DG (prop. 3. 1); du point K menez KH
perpendiculaire sur le plan qui passe par BAL
(prop. 12. 11), faites enfin la droite KH égale
à la droite GF et menez la droite HA : je dis
que l'angle solide A, compris sous les angles
BAL, BAH, HAL, est égal à l'angle solide D,
compris sous les angles EDC, EDF, FDC.

Faites AB égal à DF et menez les droites
HB, KB, FE, GE. Puisque la droite FG est
perpendiculaire sur le plan EDC, cette droite
sera perpendiculaire sur toutes les droites qui la
rencontrent et qui sont dans ce plan (déf. 3. 11):
donc chacun des angles FGD, FGE est droit;
chacun des angles HKA, HKB est droit, par la
même raison; et puisque les deux droites KA,
AB sont égales aux deux droites GD, DE,

chacune à chacune, et que ces droites comprennent des angles égaux, la base BK sera
égale à la base EG (prop. 4. 1); mais la droite
KH est égale à la droite GF, et les angles HKB,
FHE sont droits l'un et l'autre : donc la droite
HB est égale à la droite FE. De plus, puisque
les deux droites AK, KH sont égales aux deux
droites DG, GF, et que ces droites comprennent des angles droits, la base AH sera égale à la
base DF; mais la droite AB est égale à la droite
DE : donc les deux droites HA, AB sont égales
aux deux droites FD, DE; mais la base HB est
égale à la base FE : donc l'angle BAH sera égal
à l'angle EDF. L'angle HAL est égal à l'angle
FDC, par la même raison; en effet, faites la droite
AL égale à la droite DC, et menez les droites KL,
HL, GC, FC. Puisque l'angle total BAL est
égal à l'angle total EDC et que l'angle BAK est
égal à l'angle EDG, l'angle restant KAL sera
égal à l'angle restant GDC; et puisque les deux
droites KA, AL sont égales aux deux droites
GD, DC, et qu'elles renferment des angles
égaux, la base KL sera égale à la base GC
(prop. 4. 1); mais la droite KH est égale à la
droite GF : donc les deux droites LK, KH sont
égales aux deux droites CG, GF; mais ces deux
droites renferment des angles droits : donc la

base HL est égale à la base FC. De plus, puisque les deux droites HA, AL sont égales aux deux droites FD, DC et que la base HL est égale à la base FC, l'angle HAL sera égal à l'angle FDC (prop. 8. 1); mais l'angle BAL est égal à l'angle EDC : donc, sur une droite donnée et à un point pris dans cette droite, on a construit un angle solide égal à un angle solide donné; ce qu'il falloit faire.

PROPOSITION XXVII.

PROBLÊME.

Sur une droite donnée décrire un parallélipipède qui soit semblable à un parallélipipède donné et semblablement placé que lui.

Soit AB (fig. 187) la droite donnée et DC le parallélipipède donné : il faut décrire sur la droite AB un parallélipipède qui soit semblable au parallélipipède donné DC et semblablement placé que lui.

Sur la droite AB et au point A donné dans cette droite construisez un angle solide qui soit compris sous les angles solides BAH, HAK, KAB et qui soit égal à l'angle solide C, de manière que l'angle BAH soit égal à l'angle ECF, l'angle BAK égal à l'angle ECG et l'angle KAH égal à l'angle GCF, et ensuite faites en sorte que EC soit à CG comme BA est à AK, et que GC soit à CF comme KA est à AH (prop. 12.6) : EC sera à CF comme BA est à AH (prop. 22.5) ; terminez le parallélogramme BH et le parallélipipède AL.

Puisque EC est à CG comme BA est à AK, les côtés qui sont autour des angles égaux ECG, BAK seront proportionnels : donc le parallélogramme GE sera semblable au parallélogramme KB (prop. 4.6). Par la même raison, le parallélogramme GF sera semblable au parallélogramme KH, et le parallélogramme FE semblable au parallélogramme HB : donc trois parallélogrammes du parallélipipède CD sont semblables à trois parallélogrammes du parallélipipède AL ; mais trois parallélogrammes sont égaux et semblables à trois parallélogrammes opposés (prop. 24. 1) : donc le parallélipipède total CD sera semblable au parallélipipède total AL.

Donc, sur la droite AB, on a construit un parallélipipède AL qui est semblable à un parallélipipède donné CD et semblablement placé ; ce qu'il falloit faire.

PROPOSITION XXVIII.

THÉORÈME.

Si un parallélipipède est coupé par un plan selon les diagonales de deux plans opposés, le parallélipipède sera coupé en deux parties égales par ce plan.

Que le parallélipipède AB (fig. 188) soit coupé par le plan CDEF selon les diagonales des deux plans opposés CF, DE : je dis que le parallélipipède AB sera coupé en deux parties égales par le plan CDEF.

Puisque le triangle CGF est égal au triangle CBF (prop. 34. 1) et le triangle ADE égal au triangle DEH, de plus, puisque le parallélogramme CA est égal au parallélogramme BE (prop. 24. 11), car ces deux parallélogrammes sont opposés, et puisque le parallélogramme GE est aussi égal au parallélogramme CH, le prisme compris sous les deux triangles CGF, ADE et sous les trois parallélogrammes GE, AC, CE, sera égal au prisme compris sous les deux triangles CFB, DEH, et les trois parallélogrammes CH, BE, CE, car ils sont compris sous des plans égaux en nombre et en grandeur (déf. 10. 11) : donc le parallélipipède total AB

3

est coupé en deux parties égales par le plan.
CDEF ; ce qu'il falloit démontrer.

PROPOSITION XXIX.

THÉORÈME.

*Les parallélipipèdes qui ont la même base et la
même hauteur, et dont les droites insistentes
sont placées dans les mêmes droites, sont égaux
entr'eux.*

Que les parallélipipèdes CM, CN (fig. 189)
aient la même base AB et la même hauteur, et
que les droites insistentes AF, AG, LM, LN,
CD, CE, BH, BK soient dans les mêmes droites
FN, DK : je dis que le parallélipipède CM est
égal au parallélipipède CN.

Car puisque chacune des figures CH, CK est
un parallélogramme, la droite CB sera égale à
chacune des droites DH, EK (prop. 34. 1) :
donc la droite DH sera égale à la droite EK.
Retranchez la partie commune EH, la droite
restante DE sera égale à la droite restante HK :
donc le triangle DEC est égal au triangle HKB
(prop. 8. 1), et le parallélogramme DG égal au
parallélogramme HN (prop. 36. 1). Par la même
raison le triangle AFG est égal au triangle LMN.
Mais le parallélogramme CF est égal au parallé-

logramme BM et le parallélogramme CG égal
au parallélogramme BN (prop. 24. 11), car
ces parallélogrammes sont opposés : donc le
prisme contenu sous les deux triangles A F G,
D E C et sous les trois parallélogrammes A D,
D G, G C est égal au prisme contenu sous les
deux triangles L M N, H B K et sous les trois
parallélogrammes B M, N H, BN (déf. 10. 11) :
donc si nous ajoutons à chacun de ces prismes
le solide dont une des bases est le parallélogramme AB et dont l'autre base est le parallélogramme G E H M, le parallélipipède total C M
sera égal au parallélipipède total CN.

Donc les parallélipipèdes qui ont la même
base et la même hauteur, et dont les droites insistentes sont placées dans les mêmes droites,
sont égaux entr'eux ; ce qu'il falloit démontrer.

PROPOSITION XXX.

THÉORÈME.

*Les parallélipipèdes qui ont la même base et la
même hauteur, et dont les droites insistentes
ne sont point placées dans les mêmes droites,
sont égaux entr'eux.*

Soient CM, CN (fig. 190) des parallélipipèdes
qui ont la même base AB et la même hauteur,

et dont les droites insistentes AF, AG, LM, LN, CD, CE, BH, BK ne sont point placées dans les mêmes droites : je dis que le parallélipipède CM est égal au parallélipipède CN.

Prolongez les droites NK, DH et les droites GE, FM, et que ces droites se rencontrent aux points P, R, Q, O. Menez AO, LP, CQ, BR. Le parallélipipède CM, dont la base est le parallélogramme ACBL opposé au parallélogramme FDHM, sera égal au parallélipipède CP dont la base est le parallélogramme ACBL opposé au parallélogramme OQRP (pr. 29. 11), car ces deux parallélogrammes ont la même base et la même hauteur, et leurs droites insistentes AF, AO, LM, LP, CD, CQ, BH, BR sont dans les mêmes droites FP, DR; mais le parallélipipède CP dont la base est le parallélogramme ACBL opposé au parallélogramme OQRP est égal au parallélipipède CN dont la base est le parallélogramme ACBL opposé au parallélogramme GEKN (prop. 29. 11); car ces deux parallélipipèdes ont la même base et la même hauteur, et leurs droites insistentes AG, AO, CE, CQ, LN, LP, BK, BR sont dans les mêmes droites GQ, NR : donc le parallélipipède CM est égal au parallélipipède CN.

Donc les parallélipipèdes qui ont la même

base et la même hauteur, et dont les droites
insistentes ne sont point placées dans les mêmes
droites, sont égaux entr'eux ; ce qu'il falloit
démontrer.

PROPOSITION XXXI.

THÉORÊME.

*Les parallélipipèdes qui ont des bases égales et la
même hauteur, sont égaux entr'eux.*

Que les parallélipipèdes AE, CF (fig. 191)
aient des bases égales AB, CD et la même hauteur : je dis que le parallélipipède AE est égal
au parallélipipède CF.

D'abord que les droites insistentes HK, BE,
AG, LM, PQ, DF, CO, RS soient perpendiculaires sur les bases AB, CD, et que l'angle
ALB ne soit pas égal à l'angle CRD. Conduisez la droite RT dans la direction de la droite
CR, et faites sur la droite RT et au point R
pris dans cette droite l'angle TRV égal à l'angle ALB (prop. 23. 1), faites la droite RT égale
à la droite AL et la droite RV égale à la droite
LB ; par le point V conduisez la droite YV parallèle à la droite RT, achevez la base RY et le
parallélipipède ZV. Puisque les deux droites
TR, RV sont égales aux deux droites AL, LB

et qu'elles comprennent des angles égaux, le
parallélogramme RY sera égal et semblable au
parallélogramme HL. De plus, puisque RT est
égal à AL et RS égal à LM et que ces droites
comprennent des angles égaux, le parallélogramme RZ sera égal et semblable au parallélogramme AM. Le parallélogramme SV sera
égal et semblable au parallélogramme LE, par
la même raison : donc trois parallélogrammes
du parallélipipède AE seront égaux et semblables à trois parallélogrammes du parallélipipède ZV : donc puisque trois parallélogrammes
sont égaux et semblables à trois parallélogrammes opposés (prop. 24. 11), le parallélipipède total AE sera égal au parallélipipède total
ZV. Prolongez DR, YV, et que ces droites se
rencontrent au point A' ; par le point T conduisez la droite TT′ parallèle à la droite DA′,
et prolongez TT″, PD jusqu'à ce qu'elles se
rencontrent au point B', et complétez les parallélipipèdes A'Z, RI. Le parallélipipède ZA' qui
a pour base le parallélogramme RZ opposé au
parallélogramme A'Q' est égal au parallélipipède ZV qui a pour base le parallélogramme
RZ opposé au parallélogramme VX, attendu
que ces deux parallélipipèdes ont la même base
RZ et la même hauteur, et que les droites in-

sistentes RA′, RV, TT′, TY, SS′, SN, ZQ′, ZX
sont placées dans les mêmes droites A′Y, S′X ;
mais le parallélipipède ZV est égal au parallélipipède AE : donc le parallélipipède AE est
égal au parallélipipède ZA′. Mais le parallélogramme RVYT est égal au parallélogramme
A′T (prop. 35. 1), car ces deux parallélogrammes ont la même base RT et sont compris entre
les mêmes parallèles RT, A′Y, et le parallélogramme RVYT est égal au parallélogramme CD
parce que le parallélogramme CD est égal au
parallélogramme AB : donc le parallélogramme
A′T sera égal au parallélogramme CD ; mais DT
est un autre parallélogramme : donc la base CD
est à la base DT comme la base A′T est à la base
DT (prop. 7. 5) ; et puisque le parallélipipède
CI est coupé par le plan RF parallèle aux plans
opposés, la base CD sera à la base DT comme
le parallélipipède CF est au parallélipipède RI
(prop. 25. 11). Par la même raison, puisque le
parallélipipède A′I est coupé par le plan RZ
parallèle aux plans opposés, la base A′T sera à
la base DT comme le parallélipipède AZ est
au parallélipipède RI ; mais la base CD est à la
base DT comme la base A′T est à la base TD :
donc le parallélipipède CF est au parallélipipède RI comme le parallélipipède A′Z est au

parallélipipède R I (prop. 15.5) : donc puisque
chacun des parallélipipèdes C F, A′Z a la même
raison avec le parallélipipède R I, le parallélí-
pipède C F sera égal au parallélipipède A′Z
(prop. 9. 5); mais on a démontré que le parallélipipède A′Z est égal au parallélipipède AE :
donc le parallélipipède A E est égal au parallélipipède C F.

Supposons à présent que les droites insistentes A G, H K, BE, L M, C O, P Q, D F,
R S (fig. 192) ne soient point perpendiculaires
sur les bases A B, C D : je dis encore que le parallélipipède AE sera égal au parallélipipède CF.

Des points K, E, G, M, Q, F, O, S conduisez sur les plans L N, A′D les perpendiculaires K N, E T, G V, M X, Q Y, F Z, O A′, S I qui
rencontrent ces plans aux points N, T, V, X,
Y, Z, A′, I (prop. 11. 11), et menez les droites
N T, V X, N V, T X, Y Z, Y A′, A′I, Z I. Le parallélipipède K X sera égal au parallélipipède Q I
(prop. 31. 11), parce que les parallélipipèdes
K X, Q I ont des bases égales K M, Q S, et la
même hauteur, et que leurs droites insistentes
sont perpendiculaires sur leurs bases. Mais le
parallélipipède K X est égal au parallélipipède
A E (prop. 30. 11), et le parallélipipède Q I
égal au parallélipipède C F, puisqu'ils ont la

même base et la même hauteur, et que leurs droites insistentes ne sont pas dans les mêmes droites : donc le parallélipipède AE est égal au parallélipipède CF.

Donc les parallélipipèdes qui ont des bases égales et la même hauteur, sont égaux entr'eux ; ce qu'il falloit démontrer.

PROPOSITION XXXII.

THÉORÈME.

Les parallélipipèdes qui ont la même hauteur sont entr'eux comme leurs bases.

Soient AB, CD (fig. 193) deux parallélipipèdes qui aient la même hauteur : je dis que ces parallélipipèdes sont entr'eux comme leurs bases, c'est-à-dire que le parallélipipède AB est au parallélipipède CD comme la base AE est à la base CF.

Appliquez sur FG un parallélogramme FH qui soit égal au parallélogramme AE (prop. 45. 1), et sur la base FH construisez le parallélipipède GK dont la hauteur soit la même que celle du parallélipipède CD. Le parallélipipède AB sera égal au parallélipipède GK (prop. 31. 11), car ces parallélipipèdes ont des bases égales AE, FH et la même hauteur. Puisque le paralléli-

pipède C K est coupé par un plan D G parallèle
aux plans opposés, le parallélipipède H D sera
au parallélipipède D C comme la base H F est
à la base C F (prop. 25. 11); mais la base F H
est égale à la base AE et le parallélipipède G K
égal au parallélipipède A B : donc le parallélipipède AB est au parallélipipède C D comme la
base AE est à la base C F.

Donc les parallélipipèdes qui ont la même
hauteur sont entr'eux comme leurs bases ; ce
qu'il falloit démontrer.

PROPOSITION XXXIII.

THÉORÊME.

*Les parallélipipèdes semblables sont entr'eux en
raison triplée de leurs côtés homologues.*

Soient AB, CD (fig. 194) deux parallélipipèdes semblables et que le côté AE soit l'homologue du côté CF : je dis que les parallélipipèdes AB, CD sont entr'eux en raison triplée
des côtés AE, CF.

Menez les droites E K, E L, E M dans la
direction des droites AE, GE, HE ; faites EK
égal à CF, EL égal à FN et EM égal à FR ;
achevez le parallélogramme KL et le parallélipipède KP. Les deux droites EK, EL sont

égales aux deux droites C F, F N ; l'angle KEL
est égal à l'angle CFN, parce que l'angle AEG
est égal à CFN, à cause de la similitude des
parallélipipèdes AB, CD : donc le parallélogramme KL sera égal et semblable au parallélogramme CN. Par la même raison, le parallélogramme KM est égal et semblable au parallélogramme CR, et le parallélogramme PE égal
et semblable au parallélogramme DF : donc trois
parallélogrammes du parallélipipède KP sont
égaux et semblables à trois parallélogrammes
du parallélipipède CD : donc puisque trois parallélogrammes sont égaux et semblables à trois
parallélogrammes opposés (prop. 24. 11), le
parallélipipède total KP sera égal et semblable
au parallélipipède total CD (déf. 10. 11). Achevez le parallélogramme GK, et sur les bases
GK, KL construisez deux parallélipipèdes EO,
LQ qui aient la même hauteur que le parallélipipède AB. Puisqu'à cause de la similitude
des parallélipipèdes AB, CD le côté AE est au
côté CF comme le côté EG est au côté FN,
comme le côté EH est au côté FR, et puisque
FC est égal à EK, le côté FN est égal à EL,
et que FR est égal au côté EM, AE sera au
côté EK comme le côté GE est au côté EL et
comme le côté HE est au côté EM. Mais AE

est à E K comme le parallélogramme A G est au parallélogramme G K (prop. 1.6), et G E est à E L comme le parallélogramme G K est au parallélogramme K L, et, de plus, H E est à E M comme le parallélogramme Q E est au parallélogramme K M : donc le parallélogramme A G est au parallélogramme G K comme le parallélogramme G K est au parallélogramme K L et comme le parallélogramme Q E est au parallélogramme K M. Mais A G est à G K comme le parallélipipède A B est au parallélipipède E O (prop. 32.11), et G K est à K L comme le parallélipipède O E est au parallélipipède Q L, et de plus Q E est à K M comme le parallélipipède Q L est au parallélipipède K P : donc le parallélipipède A B est au parallélipipède E O comme le parallélipipède E O est au parallélipipède Q L et comme le parallélipipède Q L est au parallélipipède K P ; mais si l'on a quatre quantités de suite qui soient proportionnelles, la première et la quatrième seront entr'elles en raison triplée de la première et de la seconde (déf. 11.5) : donc les parallélipipèdes A B, K P sont entr'eux en raison triplée des parallélipipèdes A B, E O ; mais A B est à E O comme le parallélogramme A G est au parallélogramme G K et comme la droite A E est à la droite E K (prop. 1.6) : donc les parallélipipèdes AB, KP sont en raison triplée des droites AE, EK. Mais le parallélipipède KP est égal au parallélipipède CD et la droite EK égale à la droite CF : donc les parallélipipèdes AB, CD sont en raison triplée des côtés homologues AE, CF ; ce qui falloit démontrer.

COROLLAIRE.

Il suit manifestement de là, que si quatre droites sont proportionnelles, la première sera à la quatrième comme le parallélipipède construit sur la première est au parallélipipède semblable et semblablement construit sur la seconde, puisque la première et la quatrième droite sont en raison triplée de la première et de la seconde.

PROPOSITION XXXIV.

THÉORÈME.

Les bases des parallélipipèdes égaux sont proportionnelles aux hauteurs ; et les parallélipipèdes dont les bases sont réciproquement proportionnelles aux hauteurs sont égaux entr'eux.

Que les parallélipipèdes AB, CD (fig. 195) soient égaux : je dis que leurs bases sont réciproquement proportionnelles à leurs hauteurs ; c'est-à-dire que la base EH est à la base NQ

Z

comme la hauteur du parallélipipède CD est à la hauteur du parallélipipède AB.

Supposons d'abord que les droites insistentes AG, EF, LB, HK, CM, NO, PD, QP soient perpendiculaires sur les bases : je dis que la base EH est à la base NQ comme CM est à AG. Si la base EH est égale à la base NQ et le parallélipipède AB égal au parallélipipède CD, la hauteur CM sera égale à la hauteur AG ; car si les bases EH, NQ étant égales, les hauteurs AG, CM n'étoient pas égales, le parallélipipède AB ne seroit point égal au parallélipipède CD (prop. 31. 11) ; mais ces deux parallélipipèdes sont supposés égaux : donc les hauteurs CM, AG ne sont pas inégales : donc elles sont égales : donc la base EH est à la base NQ comme CM est à AG, d'où il suit évidemment que les bases des parallélipipèdes AB, CD sont réciproquement proportionnelles à leurs hauteurs.

Supposons à présent que la base EH ne soit pas égale à la base NQ et que la base EH soit la plus grande ; puisque le parallélipipède AB est égal au parallélipipède CD, la hauteur CM sera plus grande que la hauteur AG ; car si cela n'étoit point, les parallélipipèdes AB, CD ne seroient pas égaux (prop. 31. 11) ; mais ils sont

supposés égaux. Faites CT (fig. 196) égal à
AG et sur la base NQ construisez un parallélipipède XC dont la hauteur soit CT. Puisque
le parallélipipède AB est égal au parallélipipède
CD et que XC est un autre parallélipipède avec
lequel les deux parallélipipèdes égaux AB, CD
ont la même raison (prop. 7. 5), le parallé-
pipède AB sera au parallélipipède CX comme
le parallélipipède CD est au parallélipipède
CX; mais le parallélipipède AB est au parallé-
pipède CX comme la base EH est à la base NQ
(prop. 32. 11), car les parallélipipèdes AB, CX
sont égaux en hauteur, et le parallélipipède CD
est au parallélipipède CX comme la base MQ
est à la base QT (prop. 25. 11), et comme le
côté MC est au côté CT (prop. 1.6): donc la
base EH est à la base NQ comme le côté MC
est au côté CT; mais CT est égal à AG: donc
la base EH est à la base NQ comme le côté MC
est au côté AG: donc les bases des parallélipipèdes AB, CD sont réciproquement proportionnelles aux hauteurs.

Supposons ensuite que les bases des parallélipipèdes AB, CD soient réciproquement proportionnelles aux hauteurs, c'est-à-dire que la
base EH soit à la base NQ comme la hauteur
du parallélipipède CD est à la hauteur du pa-

rallélipipède AB : je dis que les parallélipipèdes
AB, CD sont égaux entr'eux.

Que les droites insistentes soient encore perpendiculaires sur les bases. Si la base EH est
égale à la base NQ et si la base EH est à la base
NQ comme la hauteur du parallélipipède CD
est à la hauteur du parallélipipède AB, la hauteur du parallélipipède CD sera égale à la hauteur du parallélipipède AB. Mais les parallélipipèdes qui ont des bases égales et la même
hauteur sont égaux entr'eux (prop. 31. 11):
donc le parallélipipède AB sera égal au parallélipipède CD.

Mais supposons que la base EH ne soit point
égale à la base NQ et que EH soit la plus grande
base; la hauteur du parallélipipède CD sera plus
grande que la hauteur du parallélipipède AB,
c'est-à-dire que CM sera plus grand que AG;
faites CT égal à AG, achevez également le parallélipipède CX. Puisque la base EH est à la
base NQ comme le côté CM est au coté AG et
que AG est égal à CT, la base EH sera à la
base NQ comme le côté MC est au côté CT.
Mais la base EH est à la base NQ comme le
parallélipipède AB est au parallélipipède CX
(prop. 32. 11), car les parallélipipèdes AB, CX
sont égaux en hauteur; mais le côté MC est au

côté C T (prop. 1.6), comme la base M Q est
à la base QT et comme le parallélipipède C D
est au parallélipipède CX (prop. 25. 11); donc
le parallélipipède AB est au parallélipipède CX
comme le parallélipipède C D est au parallélipipède CX : donc l'un et l'autre des parallélipipèdes AB, C D ont la même raison avec le parallélipipède CX : donc le parallélipipède AB
sera égal au parallélipipède CD (prop. 9. 5);
ce qu'il falloit démontrer.

Supposons maintenant que les droites insistentes FE, BL, GA, KH, ON, DP, MC, PQ
(fig. 197) ne soient point perpendiculaires sur
les bases des parallélipipèdes. Des points F, G,
B, K, O, M, D, R conduisez sur les plans des
bases EH, NQ des perpendiculaires qui rencontrent ces plans aux points S, T, V, X, Y,
Z, B', A', et achevez les parallélipipèdes FX,
OA' (prop. 11. 11) : je dis que les bases des
parallélipipèdes égaux AB, CD sont réciproquement proportionnelles aux hauteurs, c'est-
à-dire que la base EH est à la base NQ comme
la hauteur du parallélipipède CD est à la hauteur du parallélipipède AB. Mais le parallélipipède AB est égal au parallélipipède CD; le
parallélipipède BT est égal au parallélipipède
AB (prop. 30. 11), car ils ont la même base FK

3

et la même hauteur, et leurs droites insistentes
ne sont point placées dans les mêmes droites ;
et le parallélipipède DC est égal aussi au parallélipipède D Z, car ces deux parallélipipèdes
ont la même base OR et la même hauteur, et
leurs droites insistentes ne sont point dans les
mêmes droites : donc le parallélipipède BT est
égal au parallélipipède DZ. Mais nous venons de
voir que les bases des parallélipipèdes égaux dont
les hauteurs sont perpendiculaires sur les bases
sont réciproquement proportionnelles aux hauteurs : donc la base FK est à la base OR comme
la hauteur du parallélipipède DZ est à la hauteur du parallélipipède BT. Mais la base FK
est égale à la base ÈH (prop. 24. 11), et la base
OR égale à la base NQ : donc la base EH est
à la base NQ comme la hauteur du parallélipipède DZ est à la hauteur du parallélipipède BT.
Mais les hauteurs des parallélipipèdes DZ, BT
sont les mêmes que celles des parallélipipèdes
DC, BA : donc la base EH est à la base NQ
comme la hauteur du parallélipipède DC est à
la hauteur du parallélipipède BA : donc les bases
des parallélipipèdes AB, CD sont réciproquement proportionnelles à leurs hauteurs.

Supposons enfin que les bases des parallélipipèdes AB, CD soient réciproquement propor-

tionnelles aux hauteurs, c'est-à-dire que la base EH soit à la base NQ comme la hauteur du parallélipipède CD est à la hauteur du parallélipipède AB : je dis que le parallélipipède AB est égal au parallélipipède CD.

Faites la même construction. Puisque la base EH est à la base NQ comme la hauteur du parallélipipède CD est à la hauteur du parallélipipède AB, que la base EH est égale à la base FK et la base NQ égale à la base OR, la base FK sera à la base OR comme la hauteur du parallélipipède CD est à la hauteur du parallélipipède AB. Mais les hauteurs des parallélipipèdes AB, CD sont les mêmes que celles des parallélipipèdes BC, DZ : donc la base FK est à la base OR comme la hauteur du parallélipipède DZ est à la hauteur du parallélipipède BT : donc les bases des parallélipipèdes BC, DZ sont réciproquement proportionnelles aux hauteurs. Mais nous avons démontré que les parallélipipèdes qui ont leurs hauteurs perpendiculaires sur les bases et qui ont leurs bases réciproquement proportionnelles aux hauteurs sont égaux entr'eux : donc le parallélipipède BT est égal au parallélipipède DZ. Mais le parallélipipède BA est égal au parallélipipède BT (prop. 30. 11), car ces deux parallélipipèdes

4

ont la même base FK et la même hauteur, et
leurs droites insistentes ne sont point dans les
mêmes droites; et outre cela le parallélipipède
DZ est égal au parallélipipède DC, puisque ces
deux parallélipipèdes ont la même base OR et
la même hauteur, et que leurs droites insistentes
ne sont pas dans les mêmes droites : donc le
parallélipipède AB est égal au parallélipipède
CD; ce qu'il falloit démontrer.

PROPOSITION XXXV.

THÉORÊME.

Si des sommets de deux angles égaux on mène
au-dessus de leurs plans des droites qui fassent
avec leurs côtés des angles égaux chacun à
chacun; si dans ces droites on prend des points
quelconques, si de ces points on mène des per-
pendiculaires sur les plans des angles donnés,
et si des points où ces perpendiculaires rencon-
trent ces plans on mène des droites aux sommets
des angles donnés, les angles compris par ces
droites et par celles qu'on a d'abord menées des
sommets des angles au-dessus de leurs plans
seront égaux entr'eux.

Soient les deux angles égaux BAC, EDF
(fig. 198); des points A, D menez au-dessus

des plans de ces angles les droites AG, DM qui
fassent avec les côtés de ces mêmes angles des
angles égaux chacun à chacun, savoir, l'angle
GAB égal à l'angle MDE et l'angle GAC égal
à l'angle MDF ; prenez sur les droites AG, DM
des points quelconques G, M ; des points G, M
menez sur les plans BAC, EDF les perpendiculaires GL, MN qui rencontrent ces plans aux
points L, N, et menez les droites LA, ND : je
dis que l'angle GAL est égal à l'angle MDN.

Faites la droite AH égale à la droite DM, et
par le point H menez la droite HK parallèle à
la droite GL. Puisque la droite GL est perpendiculaire sur le plan BAC, la droite HK sera aussi
perpendiculaire sur le plan BAC (prop. 8. 11);
des points K, N conduisez sur AB, AC, DF,
DE les perpendiculaires KB, KC, NF, NE et
menez HC, CB, MF, FE. Puisque le quarré de
la droite HA est égal aux quarrés des droites
HK, KA et que les quarrés des droites KC,
CA sont égaux au quarré de la droite KA
(prop. 47. 1), le quarré de la droite HA sera
égal aux quarrés des droites HK, KC, CA. Mais
le quarré de la droite HC est égal aux quarrés
des droites HK, KC : donc le quarré de la
droite HA sera égal aux quarrés des droites
HC, CA : donc l'angle HCA est droit. L'an-

gle DFM est droit, par la même raison : donc
l'angle ACH est égal à l'angle DFM. Mais
l'angle HAC est égal à l'angle MDF : donc
les deux triangles MDF, HAC ont deux angles
égaux à deux angles, chacun à chacun, et un
côté égal à un côté, c'est-à-dire les côtés soutendus par des angles égaux, savoir, le côté
AH qui est égal au côté DM par construction : donc ces deux triangles ont les autres
côtés égaux aux autres côtés, chacun à chacun
(prop. 26. 1) : donc AC est égal à DF. Nous
démontrerons semblablement que AB est égal
à DE. Menez les droites HB, ME. Puisque le
quarré de la droite AH est égal aux quarrés des
droites AK, KH et que les quarrés des droites
AB, BK sont égaux au quarré de la droite AK,
les quarrés des droites AB, BK, KH seront
égaux au quarré de la droite AH. Mais le quarré
de la droite BH est égal aux quarrés des droites
BK, KH, car l'angle HKB est droit à cause que la
droite HK est perpendiculaire sur le plan BAC :
donc le quarré de la droite AH est égal aux
quarrés des droites AB, BH : donc l'angle ABH
est droit. L'angle DEM est droit, par la même
raison ; mais l'angle BAH est égal à l'angle EDM,
par supposition, et la droite AH est égale à la
droite DM : donc la droite AB est égale à la

droite DE ; donc puisque AC est égal à DF et
AB égal à DE, les deux droites CA, AB sont
égales aux deux droites FD, DE; mais l'angle
CAB est égal à l'angle FDE : donc la base BC
est égale à la base EF (prop. 4. 1), le triangle
égal au triangle et les autres angles égaux aux
autres angles : donc l'angle ACB est égal à l'angle DFE; mais l'angle droit ACK est égal à
l'angle droit DFN, par construction : donc
l'angle restant BCK est égal à l'angle restant
EFN. Par la même raison l'angle CBK est égal
à l'angle FEN : donc les deux triangles CBK,
FEN ont deux angles égaux à deux angles,
chacun à chacun, et un côté égal à un côté,
c'est-à-dire les côtés qui sont adjacens à des angles
égaux, savoir, le côté BC qui est égal au côté EF :
donc ces deux triangles auront les autres côtés
égaux aux autres côtés (prop. 26. 1) : donc le
côté CK est égal au côté FN ; mais AC est égal à
DF : donc les deux droites AC, CK sont égales
aux deux droites DF, FN et ces droites comprennent des angles droits : donc la base AK est
égale à la base DN (prop. 4. 1) ; et puisque la
droite AH est égale à la droite DM, le quarré de
AH sera égal au quarré de DM ; mais les quarrés
des droites AK, KH sont égaux au quarré de la
droite AH (prop. 47. 1), car l'angle AKH est

droit et les quarrés des droites DN , NM sont
égaux au quarré de la droite DM , parce que
l'angle DNM est droit : donc les quarrés des
droites AK , KH sont égaux aux quarrés des
droites DN , NM ; mais le quarré de AK est
égal au quarré de DN : donc le quarré de KH
est égal au quarré de NM : donc la droite HK
est égal à la droite MN : donc puisque les deux
droites HA , AK sont égales aux deux droites
MD , DN , chacune à chacune , et qu'on a démontré que la base HK est égale à la base NM ,
l'angle HAK sera égal à l'angle MDN (prop. 8. 1) ;
ce qu'il falloit démontrer.

C O R O L L A I R E.

Il suit manifestement de là que si deux angles
sont égaux à deux angles et que si des sommets
de ces angles et au-dessus de leurs plans on mène
des droites qui fassent avec les côtés des angles
donnés des angles égaux chacun à chacun, les
perpendiculaires menées de ces droites sur les
plans des premiers angles sont égales entr'elles,
si les points d'où elles partent sont également
éloignés des sommets de ces angles.

PROPOSITION XXXVI.

THÉORÈME.

Si trois droites sont proportionnelles, le paral-lélipipède construit avec ces trois droites est égal au parallélipipède construit avec la droite moyenne ; il faut que ce dernier parallélipi-pède, qui sera équilatéral, soit équiangle avec le premier parallélipipède.

Soient trois droites proportionnelles A, B, C (fig. 199), de manière que A soit à B comme B est à C : je dis que le parallélipipède construit avec les trois droites A, B, C est égal au paral-lélipipède construit avec la droite B ; il faut que ce dernier parallélipipède, qui sera équilatéral, soit équiangle avec le premier parallélipipède.

Soit l'angle solide E compris sous les trois angles plans DEG, GEF, FED ; faites chacune des droites DE, GE, EF égales à la droite B, et achevez le parallélipipède E K. Faites ensuite LM égal à A, sur la droite LM et au point L construisez un angle solide qui étant compris sous les plans NLO, OLM, MLN soit égal à l'angle solide E (prop. 26. 11) ; faites LO égal à B, et LN égal à C. Puisque A est à B comme B est à C, que A est égal à LM, que B est égal à

chacune des droites LO, EF, EG, ED et que C
est égal à LN, la droite LM sera à la droite EF
comme la droite DE est à la droite LN : donc
les côtés placés autour des angles égaux MLN,
DEF sont réciproquement proportionnels : donc
le parallélogramme MN est égal au parallélogramme DF (prop. 14. 6); et puisque les deux
angles DEF, NLM sont égaux, que les droites
LO, EG qui sont égales entr'elles et qui sont
menées au-dessus des plans des angles égaux
DEF, NLM font avec leurs côtés des angles
égaux, chacun à chacun, les perpendiculaires
menées des points G, O sur les plans DEF,
NLM seront égales entr'elles (corol. 35. 11):
donc les parallélipipèdes LH, EK ont la même
hauteur. Mais les parallélipipèdes qui ont des
bases égales et la même hauteur sont égaux entre
eux (prop. 31. 11) : donc le parallélipipède HL
est égal au parallélipipède EK. Mais le parallélipipède HL a été construit avec les trois droites
A, B, C, et le parallélipipède EK a été construit avec la droite B : donc le parallélipipède
construit avec les trois droites A, B, C est égal
au parallélipipède construit avec la droite B,
lequel est équilatéral et équiangle avec le premier parallélipipède.

Donc si trois droites sont proportionnelles, le

parallélipipède construit avec ces trois droites est égal au parallélipipède construit avec la droite moyenne, et ce dernier parallélipipède est équilatéral et équiangle avec le premier parallélipipède ; ce qu'il falloit démontrer.

PROPOSITION XXXVII.

THÉORÈME.

Si quatre droites sont proportionnelles, les parallélipipèdes semblables et semblablement construits sur ces droites sont proportionnels, et si des parallélipipèdes semblables et semblablement construits sur quatre droites sont proportionnels, ces droites seront aussi proportionnelles entr'elles.

Soient quatre droites proportionnelles AB, CD, EF, GH (fig. 200), de manière que AB soit à CD comme EF est à GH; construisez sur les quatre droites AB, CD, EF, GH les parallélipipèdes semblables et semblablement posés KA, LC, ME, NG : je dis que KA est à LC comme ME est à NG.

Puisque le parallélipipède KA est semblable au parallélipipède LC, les parallélipipèdes KA, LC seront entr'eux en raison triplée des côtés AB, CD (prop. 33. 11). Par la même raison,

les parallélipipèdes ME, NG seront entr'eux
en raison triplée des côtés EF, GH. Mais, par
hypothèse, AB est à CD comme EF est à GH:
donc AK est à LC comme ME est à NG.

Si le parallélipipède AK est au parallélipipède LC comme le parallélipipède ME est au
parallélipipède NG : je dis que la droite AB est
à la droite CD comme la droite EF est à la
droite GH.

Puisque les parallélipipèdes AK, LC sont
entr'eux en raison triplée des côtés AB, CD,
et que les parallélipipèdes ME, NG sont aussi
en raison triplée des côtés EF, GH, et à cause
que AK est à LC comme ME est à NG, la
droite AB sera à la droite CD comme la droite
EF est à la droite GH.

Donc si quatre droites sont proportionnelles,
les parallélipipèdes semblables et semblablement construits sur ces quatre droites seront
proportionnels ; et si quatre parallélipipèdes
construits sur quatre droites sont proportionnels, ces quatre droites seront aussi proportionnelles ; ce qu'il falloit démontrer.

PROPOSITION XXXVIII.

THÉORÈME.

Si un plan est perpendiculaire sur un autre plan, et si d'un point pris dans un de ces plans on conduit une perpendiculaire sur l'autre plan, cette perpendiculaire tombera sur la section commune des plans.

Que le plan CD (fig. 201) soit perpendiculaire sur le plan AB, que leur commune section soit AD, et que dans le plan CD soit pris un point quelconque E : je dis que la perpendiculaire menée du point E sur le plan AB tombe sur la droite AD.

Que cette perpendiculaire tombe, si cela est possible, hors de la commune section des plans; qu'elle ait, par exemple, la position EF et qu'elle rencontre le plan AB au point F; du point F et dans le plan AB conduisez la droite FG perpendiculaire sur DA (prop. 10. 1), cette droite sera certainement perpendiculaire sur le plan CD (déf. 4. 11). Menez EG.

Puisque la droite FG est perpendiculaire sur le plan CD et qu'elle rencontre la droite EG qui est dans le plan CD, l'angle FGF sera droit (def. 3. 11). Mais la droite EF est perpendicu-

Aa

laire sur le plan AB : donc l'angle EFG est droit :
donc le triangle EFG a deux angles droits, ce
qui est absurde (prop. 17. 1) : donc la perpendiculaire menée du point E sur le plan AB ne
tombe pas hors de la droite DA : donc elle
tombe sur la droite DA.

Donc si un plan est perpendiculaire sur un
autre plan, et si d'un point pris dans un de ces
plans on mène une droite perpendiculaire sur
l'autre plan, cette droite sera perpendiculaire
sur la commune section des plans ; ce qu'il falloit
démontrer.

PROPOSITION XXXIX.

THÉORÈME.

Si dans un parallélipipède on coupe en deux
parties égales les côtés des plans opposés, et si
par leurs sections on mène des plans, la com-
mune section de ces plans et le diamètre du
parallélipipède se couperont mutuellement en
deux parties égales.

Que dans le parallélipipède AF (fig. 202)
les côtés des plans opposés CF, AH soient
coupés en deux parties égales aux points K, L,
M, N, O, Q, P, R, et par les sections de ces
côtés soient conduits les plans KN, OR ; que

la commune section de ces plans soit VS, et que le diamètre du parallélipipède soit DG : je dis que les droites VS, DG se coupent en deux parties égales, c'est-à-dire que VT est égal à TS et DT égal à TG.

Menez DV, VE, BS, SG. Puisque DO est parallèle à PE, les angles alternes DOV, VPE sont égaux entr'eux (prop. 29. 1); et puisque DO est égal à PE, OV égal à VP et que ces droites comprennent des angles égaux, la base DV sera égale à la base VE, le triangle DOV égal au triangle VPE, et les autres angles égaux aux autres angles : donc l'angle OVD est égal à l'angle PVE : donc la ligne DVE est une ligne droite (prop. 14. 1). Par la même raison, la ligne BSG est aussi une ligne droite, et la droite BS est égale à la droite SG. Puisque la droite CA est égale et parallèle à DB et que la droite CA est aussi égale et parallèle à la droite EG, la droite DB sera égale et parallèle à la droite EG (pr. 30. 1); mais ces droites sont jointes par les droites DE, BG : donc la droite DE est parallèle à la droite BG (prop. 33. 1); mais on a pris dans chacune de ces droites des points quelconques D, V, G, S et on a mené les droites DG, VS : donc ces droites sont dans un seul plan (prop. 7. 11): donc puisque la droite DE est parallèle à la droite

2

BG, les angles EDT, BGT sont égaux, car ils sont alternes (prop. 29. 1); mais l'angle DTV est égal à l'angle GTS (prop. 15. 1) : donc les deux triangles DTV, GTS ont deux angles égaux à deux angles, un côté égal à un côté, ces côtés soutendant des angles égaux, c'est-à-dire que le côté DV est égal au côté GS, car ces côtés sont les moitiés des droites DE, BG : donc ces deux triangles auront les autres côtés égaux aux autres côtés (prop. 26. 1) : donc DT est égal à TG et VT égal à TS.

Donc si dans un parallélipipède on coupe en deux parties égales les côtés des plans opposés, et si par leurs sections on mène des plans, la commune section de ces plans et le diamètre du parallélipipède se couperont mutuellement en deux parties égales ; ce qu'il falloit démontrer.

PROPOSITION XL.

THÉORÈME.

Si deux prismes sont égaux en hauteur, si l'un d'eux a pour base un parallélogramme et l'autre un triangle, et si le parallélogramme est double du triangle, ces prismes seront égaux.

Soient ABCDEF, GHKLMN (fig. 203) des prismes égaux en hauteur, que l'un d'eux ait pour base le parallélogramme AF et l'autre le triangle GHK, et que le parallélogramme AF soit double du triangle GHK : je dis que le prisme ABCDEF est égal au prisme GHKLMN.

Achevez les parallélipipèdes AO, GP. Puisque le parallélogramme AF est double du triangle GHK et le parallélogramme HK double aussi du triangle GHK, le parallélogramme AF sera égal au parallélogramme HK. Mais les parallélipipèdes qui ont des bases égales et la même hauteur sont égaux entr'eux (prop. 31. 11) : donc les parallélipipèdes AO, GP sont égaux ; mais le prisme ABCDEF est la moitié du parallélipipède AO et le prisme GHKLMN la moitié du parallélipipède GP : donc le prisme ABCDEF est égal au prisme GHKLMN.

Donc si deux prismes ont la même hauteur, si l'un d'eux a pour base un parallélogramme et l'autre un triangle, et si le parallélogramme est double du triangle, ces deux prismes sont égaux ; ce qu'il falloit démontrer.

FIN DU ONZIÈME LIVRE.

3

LIVRE XII.

PROPOSITION PREMIÈRE.

THÉORÈME.

Les polygones semblables inscrits dans des cercles sont entr'eux comme les quarrés des diamètres.

Soient les cercles ABCDE, FGHKL (fig. 204) dans lesquels sont décrits les polygones semblables ABCDE, FGHKL; que les diamètres de ces cercles soient BM, GN : je dis que le polygone ABCDE est au polygone FGHKL comme le quarré de BM est au quarré de GN.

Menez BE, AM, GL, FN. Puisque le polygone ABCDE est semblable au polygone FGHKL, que l'angle BAE est égal à l'angle GFL (déf. 1. 6) et que BA est à AE comme GF est à FL, les deux triangles BAE, GFL ont un angle égal à un angle, savoir, l'angle

BAE égal à l'angle GFL et les côtés placés autour de ces angles sont proportionnels entre eux : donc les deux triangles ABE, FGL sont équiangles (prop. 6. 6) : donc l'angle AEB est égal à l'angle FLG, mais l'angle AEB est égal à l'angle AMB (prop. 21. 3), car ils sont appuyés sur le même arc et l'angle FLG est aussi égal à l'angle FNG : donc l'angle AMB est égal à l'angle FNG ; mais l'angle droit BAM est égal à l'angle droit GFN : donc l'angle restant est égal à l'angle restant : donc les deux triangles ABM, FGN sont équiangles : donc BM est à GN comme BA est à GF (prop. 4. 6). Mais les quarrés des droites BM, GN sont en raison doublée des droites BM, GN (prop. 20. 6), et les polygones ABCDE, FGHKL sont en raison doublée des côtés BA, GF : donc le polygone ABCDE est au polygone FGHKL comme le quarré de BM est au quarré de GN.

Donc les polygones semblables inscrits dans des cercles sont entr'eux comme les quarrés des diamètres ; ce qu'il falloit démontrer.

4

PROPOSITION II.

THÉORÈME.

Les cercles sont entr'eux comme les quarrés de leurs diamètres.

Soient les cercles ABCD, EFGH (fig. 205) et que leurs diamètres soient BD, FH : je dis que le cercle ABCD est au cercle EFGH comme le quarré de BD est au quarré de FH.

Si cela n'est point, le quarré du diamètre BD sera au quarré du diamètre FH comme le cercle ABCD est à une surface plus grande ou à une surface plus petite que le cercle EFGH. Supposons d'abord que cette surface soit plus petite et qu'elle soit S. Dans le cercle EFGH décrivez le quarré EFGH ; le quarré décrit dans ce cercle est plus grand que la moitié du cercle EFGH, parce que si par les points E, F, G, H nous menons des tangentes à ce cercle, le quarré EFGH sera la moitié du quarré circonscrit (prop. 47. 11, prop. 1. 3) : mais un cercle est plus petit que le quarré circonscrit : donc le quarré EFGH est plus grand que la moitié du cercle EFGH. Partagez les arcs EF, FG, GH, HE en deux parties égales aux points K, L, M, N, et menez les droites EK, KF,

FL, LG, GM, MH, HN, NF. Chacun des triangles EKF, FLG, GMH, HNE est plus grand que la moitié du segment dans lequel il est placé; parce que si par les points K, L, M, N nous menons des tangentes au cercle, et si sur les droites EF, FG, GH, HE et entre ces tangentes nous construisons des parallélogrammes, chacun des triangles EKF, FLG, GMH, HNE sera la moitié du parallélogramme dans lequel il est placé (pr. 37. 1). Mais chaque segment est plus petit qu'un parallélogramme : donc chacun des triangles EKF, FLG, GMH, HNE est plus grand que la moitié du segment dans lequel il est placé. Si nous partageons ensuite les arcs restans en deux parties égales, et si nous joignons leurs extrémités par des droites, et si nous continuons toujours de faire la même chose, il nous restera certains segmens de cercles dont la somme sera moindre que l'excès du cercle EFGH sur l'espace S; car nous avons démontré dans le premier théorême du dixième Livre que deux quantités inégales étant données, si l'on retranche de la plus grande quantité une partie plus grande que la moitié de cette quantité, si on retranche ensuite de ce qui reste une partie plus grande que la moitié de ce reste, et si l'on continue toujours de faire la même chose, il reste enfin une certaine quantité qui est moindre que la plus petite des quantités données. Supposons qu'on ait pour reste les segmens du cercle EFGH placés sur les cordes EK, KF, FL, LG, GM, MH, HN, NE, et que ces segmens soient moindres que l'excès du cercle EFGH sur l'espace S, il est évident que le polygone EKFLGMHN sera plus grand que l'espace S. Décrivez dans le cercle ABCD un polygone AOBPCQDR semblable au polygone EKFLGMHN; le quarré de BD sera au quarré de FH comme le polygone AOBPCQDR est au polygone EKFLGMHN (prop. 1. 12); mais par supposition le quarré de BD est au quarré de FH comme le cercle ABCD est à l'espace S : donc le cercle ABCD est à l'espace S comme le polygone AOBPCQDR est au polygone EKFLGMHN, et en échangeant les plans des moyens, le cercle ABCD est au polygone qui lui est inscrit comme l'espace S est au polygone EKFLGMHN; mais le cercle ABCD est plus grand que le polygone qui lui est inscrit : donc l'espace S est plus grand que le polygone EKFLGMHN; mais, par supposition, il est au contraire plus petit, ce qui est impossible : donc le quarré de BD n'est point au quarré de FH comme le cercle ABCD est à un espace quelconque plus petit que le cercle FFGH. Nous démontrerons semblablement que le quarré de FH n'est point au quarré de BD comme le cercle EFGH est à un espace quelconque plus petit que le cercle ABCD. Je dis ensuite que le quarré de BD n'est point au quarré de FH comme le cercle ABCD est à un espace quelconque plus grand que le cercle EFGH; car si cela est possible, supposons que le quarré de BD soit au quarré de FH comme le cercle ABCD est à un espace plus grand, et supposons que S soit cet espace. En mettant les antécédens à la place des conséquens et les conséquens à la place des antécédens, le quarré de FH sera au quarré de BD comme l'espace S est au cercle ABCD; mais on démontrera plus bas que l'espace S est au cercle ABCD comme le cercle EFGH est à un espace quelconque plus petit que le cercle ABCD : donc le quarré de FH est au quarré de BD comme le cercle EFGH est à un espace plus petit que le cercle ABCD, ce qui a été démontré impossible ; donc le quarré de BD n'est pas au quarré de FH comme le cercle ABCD est à un espace quelconque plus grand que le cercle EFGH. Mais on a démontré que le quarré de BD n'est point au

quarré de FH comme le cercle ABCD est à
un espace quelconque plus petit que le cercle
EFGH : donc le quarré de BD est au quarré
de FH comme le cercle ABCD est au cercle
EFGH.

Donc les cercles sont entr'eux comme les
quarrés des diamètres ; ce qu'il falloit démontrer.

LEMME.

Si l'espace S est plus grand que le cercle
EFGH (fig. 206) : je dis que l'espace S est
au cercle ABCD comme le cercle EFGH est
à un espace quelconque plus petit que le cercle ABCD.

Car supposons que l'espace S soit au cercle
ABCD comme le cercle FFGH est à un espace
T : je dis que l'espace T est plus petit que le
cercle ABCD ; car puisque l'espace S est au
cercle ABCD comme le cercle EFGH est à
l'espace T, en échangeant les plans des moyens,
l'espace S sera au cercle EFGH comme le cercle ABCD est à l'espace T (prop. 16.6). Mais
par supposition l'espace S est plus grand que le
cercle EFGH : donc le cercle ABCD est plus
grand que l'espace T ; et par conséquent l'espace
S est au cercle ABCD comme le cercle EFGH

est à un espace quelconque plus petit que le cercle ABCD.

PROPOSITION III.

THÉORÊME.

Toute pyramide triangulaire (1) peut se diviser en deux pyramides triangulaires égales et semblables entr'elles et semblables à la pyramide totale, et en deux prismes égaux qui sont plus grands que la moitié de la pyramide entière.

Soit une pyramide dont la base soit le triangle ABC (fig. 207) et dont le sommet soit le point D : je dis que la pyramide ABCD peut se diviser en deux pyramides triangulaires égales et semblables entr'elles et semblables à la pyramide totale, et en deux prismes égaux qui sont plus grands que la moitié de la pyramide totale.

Partagez les côtés AB, BC, CA, AD, DB, DC en deux parties égales aux points E, F, G, H, K, L, et menez les droites EH, EG, GH, HK, KL, LH, EK, KF, FG. Puisque AE est égal à EB et AH égal à HD, la droite EH sera parallèle à la droite DB (prop. 2. 6). La

(1) Une pyramide triangulaire est celle dont la base est un triangle.

droite HK est parallèle à la droite AB, par la
même raison : donc la figure HEBK est un
parallélogramme : donc HK est égal à EB
(prop. 34. 1). Mais EB est égal à AE : donc
AE sera égal à HK. Mais AH est égal à HD :
donc les deux droites AE, AH sont égales aux
deux droites KH, HD, chacune à chacune ;
mais l'angle EAH est égal à l'angle KHD
(prop. 29. 1) : donc la base EH est égale à la
base KD (prop. 4. 1) : donc le triangle AEH
est égal et semblable au triangle HKD. Par la
même raison, le triangle AHG est égal et
semblable au triangle HLD. Puisque les deux
droites EH, HG qui se touchent sont parallèles aux deux droites KD, DL qui se touchent
et qui ne sont pas dans le même plan, ces droites
comprendront des angles égaux (prop. 10. 11) :
donc l'angle EHG est égal à l'angle KDL. De
plus, puisque les deux droites EH, HG sont
égales aux deux droites KD, DL, chacune à
chacune, et que l'angle EHG est égal à l'angle
KDL, la base EG sera égale à la base KL :
donc le triangle EHG est égal et semblable au
triangle KDL. Par la même raison, le triangle
AEG est égal et semblable au triangle HKL :
donc la pyramide dont la base est le triangle
AEG et dont le sommet est le point H est égale

et semblable à la pyramide dont la base est le triangle HKL et dont le sommet est le point D. Puisque la droite HK est parallèle à un des côtés du triangle ADB, savoir, au côté AB, le triangle ADB sera équiangle avec le triangle DHK (prop. 29. 1) : donc ces deux triangles auront leurs côtés proportionnels (prop. 4. 6), et seront par conséquent semblables. Par la même raison, le triangle DBC est semblable au triangle DKL et le triangle ADC est semblable aussi au triangle DHL. Mais puisque les deux droites BA, AC qui se touchent sont parallèles aux deux droites KH, HL qui se touchent et qui ne sont pas dans le même plan, ces droites comprendront des angles égaux (prop. 10. 11) : donc l'angle BAC est égal à l'angle KHL. Mais BA est à AC comme KH est à HL : donc le triangle ABC est semblable au triangle HKL (prop. 6. 6), et par conséquent la pyramide dont la base est le triangle ABC et dont le sommet est le point D est semblable à la pyramide dont la base est le triangle HKL et dont le sommet est le point D. Mais nous avons démontré que la pyramide dont la base est le triangle HKL et dont le sommet est le point D est semblable à la pyramide dont la base est le triangle AEG et dont le sommet est le point H :

donc la pyramide dont la base est le triangle
ABC et dont le sommet est le point D est semblable à la pyramide dont la base est le triangle
AEG et dont le sommet est le point H : donc
l'une et l'autre des pyramides AEGH, HKLD
sont semblables à la pyramide totale ABCD.
Puisque BF est égal à FC, le parallélogramme
EBFG sera double du triangle GFC (pr. 41.1) :
mais deux prismes de même hauteur dont
l'un a pour base un parallélogramme et dont
l'autre a pour base un triangle sont égaux entre
eux lorsque le parallélogramme est double du
triangle (prop. 40. 11) : donc le prisme compris sous les deux triangles BKF, EHG et sous
les trois parallélogrammes EBFG, EBKH,
KHGF est égal au prisme qui est compris sous
les deux triangles GFC, HKL et les trois parallélogrammes KFCL, LCGH, HKFG. Mais
il est évident que chacun de ces prismes et celui
dont la base est le parallélogramme EBFG opposé à la droite HK et celui dont la base est le
triangle GFC opposé au triangle KLH est plus
grand que chacune des pyramides dont les bases
sont AEG, HKL et les sommets les points H,
D ; puisque si nous menons les droites EF, EK,
le prisme dont la base est le parallélogramme
EBFG opposé à la droite HK est plus grand

que la pyramide qui a pour base le triangle
EBF et pour sommet le point K. Mais la
pyramide qui a pour base le triangle EBF et
pour sommet le point K est égale à la pyramide
qui a pour base le triangle AEG et pour sommet
le point H (déf. 10. 11), car elles sont comprises sous des plans égaux et semblables : donc
le prisme qui a pour base le parallélogramme
EBFG opposé à la droite HK est plus grand
que la pyramide qui a pour base le triangle AEG
et pour sommet le point H. Mais le prisme qui
a pour base le parallélogramme EBFG opposé
à la droite HK est égal au prisme qui a pour
base le triangle GFC opposé au triangle HKL ;
et la pyramide qui a pour base le triangle AEG
et pour sommet le point H est égale à la pyramide qui a pour base le triangle HKL et pour
sommet le point D : donc les deux prismes dont
nous venons de parler sont plus grands que les
deux pyramides qui ont pour bases les triangles AEG, HKL et pour sommets les points
H , D : donc la pyramide totale qui a pour base
le triangle ABC et pour sommet le point D a été
divisée en deux pyramides triangulaires égales
et semblables entr'elles et semblables à la pyramide totale et en deux prismes égaux qui

sont plus grands que la moitié de la pyramide totale ; ce qu'il falloit démontrer.

PROPOSITION IV.

THÉORÈME.

Si deux pyramides triangulaires de même hauteur sont divisées l'une et l'autre en deux pyramides égales entr'elles et semblables à la pyramide totale et en deux prismes égaux , si ces nouvelles pyramides sont divisées de la même manière et ainsi de suite , la base de l'une de ces pyramides sera à la base de l'autre pyramide comme tous les prismes de l'une de ces pyramides sont à un même nombre de prismes contenus dans l'autre pyramide.

Soient deux pyramides triangulaires de même hauteur qui aient pour bases les triangles ABC, DEF (fig. 208) et pour sommets les points G, H ; que chacune de ces pyramides soit divisée en deux pyramides égales entr'elles et semblables aux pyramides totales et en deux prismes égaux , que ces nouvelles pyramides soient divisées de la même manière et ainsi de suite : je dis que la base ABC sera à la base DEF comme tous les prismes contenus dans la pyramide ABCG sont au même nombre de prismes contenus dans la pyramide DEFH.

Puisque BO est égal à OC et AL égal à LC, la droite AB sera parallèle à la droite OL (prop. 2.6), et le triangle ABC sera semblable au triangle LOC (prop. 4.6). Le triangle DEF sera semblable au triangle RXF, par la même raison; et puisque la droite BC est double de la droite CO et la droite EF double aussi de la droite FX, la droite BC sera à la droite CO comme la droite EF est à la droite FX. Mais les figures rectilignes semblables et semblablement posées ABC, LOC ont été décrites sur les droites BC, CO, et les figures rectilignes semblables et semblablement posées DEF, RXF ont été décrites sur les droites EF, FX : donc le triangle ABC est au triangle LOC comme le triangle DEF est au triangle RXF (prop. 22.6), et en échangeant les plans des moyens, le triangle ABC est au triangle DEF comme le triangle LOC est au triangle RXF. Mais on démontrera plus bas que le triangle LOC est au triangle RXF comme le prisme qui a pour base le triangle LOC opposé à PMN est au prisme qui a pour base le triangle RXF opposé à STV : donc le triangle ABC est au triangle DEF comme le prisme qui a pour base le triangle LOC opposé à PMN est au prisme

2

qui à pour base le triangle RXF opposé à STV;
et puisque les deux prismes qui sont dans la
pyramide ABCG sont égaux entr'eux et que les
deux prismes qui sont dans la pyramide DEFH
sont aussi égaux entr'eux, le prisme qui a pour
base le parallélogramme KLOB opposé à la
droite MP sera au prisme qui a pour base le
triangle LOC opposé à PMM comme le prisme
qui a pour base le parallélogramme EQRX
opposé à la droite ST est au prisme qui a pour
base le triangle RXF opposé à STV : donc,
en ajoutant les conséquens aux antécédens
(prop. 13.5), les prismes KBOLMP, LOCMNP
sont au prisme LOCMNP comme les prismes
QEXRST, RXFSTV sont au prisme RXFSTV,
et enfin en échangeant les places des moyens,
les prismes KBOLPM, LOCPMN sont aux
prismes QEXRST, RXFSTV comme le
prisme LOCMNP est au prisme RXFSTV.
Mais on a démontré que le prisme LOCMNP
est au prisme RXFSTV comme la base LOC
est à la base RXF et comme la base ABC est
à la base DEF : donc le triangle ABC est au
triangle DEF comme les deux prismes qui sont
dans la pyramide ABCG sont aux deux prismes
qui sont dans la pyramide DEFH. Si nous partageons de la même manière les nouvelles pyra-

mides, savoir les pyramides PMNG, STVH, la base PMN sera à la base STV comme les deux prismes de la pyramide PMNG sont aux deux prismes de la pyramide STVH. Mais la base PMN est à la base STV comme la base ABC est à la base DEF : donc la base ABC est à la base DEF comme les deux prismes de la pyramide ABCG sont aux deux prismes de la pyramide DEFH, comme les deux prismes de la pyramide PMNG sont aux deux prismes de la pyramide STVH et comme les quatre prismes sont aux quatre prismes. On démontrera la même chose pour tous les autres prismes qu'on obtiendra par la division des pyramides AKLO et DQRS, et en général de toutes les pyramides égales en nombre ; ce qu'il falloit démontrer.

LEMME.

Nous démontrerons de la manière suivante que le triangle LOC est au triangle RXF comme le prisme qui a pour base le triangle LOC opposé à PMN, est le prisme qui a pour base le triangle RXF opposé à STV.

Dans les mêmes figures imaginez des perpendiculaires menées des points G, H sur les plans des triangles ABC, DEF. Ces perpendiculaires seront égales entr'elles, parce qu'on a supposé ces pyramides égales en hauteur. Puisque la droite GC et la perpendiculaire menée du point G sont coupées par les plans parallèles ABC, PMN, ces deux droites seront coupées proportionnellement (prop. 11. 11). Or la droite GC est coupée en deux parties égales au point N par le plan PMN : donc la perpendiculaire menée du point G sur le plan ABC est coupée en deux parties égales par le plan PMN. Par la même raison, la perpendiculaire menée du point H sur le plan DEF est coupée en deux parties égales par le plan STV. Mais les perpendiculaires menées des points G, H sur les plans ABC, DEF sont égales entr'elles : donc les perpendiculaires menées des triangles PMN, STV sur les triangles ABC, DEF sont égales entr'elles : donc les prismes qui ont pour bases les triangles LOC, RXF opposés à PMN, STV sont égaux en hauteur : donc les parallélipipèdes qui sont décrits sur les prismes égaux en hauteur dont nous venons de parler sont entr'eux comme leurs bases, et il en sera de même de leurs moitiés, c'est-à-dire que les bases LOC, RXF seront entr'elles comme les prismes dont nous avons parlé ; ce qu'il falloit démontrer.

PROPOSITION V.

THÉORÈME.

Les pyramides triangulaires qui ont la même hauteur sont entr'elles comme leurs bases.

Que les pyramides dont les bases sont les triangles ABC, DEF (fig. 208) et dont les sommets sont les points G, H aient la même hauteur : je dis que la base ABC est à la base DEF comme la pyramide ABCG est à la pyramide DEFH.

Car si cela n'est point, la base ABC sera à la base DEF comme la pyramide ABCG est à un solide plus petit que la pyramide DEFH ou a un solide plus grand. Supposons d'abord que la base ABC soit à la base DEF comme la pyramide ABCDH est à un solide plus petit et que ce solide soit Y. Divisez la pyramide DEFH en deux pyramides égales entr'elles et semblables à la pyramide totale, et en deux prismes égaux ; les deux prismes seront plus grands que la moitié de la pyramide totale (prop. 3. 12). Que les nouvelles pyramides obtenues par cette division soient partagées de la même manière jusqu'à ce qu'on ait obtenu de la pyramide DEFH certaines pyramides qui soient

plus petites que l'excès de la pyramide DEFH
sur le solide Y. Qu'on cherche ces pyramides,
et qu'elles soient par exemple DQRS, STVH,
les prismes restans de la pyramide DEFH seront
plus grands que le solide Y. Partagez semblablement la pyramide ABCG en autant de parties que la pyramide DEFH. La base ABC
sera à la base DEF comme les prismes de la
pyramide ABCG sont aux prismes de la pyramide DEFH (prop. 4. 12); mais par supposition la base ABC est à la base DEF comme
la pyramide ABCG est au solide Y : donc la
pyramide ABCG est au solide Y comme les
prismes de la pyramide ABCG sont aux prismes
de la pyramide DEFH, et en échangeant les
places des moyens, la pyramide ABCG est aux
prismes qu'elle renferme comme le solide Y est
aux prismes de la pyramide DEFH. Mais la
pyramide ABCG est plus grande que les prismes
qu'elle renferme : donc le solide Y est plus
grand que les prismes que renferme la pyramide DEFH; mais, au contraire, il est plus
petit; ce qui ne peut être : donc la base ABC
n'est point à la base DEF comme la pyramide
ABCG est à un solide quelconque plus petit que
la pyramide DEFH. Nous démontrerons semblablement que la base DEF n'est point à la base

ABC comme la pyramide DEFH est à un solide quelconque plus petit que la pyramide ABCG. Je dis enfin que la base ABC n'est point à la base DEF comme la pyramide ABCH est à un solide plus grand que la pyramide DEFH; car supposons, si cela est possible, que la base ABC soit à la base DEF comme la pyramide ABCG est à un solide quelconque plus grand que la pyramide DEFH et que ce solide soit Y. En mettant les antécédens à la place des conséquens et les conséquens à la place des antécédens, la base DEF sera à la base ABC comme le solide Y est à la pyramide ABCG. Mais le solide Y est à la pyramide ABCG comme la pyramide DEFH est à un solide quelconque plus petit que la pyramide ABCG, ainsi que cela a été démontré : donc la base DEF est à la base ABC comme la pyramide DEFG est à un solide quelconque plus petit que la pyramide ABCG, ce qui est absurde : donc la base ABC n'est point à la base DEF comme la pyramide ABCG est à un solide quelconque plus grand que la pyramide DEFH. Mais on a démontré que la base ABC n'est point à la base DEF comme la pyramide ABCG est à un solide quelconque plus petit que la pyramide DEFH : donc la base ABC est à la base

DEF comme la pyramide ABCG est à la pyramide DEFH.

Donc les pyramides triangulaires qui ont
la même hauteur sont entr'elles comme leurs
bases ; ce qu'il falloit démontrer.

PROPOSITION VI.

THÉORÊME.

*Les pyramides qui ont la même hauteur et qui
ont des polygones pour bases sont entr'elles
comme leurs bases.*

Que les pyramides dont les bases sont les
polygones ABCDE, FGHKL (fig. 209) et
dont les sommets sont les points M, N aient la
même hauteur : je dis que la base ABCDE est à
la base FGHKL comme la pyramide ABCDEM
est à la pyramide FGHKLN.

Partagez la base ABCDE en triangles et que
ces triangles soient ABC, ACD, ADE ; partagez aussi la base FGHKL en triangles et que
ces triangles soient FGH, FHK, FKL, et supposons que chacun de ces triangles soit la base
d'une pyramide qui ait la même hauteur que
les deux pyramides qu'on avoit d'abord. Puisque
le triangle ABC est au triangle ACD comme
la pyramide ABCM est à la pyramide ACDM

(prop. 5. 12), si l'on ajoute les conséquens aux antécédens, le quadrilatère ABCD sera au triangle ACD comme la pyramide ABCDM est à la pyramide ABCM (prop. 18. 5); mais le triangle ACD est au triangle ADE comme la pyramide ACDM est à la pyramide ADEM : donc la base ABCD sera à la base ADE comme la pyramide ABCDM est à la pyramide ADEM (prop. 22. 5): donc en ajoutant les conséquens aux antécédens, la base ABCDE sera à la base ADE comme la pyramide ABCDEM est à la pyramide ADEM. Par la même raison, la base FGHKL est à la base FKL comme la pyramide FGHKLN est à la pyramide FKLN; et puisque ces deux pyramides triangulaires ont la même hauteur, la base ADE sera à la base FKL comme la pyramide ADEM est à la pyramide FKLN : donc puisque la base ABCDE est à la base ADE comme la pyramide ABCEM est à la pyramide ADEM, et que la base ADE est à la base FKL comme la pyramide ADEM est à la pyramide FKLN, la base ABCDE sera à la base FKL comme la pyramide ABCDEM est à la pyramide FKLN (prop. 22. 5); mais la base FKL est à la base FGHKL comme la pyramide FKLN est à la pyramide FGHKLN : donc la base ABCDE est à la base FGHKL comme la pyramide ABCDEM est à la pyramide FGHKLM.

Donc les pyramides qui ont la même hauteur et dont les bases sont des polygones sont entr'elles comme leurs bases ; ce qu'il falloit démontrer.

PROPOSITION VII.

THÉORÈME.

Tout prisme triangulaire peut se diviser en trois pyramides triangulaires égales entr'elles.

Soit un prisme dont la base soit le triangle ABC opposé au triangle DEF (fig. 210) : je dis que le prisme ABCDEF peut être partagé en trois pyramides triangulaires égales entre elles.

Menez les droites BD, EC, CD. Puisque la figure ABED est un parallélogramme dont BD est la diagonale, le triangle ABD sera égal au triangle EDB (prop. 34. 1) : donc la pyramide qui a pour base le triangle ABD et pour sommet le point C est égale à la pyramide qui a pour base le triangle EDB et pour sommet le point C (prop. 5. 12) ; mais la pyramide qui a pour base le triangle EDB et pour sommet le point C est égale à la pyramide qui a pour base le triangle EBC et pour sommet le point D, car elles sont comprises dans les mêmes plans : donc la pyramide qui a pour base le triangle ABD et pour sommet le point C est égale à la pyramide qui a pour base le triangle EBC et pour sommet le point D. De plus, puisque la figure FCBE est un parallélogramme qui a pour diagonale la droite CE, le triangle ECF est égal au triangle CBE (prop. 34. 1) : donc la pyramide qui a pour base le triangle BEC et pour sommet le point D est égale à la pyramide qui a pour base le triangle ECF et pour sommet le point D (prop. 5. 11). Mais on a démontré que la pyramide qui a pour base le triangle BCE et pour sommet le point D est égale à la pyramide qui a pour base le triangle ABD et pour sommet le point C : donc la pyramide qui a pour base le triangle CEF et pour sommet le point D est égale à la pyramide qui a pour base le triangle ABD et pour sommet le point C : donc le prisme ABCDEF a été partagé en trois pyramides triangulaires égales entr'elles. La pyramide qui a pour base le triangle ABD et pour sommet le point C est égale à la pyramide qui a pour base le triangle CAB et pour sommet le point D, car ces pyramides sont comprises sous les mêmes plans ; mais on a démontré que la pyramide qui a pour base le triangle ABD et pour sommet le point C est la troisième partie du prisme qui a pour base le triangle ABC opposé au triangle DEF : donc la pyramide qui a pour base le triangle ABC et pour sommet le point D est la troisième partie d'un prisme qui a la même base, savoir, le triangle ABC opposé au triangle DEF; ce qu'il falloit démontrer.

COROLLAIRE.

Il suit manifestement de là que toute pyramide est la troisième partie d'un prisme qui a la même base et la même hauteur; car une des bases du prisme étant une figure rectiligne quelconque, la base opposée sera une figure égale et semblable, et ce prisme pourra être divisé en prismes qui auront des bases triangulaires et dont les bases opposées seront des triangles.

PROPOSITION. VIII.

THÉORÈME.

Les pyramides semblables qui ont des bases triangulaires sont entr'elles en raison triplée de leurs côtés homologues.

Soient deux pyramides semblables et semblablement placées qui aient pour bases les triangles ABC, DEF (fig. 211) et pour sommets les points G, H : je dis que les pyramides ABCG, DEFH sont entr'elles en raison triplée des côtés BC, EF.

Achevez les parallélipipèdes BGML, EHQP. Puisque la pyramide ABCG est semblable à la pyramide DEFH, l'angle ABC sera égal à l'angle DEF (déf. 9. 11), l'angle GBC égal à l'angle HEF, l'angle ABG égal à l'angle DEH et AB sera à DE comme BC est à EF et comme BG est à EH : donc, puisque AB est à DE comme BC est à EF et que les côtés placés autour d'angles égaux sont proportionnels, le parallélogramme BM sera semblable au parallélogramme EQ. Par la même raison, le parallélogramme BN sera semblable au parallélogramme ER et le parallélogramme BK semblable au parallélogramme EO : donc les trois parallélogrammes BM, KB, BN sont semblables aux trois parallélogrammes EQ, EO, ER ; mais les trois parallélogrammes MB, BK, BN sont égaux et semblables aux trois parallélogrammes opposés et les trois parallélogrammes EQ, EO, ER sont aussi égaux et semblables aux trois parallélogrammes opposés (prop. 24. 11): donc les parallélipipèdes BGML, EHQP sont compris dans des plans semblables et égaux en nombre : donc le parallélipipède BGML est sem-

blable au parallélipipède EHQP (déf. 9. 11).
Mais les parallélipipèdes semblables sont entre
eux en raison triplée de leurs côtés homologues
(pr. 33. 11) : donc les parallélipipèdes BGMH,
EHQP sont entr'eux en raison triplée des
côtés homologues BC, EF ; mais le parallélipipède BGML est au parallélipipède EHQP
comme la pyramide ABCG est à la pyramide
DEFO (prop. 15.5), car une pyramide est la
sixième partie d'un parallélipipède, puisqu'un
prisme triangulaire qui est la moitié d'un parallélipipède est triple d'une pyramide : donc les
pyramides ABCG, DEFH sont entr'elles en
raison triplée des côtés BC, EF ; ce qu'il falloit
démontrer.

COROLLAIRE.

De là il suit évidemment que les pyramides
semblables qui ont des polygones pour bases
sont entr'elles en raison triplée de leurs côtés
homologues ; car ces pyramides peuvent être
divisées en pyramides triangulaires, puisque les
polygones semblables qui sont les bases de ces
pyramides peuvent être divisés en un même
nombre de triangles semblables entr'eux et proportionnels à ces polygones : donc une des pyramides triangulaires contenue dans la première

pyramide est à une autre des pyramides triangulaires contenue dans la seconde pyramide comme la somme de toutes les pyramides triangulaires contenues dans la première pyramide est à la somme de toutes les pyramides triangulaires contenues dans l'autre pyramide, c'est-à-dire comme une des pyramides qui a pour base un polygone est à l'autre pyramide qui a aussi pour base un polygone. Mais les pyramides triangulaires semblables sont entr'elles en raison triplée de leurs côtés homologues : donc les pyramides semblables qui ont pour bases des polygones sont entr'elles en raison triplée de leurs côtés homologues.

PROPOSITION IX,

THÉORÈME.

Les bases des pyramides égales qui ont des bases triangulaires sont réciproquement proportionnelles aux hauteurs de ces pyramides ; et les pyramides triangulaires qui ont des bases réciproquement proportionnelles à leurs hauteurs sont égales entr'elles.

Soient deux pyramides égales qui aient les bases triangulaires ABC, DEF (fig. 212) et dont les sommets soient les points G, H : je dis que

C c

les bases des pyramides ABCG, DEFH sont réciproquement proportionnelles aux hauteurs de
ces pyramides, c'est-à-dire que la base ABC est
à la base DEF comme la hauteur de la pyramide DEFH est à la hauteur de la pyramide
ABCG.

Achevez les parallélipipèdes BGML, EHQP.
Puisque la pyramide ABCG est égale à la pyramide DEFH, que le parallélipipède BGML
est sextuple de la pyramide ABCG et que le
parallélipipède EHQP est aussi sextuple de la
pyramide DEFH, le parallélipipède BGML
sera égal au parallélipipède EHQP (pr. 15.5).
Mais les bases des parallélipipèdes égaux sont
réciproquement proportionnelles aux hauteurs
de ces parallélipipèdes (prop. 34. 11) : donc la
base BM est à la base EQ comme la hauteur du
parallélipipède EHQP est à la hauteur du parallélipipède BGML. Mais la base BM est à la
base EQ comme le triangle ABC est au triangle
DEF : donc le triangle ABC est au triangle DEF
comme la hauteur du parallélipipède EHQP
est à la hauteur du parallélipipède BGML. Mais
la hauteur du parallélipipède EHQP est la
même que la hauteur de la pyramide DEFH,
et la hauteur du parallélipipède BGML est la
même que la hauteur de la pyramide ABCG :

donc la base ABC est à la base DEF comme
la hauteur de la pyramide DEFH est à la hauteur
de la pyramide ABCG : donc les bases des pyramides ABCG, DEFH sont réciproquement
proportionnelles à leurs hauteurs.

Si les bases des pyramides ABCG, DEFH
sont réciproquement proportionnelles à leurs
hauteurs, c'est-à-dire que si la base ABC est à
la base DEF comme la hauteur de la pyramide
DEFH est à la hauteur de la pyramide ABCG :
je dis que la pyramide ABCG sera égale à la
pyramide DEFH.

Faites la même construction. Puisque la base
ABC est à la base DEF comme la hauteur de
la pyramide DEFH est à la hauteur de la pyramide ABCG et que la base ABC est à la base
DEF comme le parallélogramme BM est au
parallélogramme EQ, le parallélogramme BM
sera au parallélogramme EQ comme la hauteur
de la pyramide DEFH est à la hauteur de la
pyramide ABCG. Mais la hauteur de la pyramide DEFH est la même que la hauteur du
parallélipipède EHQP, et la hauteur de la pyramide ABCG est la même que la hauteur du
parallélipipède BGML : donc la base BM est
à la base EQ comme la hauteur du parallélipipède EHQP est à la hauteur du parallélipipède

2

BGML; mais les parallélipipèdes qui ont leurs bases réciproquement proportionnelles à leurs hauteurs sont égaux entr'eux (pr. 34. 11.): donc le parallélipipède BGML est égal au parallélipipède EHQP. Mais la pyramide ABCG est la sixième partie du parallélipipède BGML et la pyramide DEFH est aussi la sixième partie du parallélipipède EHQP : donc la pyramide ABCG est égale à la pyramide DEFH.

Donc les bases des pyramides égales qui ont des bases triangulaires sont réciproquement proportionnelles aux hauteurs de ces pyramides; et les pyramides triangulaires qui ont des bases réciproquement proportionnelles à leurs hauteurs sont égales entr'elles; ce qu'il falloit démontrer.

PROPOSITION X.

THÉORÈME.

Un cône est la troisième partie d'un cylindre qui a la même base et une hauteur égale.

Qu'un cône ait la même base qu'un cylindre, savoir, le cercle ABCD (fig. 213) et une hauteur égale : je dis que ce cône est la troisième partie de ce cylindre.

Car si le cylindre n'est pas le triple du cône, il

sera plus grand que le triple ou plus petit ; supposons d'abord qu'il soit plus grand que le triple. Décrivez dans le cercle ABCD le quarré ABCD ; le quarré ABCD sera plus grand que la moité du cercle ABCD. Sur le quarré ABCD élevez un prisme qui ait la même hauteur que le cylindre ; ce prisme sera plus grand que la moitié du cylindre ; parce que si l'on circonscrit un quarré au cercle ABCD, le quarré inscrit sera la moitié du quarré circonscrit ; mais les parallélipipèdes, c'est-à-dire les prismes élevés sur ces bases ont la même hauteur : donc ces prismes sont entr'eux comme leurs bases : donc le prisme élevé sur le quarré ABCD est la moitié du prisme élevé sur le quarré circonscrit au cercle ABCD ; mais le cylindre est plus petit que le prisme élevé sur le quarré circonscrit au cercle ABCD : donc le prisme élevé sur le quarré ABCD, qui a une hauteur égale à celle du cylindre, est plus grand que la moitié du cylindre. Partagez les arcs AB, BC, CD, DA en deux parties égales aux points E, F, G, H, et menez les droites AE, EB, BF, FC, CG, GD, DH, HA ; chacun des triangles AEB, BFC, CGD, DHA sera plus grand que le demi-segment du cercle où il est placé, comme nous l'avons démontré plus haut (prop. 2. 12) ; sur

5

chacun de ces triangles élevons des prismes qui
aient une hauteur égale à celle du cylindre ;
chacun de ces prismes sera plus grand que la
moitié du segment respectif du cylindre, parce
que si par les points E, F, G, H on mène des
parallèles aux droites AB, BC, CD, DA, et si
sur les droites AB, BC, CD, DA et si entre ces
parallèles on construit des parallélogrammes sur
lesquels on élève des parallélipipèdes qui aient
la même hauteur que le cylindre, les prismes
qui auront pour bases les triangles AEB, BFC,
CGP, DHA seront les moitiés de chacun de
ces parallélipipèdes. Mais les segmens du cylindre sont plus petits que ces parallélipipèdes :
donc les prismes qui ont pour bases les triangles
AEB, BFC, CGD, DHA sont plus grands que les
moitiés des segmens respectifs du cylindre. Partageons les arcs restans en deux parties égales,
joignons leurs extrémités par des droites, sur
chacun de ces triangles élevons des prismes qui
aient la même hauteur que le cylindre, et continuons de faire la même chose jusqu'à ce qu'il
reste certains segmens du cylindre qui soient
plus petits que l'excès du cylindre sur le triple
du cône (prop. 1. 10). Supposons que les segmens restans du cylindre soient AE, EB, BF,
FC, CG, GD, DH, HA; il est évident que le

prisme restant qui a pour base le polygone
AEBFCGDH et qui a la même hauteur que le
cylindre sera plus grand que le triple du cône;
mais le prisme qui a pour base le polygone
AEBFCGDH et qui a la même hauteur que
le cylindre, est triple de la pyramide qui a pour
base le polygone AEBFCGDH et qui a le
même sommet que le cône (prop. 7. 12):
donc la pyramide qui a pour base le polygone
AEBFCGDH et qui a le même sommet que
le cône est plus grande que le cône qui a pour
base le cercle ABCD; mais au contraire la pyramide est plus petite, car le cône comprend la
pyramide; ce qui est impossible : donc le cylindre n'est pas plus grand que le triple du cône.

Je dis à présent que le cylindre n'est pas plus
petit que le triple du cône; car s'il pouvoit arriver que le cylindre fût moindre que le triple
du cône, le cône seroit plus grand que la troisième partie du cylindre. Dans le cercle ABCD
décrivons le quarré ABCD; le quarré ABCD
sera plus grand que la moitié du cercle ABCD.
Sur le quarré ABCD élevez une pyramide qui
ait le même sommet que le cône, cette pyramide sera plus grande que la moitié du cône;
parce que si nous circonscrivons un quarré au
cercle ABCD, le quarré ABCD sera la moitié

4

du quarré circonscrit à ce cercle, ainsi que nous
l'avons démontré; et si sur ces quarrés nous
élevons des parallélipipèdes, c'est-à-dire des
prismes, celui qui sera élevé sur le quarré inscrit dans le cercle sera la moitié du prisme élevé
sur le quarré circonscrit, car ces parallélipipèdes
sont entr'eux comme leurs bases (prop. 32. 11);
mais leurs troisièmes parties sont aussi entre
elles comme leurs bases : donc la pyramide
qui a pour base le quarré ABCD est la moitié
de la pyramide qui a pour base le quarré circonscrit au cercle. Mais la pyramide élevée
sur le quarré circonscrit au cercle est plus
grande que le cône, car elle le comprend :
donc la pyramide qui a pour base le quarré
ABCD et qui a le même sommet que le cône
est plus grand que la moitié du cône. Partagez les arcs AB, BC, CD, DA en deux parties égales aux points E, F, G, H, et menez les
droites AE, EB, BF, FC, CG, GD, DH, HA.
Chacun des triangles AEB, BFC, CGD, DHA
sera plus grand que la moitié du segment respectif du cercle ABCD; sur chacun des triangles AEB, BFC, CHD, DHA élevez des pyramides qui aient le même sommet que le cône;
chacune de ces pyramides sera plus grande que
la moitié du segment respectif du cône. Par-

tageons les arcs restans en deux parties égales,
et joignons leurs extrémités par des droites; sur
chacun de ces triangles élevons une pyramide
qui ait le même sommet que le cône et continuons de faire la même chose; il restera enfin
certaines portions de cône qui seront moindres
que l'excès du cône sur la troisième partie du
cylindre (prop. 1.10). Qu'on ait ces portions
restantes du cône et qu'elles soient celles qui
ont pour bases les segmens AE, EB, BF,
FC, CG, GD, DH, HA. La pyramide restante qui a pour base le polygone AEBFCGDH
et qui a le même sommet que le cône est plus
grande que la troisième partie du cylindre.
Mais la pyramide qui a pour base le polygone
AEBFCGDH et qui a le même sommet que
le cône, est la troisième partie du prisme qui
a pour base le polygone AEBFCGDH et qui
a la même hauteur que le cylindre (pr. 7.12):
donc le prisme qui a pour base le polygone
AEBFCGDH et qui a la même hauteur que le
cylindre est plus grand que le cylindre qui a
pour base le cercle ABCD; mais le prisme est
au contraire plus petit que le cylindre, car le
cylindre comprend ce prisme; ce qui est impossible : donc le cylindre n'est pas plus petit que
le triple du cône; mais on a démontré qu'il

n'est pas plus grand que le triple : donc le cylindre est le triple du cône et par conséquent
le cône est la troisième partie du cylindre.

Donc un cône est la troisième partie d'un
cylindre qui a la même base et une hauteur
égale ; ce qu'il falloit démontrer.

PROPOSITION XI.

THÉORÈME.

Les cônes et les cylindres qui ont la même hauteur
sont entr'eux comme leurs bases.

Que les cônes et les cylindres dont les bases
sont les cercles ABCD, EFGH (fig. 214),
dont les axes sont les droites KL, MN, et dont
les diamètres des bases sont les droites AC, EG
aient la même hauteur : je dis que le cercle
ABCD sera au cercle EFGH comme le cône
AL est au cône EN.

Car si cela n'est point, le cercle ABCD sera
au cercle EFGH comme le cône AL sera à un
solide quelconque plus petit ou plus grand que
le cône EN. Que le cercle ABCD soit d'abord
au cercle EFGH comme le cône AL est au
solide plus petit que le cône EN ; que ce solide
soit O, et que l'excès du cône EN sur le solide
O soit égal au solide Z, le cône EN sera égal aux

solides O, Z. Dans le cercle EFGH décrivons le quarré EFGH ; ce quarré sera plus grand que la moitié de ce cercle. Sur le quarré EFGH élevons une pyramide qui ait la même hauteur que le cône. Cette pyramide sera plus grande que la moitié du cône ; car si nous décrivons un quarré autour du cercle EFGH, et si sur ce quarré nous élevons une pyramide qui ait la même hauteur que le cône, la pyramide inscrite sera la moitié de la pyramide circonscrite, parce que ces pyramides sont comme leurs bases (prop. 6. 12); mais le cône est plus petit que la pyramide circonscrite : donc la pyramide qui a pour base le quarré E F G H et qui a le même sommet que le cône est plus grande que la moitié du cône. Partageons les arcs EF, FG, GH, HE en deux parties égales aux points P, Q, R, S, et menons les droites HP, PE, EQ, QF, FR, RG, GS, SH; chacun des triangles HPE, EQF, FRG, GSH sera plus grand que la moitié du segment respectif du cercle. Sur chacun des triangles HPE, EQF, FRG, GSH élevons une pyramide qui ait la même hauteur que le cône ; chacune de ces pyramides sera plus grande que la moitié du segment respectif du cône. Si donc nous partageons en deux parties égales les arcs restans et si nous joignons les extrémités de ces arcs par des

droites , et si sur chacun des triangles nous
élevons des pyramides qui aient la même hauteur que le cône, et si nous continuons de faire
la même chose , il restera enfin certains segmens du cône qui seront plus petits que le
solide Z (pr. 1. 10). Supposons que l'on ait ces
segmens et que ces segmens soient ceux qui ont
pour bases les segmens circulaires HP, PE, EQ,
QF, FR, RG, GS, SH. La pyramide restante
qui a pour base le polygone HPEQFRGS et qui
a la même hauteur que le cône sera plus grande
que le solide O. Dans le cercle ABCD décrivons
un polygone DTAVBXCY qui soit semblable
au polygone HPEQFRGS et semblablement
placé , et sur le polygone DTAVBXCY élevons
une pyramide qui ait la même hauteur que le
cône AL. Puisque le quarré de AC est au quarré
de EG comme le polygone DTAVBXCY est au
polygone HPEQFRGS (pr. 20.6, pr. 1. 12), et
que le quarré de AC est au quarré de EG comme
le cercle ABCD est au cercle EFGH (pr. 2. 12),
le cercle ABCD sera au cercle EFGH comme
le polygone DTAVBXCY est au polygone
HPEQFRGS (prop. 11.5). Mais par supposition le cercle ABCD est au cercle EFGH
comme le cône AL est au solide O, et le polygone DTAVBXCY est au polygone HPEQFRGS

comme la pyramide qui a pour base le polygone
DTAVBXCY et pour sommet le point L est à la
pyramide qui a pour base le polygone HPEQFGS
et pour sommet le point N (prop. 6. 12) : donc
le cône AL est au solide O comme la pyramide
qui a pour base le polygone DTAVBXCY et
pour sommet le point L est à la pyramide qui
a pour base le polygone HPEQFRGS et pour
sommet le point N : donc en échangeant les
plans des moyens, le cône AL est à la pyramide qui lui est inscrite comme le solide O
est à la pyramide inscrite dans le cône EN.
Mais le cône AL est plus grand que la pyramide qui lui est inscrite : donc le solide O est
plus grand que la pyramide qui est inscrite dans
le cône EN ; mais le solide O est au contraire
plus petit que la pyramide inscrite dans le cône
EN, ce qui est une absurdité : donc le cercle
ABCD n'est point au cercle EFGH comme le
cône AL est à un solide quelconque plus petit
que le cône EN. On démontrera semblablement que le cercle EFGH n'est point au cercle ABCD comme le cône EN est à un solide
quelconque plus petit que le cône AL.

Je dis à présent que le cercle ABCD n'est point
au cercle EFGH comme le cône AL est à un
solide quelconque plus grand que le cône EN.

Supposons que cela soit possible et que le cercle A B C D soit au cercle E F G H comme le
cône A L est à un solide plus grand que le cône
E N et que ce solide soit O. Mettons les conséquens à la place des antécédens et les antécédens à la place des conséquens, le cercle EFGH
sera au cercle ABCD comme le solide O est au
cône A L. Mais le solide O est au cône A L
comme le cône E N est à un solide quelconque plus petit que le cône A L : donc le cercle
E F G H est au cercle ABCD comme le cône
EN est à un solide plus petit que le cône AL;
ce que nous avons démontré impossible : donc
le cercle ABCD n'est point au cercle E F G H
comme le cône A L est à un solide quelconque
plus grand que le cône EN. Mais on a démontré que le cercle ABCD n'est point au cercle
EFGH comme le cône AL est à un solide plus
petit que le cône E N : donc le cercle A B C D
est au cercle EFGH comme le cône A L est
au cône EN. Mais un cône est à un cône comme
un cylindre est à un cylindre, car un cylindre
est le triple d'un cône (prop. 10. 12) : donc
les cercles ABCD, EFGH sont entr'eux comme
les cylindres qui ont ces cercles pour bases et
qui ont des hauteurs égales à celles des cônes.

Donc les cônes et les cylindres qui ont la

même hauteur sont entr'eux comme leurs bases ; ce qu'il falloit démontrer.

PROPOSITION XII.

THÉORÈME.

Les cônes et cylindres semblables sont entr'eux en raison triplée des diamètres de leurs bases.

Que les cônes et les cylindres qui ont pour bases les cercles ABCD, EFGH (fig. 215), pour diamètres de leurs bases les droites BD, FH et pour axes les droites KL, MN soient semblables entr'eux : je dis que le cône qui a pour base le cercle ABCD et pour sommet le point L, est au cône qui a pour base le cercle EFGH et pour sommet le point N en raison triplée de BD à FH.

Car si le cône ABCDL n'est point au cône EFGHN en raison triplée du diamètre BD au diamètre FH, le cône ABCDL sera à un solide quelconque plus grand ou plus petit que le cône EFGHN en raison triplée du diamètre BD au diamètre FH. Supposons d'abord que le cône ABCDL soit à un solide O plus petit que le cône EFGHN en raison triplée du diamètre AD au diamètre FH ; dans le cercle EFGH décrivons le quarré EFGH ; le quarré EFGH

sera plus petit que la moitié du cercle EFGH.
Ensuite sur le quarré EFGH élevez une pyramide qui ait la même hauteur que le cône ;
cette pyramide sera plus grande que la moitié
du cône. Partagez les arcs EF, FG, GH, HE
en deux parties égales aux points P, Q, R, S,
et menez les droites EP, PF, FQ, QG, GR,
RH, HS, SE ; chacun des triangles EPF,
FQG, GRH, HSE sera plus grand que la
moitié du segment respectif du cercle EFGH.
Sur chacun de ces triangles élevez des pyramides qui aient le même sommet que le cône ;
chacune de ces pyramides sera plus grande que
la moitié du segment respectif du cône. Si nous
partageons les arcs restans en deux parties
égales, si nous joignons les extrémités de ces
arcs par des droites et si nous élevons sur chacun de ces triangles des pyramides qui aient le
même sommet que le cône et si nous continuons de faire la même chose, il restera enfin
certains segmens de cône qui seront plus petits
que l'excès du cône EFGHN sur le solide O
(prop. 1. 10). Supposons que l'on ait ces segmens, que ces segmens soient ceux qui sont
élevés sur les segmens circulairrs EP, PF, FQ,
QG, GR, RH, HS, SE, la pyramide restante
qui a pour base le polygone EPFQGRHS et

pour sommet le point N sera plus grande que
le solide O ; dans le cercle ABCD décrivez un
polygone ATBVCXDY qui soit semblable au
polygone EPFQGRHS et semblablement placé.
Sur le polygone ATBVCXDY élevez une pyramide qui ait le même sommet que le cône ;
que LBT soit un des triangles qui comprennent
nent la pyramide dont la base est le polygone
ATBVCXDY et dont le sommet est le point L,
que NFP soit un des triangles qui comprennent
nent la pyramide dont la base est le polygone
EPFQGRHS et dont le sommet est le point
N, et enfin menez les droites KT, MP. Puisque le cône ABCDL est semblable au cône
EFGHN, la droite BD sera à la droite FH
comme l'axe KL est à l'axe MN (déf. 24. 11);
mais BD est à FH comme BK est à FM : donc
BK est à FM comme KL est à MN : donc en
échangeant les plans des moyens, BK sera à KL
comme FM est à MN. Mais les angles BKL,
FMN sont égaux parce qu'ils sont droits, et ces
angles égaux sont compris par des côtés proportionnels : donc le triangle BKL est semblable au
triangle FMN (prop. 6. 6). De plus, puisque
la droite BK est à la droite KT comme la droite
FM est à la droite MP et que ces droites comprennent les angles égaux BKT, FMP, car la

portion des quatre angles droits placés au centre H que comprend l'angle BKT est la même
portion des quatre angles droits placés au centre M que comprend l'angle FMP : donc puisque les côtés qui comprennent les angles égaux
BKC, FMP sont proportionnels, le triangle
BKT est semblable au triangle FMP (prop. 6. 6).
De plus, puisqu'on a démontré que BK est à
KL comme FM est à MN, et à cause que BK
est égal à KT et FM égal à MP, la droite KT
sera à la droite KL comme PM est à MN. Mais
les côtés qui comprennent les angles droits
TKL, PMN sont proportionnels : donc le
triangle LKT est semblable au triangle NMP.
Mais à cause de la similitude des triangles
BKL, FMN la droite LB est à la droite BK
comme la droite NF est à la droite FM, et
à cause de la similitude des triangles BKT,
FMP la droite KB est à la droite BT comme
la droite MF est à la droite FP : donc la droite
LB est à la droite BT comme la droite NF est à
la droite FP (prop. 22. 5). De plus, à cause
de la similitude des triangles LTK, NPM la
droite LT est à la droite TK comme la droite
NP est à la droite PM, et à cause de la similitude des triangles KBT, PMF la droite KT
est à la droite TB comme la droite MP est à la

droite PF : donc la droite LT sera à la droite TB comme la droite NP est à la droite PF. Mais on a démontré que TB est à BL comme PF est à FN : donc TL est à LB comme PN est à NF : donc les côtés des triangles LTB, NPF sont proportionnels : donc les triangles LTB, NPF sont équiangles et par conséquent semblables entr'eux (prop. 5. 6) : donc la pyramide qui a pour base le triangle BKT et pour sommet le point L est semblable à la pyramide qui a pour base le triangle FMP et pour sommet le point N (déf. 9. 11); car ces deux pyramides sont comprises sous des plans semblables et égaux en nombre; mais les pyramides semblables qui ont des bases triangulaires sont entr'elles en raison triplée de leurs côtés homologues (prop. 8. 12): donc les pyramides BKTL, FMPN sont entre elles en raison triplée des droites BK, FM. Si nous menons des droites des points A, Y, D, X, C, V au point K et des points E, S, H, R, G, Q au point M, et si sur les triangles que ces droites forment avec les côtés des polygones inscrits nous élevons des pyramides qui aient les mêmes sommets que le cône, nous démontrerons semblablement que chaque pyramide du polygone ATBVCXDY est à chaque pyramide du polygone EPFQGRHS en raison triplée du côté BK au côté homologue FM, c'est-à-dire du diamètre BD au diamètre FH. Mais un seul des antécédens est à un seul des conséquens comme tous les antécédens sont à tous les conséquens (prop. 12.5) : donc la pyramide BKTL est à la pyramide FMPN comme la pyramide totale qui a pour base le polygone ATBVCXDY et pour sommet le point L est à la pyramide totale qui a pour base le polygone EPFQGRHS et pour sommet le point N : donc la pyramide qui a pour base le polygone ATBVXDY et pour sommet le point L est à la pyramide qui a pour base le polygone EPFQGRHS en raison triplée du diamètre BD au diamètre FH. Mais on a supposé que le cône qui a pour base le cercle ABCD et pour sommet le point L est au solide O en raison triplée de BD à FH : donc le cône qui a pour base le cercle ABCD et pour sommet le point L est au solide O comme la pyramide qui a pour base le polygone ATBVCXDY et pour sommet le point L est à la pyramide qui a pour base le polygone EPFQGRHS et pour sommet le point N : donc, en échangeant les places des moyens (prop. 16. 5), le cône qui a pour base le cercle ABCD et pour sommet le point L est à la pyramide qui a pour base le polygone ATBVCXDY et pour sommet le

point N comme le solide O est à la pyramide
qui a pour base le polygone E P F Q G R H S et
pour sommet le point N. Mais le cône qui a
pour base le cercle A B C D et pour sommet le
point L est plus grand que la pyramide inscrite; car le cône la comprend : donc le solide O
est plus grand que la pyramide qui a pour base
le polygone E P F Q G R H S et pour sommet le
point N ; mais au contraire ce solide est plus
petit que cette pyramide ; ce qui est impossible :
donc le cône qui a pour base le cercle A B C D
et pour sommet le point L n'est point à un
solide quelconque plus petit que le cône qui
a pour base le cercle E F G H et pour sommet
le point N en raison triplée de B D à F H.
Nous démontrerons semblablement que le cône
E F G H N n'est point à un solide quelconque
plus petit que le cône A B C D L en raison triplée
de F H à B D. Je dis enfin que le cône A B C D H
n'est point à un solide quelconque plus grand
que le cône E F G H N en raison triplée de B D
à F H ; car s'il peut arriver que le cône A B C D L
soit à un solide O plus grand que le cône
E F G H N en raison triplée de B D à F H, en
mettant les conséquens à la place des antécédens et les antécédens à la place des conséquens, le solide O sera au cône A B C D L

3

en raison triplée de FH à BD. Mais le solide O est au cône ABCDL comme le cône EFGHN est à un solide plus petit que le cône ABCDL : donc le cône EFGHN est à un solide quelconque plus petit que le cône ABCDL en raison triplée de FH à BD, ce qui a été démontré impossible : donc le cône ABCDL n'est point à un solide quelconque plus grand que le cône EFGHN en raison triplée de BD à FH. Mais on a démontré que le cône ABCDL n'est point à un solide quelconque plus petit que le cône EFGHN en raison triplée de BD à FH : donc le cône ABCDL est au cône EFGHN en raison triplée de BD à FH ; mais un cône est à un autre cône comme un cylindre est à un autre cylindre ; car un cylindre qui a la même base qu'un cône et une hauteur égale est triple de ce cône, puisqu'on a démontré qu'un cône est la troisième partie du cylindre qui a la même base et une hauteur égale (prop. 11.12) : donc ces cylindres semblables sont entr'eux en raison triplée des droites BD, FH.

Donc les cônes et les cylindres semblables sont entr'eux en raison triplée des diamètres des bases ; ce qu'il falloit démontrer.

PROPOSITION XIII.

THÉORÊME.

Si un cylindre est coupé par un plan parallèle aux plans opposés, l'un de ces cylindres sera à l'autre cylindre comme l'axe du premier est à l'axe du second.

Que le cylindre AD (fig. 216) soit coupé par un plan GH parallèle aux plans opposés AB, CD, et que ce plan rencontre l'axe EF au point K : je dis que le cylindre BG est au cylindre GD comme l'axe EK est à l'axe KF.

Prolongez de part et d'autre l'axe EF vers les points L, M, et prenez autant de droites que vous voudrez EN, NL égales chacune à l'axe EK; prenez aussi autant de droites que vous voudrez FO, OM égales chacune à l'axe FK; par les points L, N, O, M conduisez des plans parallèles aux plans AB, CD, et dans les plans qui passent par les points L, N, O, M et autour des centres L, N, O, M imaginez des cercles PQ, RS, TV, XY égaux aux cercles AB, CD; imaginez ensuite les cylindres QR, RB, DT, TY. Puisque les axes LN, NE, EK sont égaux entr'eux, les cylindres QR, RB, BG seront entr'eux comme leurs bases

4

424   ÉLÉMENS

(prop. 11. 12); mais les bases sont égales : donc
les cylindres QR, RB, BG sont égaux entre
eux. Puisque les axes LN, NE, EK sont égaux
entr'eux, que les cylindres QR, RB, BG sont
aussi égaux entr'eux et que le nombre des
axes LN, NF, EK est égal au nombre des
cylindres QR, RB, BG, l'axe KL sera multiple de l'axe EK autant de fois que le cylindre QG est multiple du cylindre GB. Par la
même raison, l'axe MK est multiple de l'axe
KF autant de fois que le cylindre YG est multiple du cylindre GD. Si l'axe KL est égal
à l'axe KM, le cylindre QG sera égal au cylindre GY ; si l'axe KL est plus grand que l'axe
KM, le cylindre QG sera plus grand que le
cylindre GY, et si l'axe KL est plus petit que
l'axe KM, le cylindre QG sera plus petit que
le cylindre GY. On a donc quatre quantités,
savoir, les axes EK, KF et les cylindres BG,
GD, et l'on a pris des équimultiples de l'axe
EK et du cylindre BG, savoir, l'axe KL et le
cylindre QG ; on a pris aussi des équimultiples
de l'axe KF et du cylindre GD, savoir, l'axe
KM et le cylindre GY ; on a démontré aussi
que si l'axe KL surpasse l'axe KM, le cylindre QG surpassera le cylindre GY, que si l'axe
KL est égal à l'axe KM, le cylindre QG sera

égal au cylindre GY, et que si l'axe KL est plus
petit que l'axe KM, le cylindre KM sera plus
petit que le cylindre GY : donc l'axe EK est à
l'axe KF comme le cylindre BG est au cylindre
GD (déf. 4. 5); ce qu'il falloit démontrer.

PROPOSITION XIV.

THÉORÈME.

*Les cônes et les cylindres qui ont des bases égales
sont entr'eux comme leurs hauteurs.*

Que les cylindres FD, EB (fig. 217) aient
des bases égales AB, CD : je dis que le cylindre EB est au cylindre FD comme l'axe GH
est à l'axe KL.

Prolongez l'axe KL vers le point N, faites
LN égal à l'axe GH et autour de l'axe LN imaginez le cylindre CM. Puisque les cylindres
EB, CM ont la même hauteur, ces cylindres
sont entr'eux comme leurs bases (prop. 11. 12);
mais leurs bases sont égales : donc les cylindres
EB, CM seront égaux entr'eux. Mais puisque
le cylindre FM est coupé par le plan CD parallèle aux plans opposés, le cylindre CM sera
au cylindre FD comme l'axe LN est à l'axe KL.
Mais le cylindre CM est égal au cylindre EB et
l'axe LN égal à l'axe GH : donc le cylindre EB

est au cylindre F D comme l'axe G H est à l'axe
K L (prop. 13. 12); mais le cylindre E B est
au cylindre F D comme le cône A B G est au
cône C D K, car les cylindres sont triples des
cônes (prop. 10. 12): donc l'axe G H est à l'axe
K L comme le cône A B G est au cône C D K et
comme le cylindre E B est au cylindre F D ; ce
qu'il falloit démontrer.

PROPOSITION XV.

THÉORÈME.

*Les bases des cônes ou des cylindres égaux sont
réciproquement proportionnelles aux hauteurs
de cônes de ces cylindres ; et lorsque les bases
des cônes ou des cylindres sont réciproquement
proportionnelles aux hauteurs, les cônes ou les
cylindres sont égaux entr'eux.*

Que les cônes et les cylindres dont les bases
sont les cercles A B C D, E F G H (fig. 218),
dont les diamètres des bases sont les droites
A C, E G et dont les axes sont les droites K L,
M N qui sont en même tems les hauteurs des
cônes et des cylindres soient égaux entr'eux ;
achevez les cylindres A O, E P : je dis que les
bases de ces cylindres A O, E P sont réciproquement proportionnelles aux hauteurs ; c'est-

à-dire que la base ABCD est à la base EFGH comme la hauteur MN est à la hauteur KL.

La hauteur KL est égale à la hauteur MN où elle lui est inégale ; qu'elle lui soit d'abord égale. Puisque le cylindre AO est égal au cylindre EP et que les cônes ou les cylindres qui ont la même hauteur sont entr'eux comme leurs bases (prop. 11. 12), la base ABCD sera égale à la base EFGH : donc les bases sont réciproquement proportionnelles aux hauteurs, c'est-à-dire que ABCD est à EFGH comme la hauteur MN est à la hauteur KL. Supposons à présent que la hauteur KL ne soit point égale à la hauteur MN et que la hauteur MN soit la plus grande. De la hauteur MN retranchez la droite QM égale à la droite KL et par le point Q coupez le cylindre EP par le plan STV parallèle aux cercles opposés EFGH, RPX, et imaginez un cylindre ES dont la base soit le cercle EFGH et la hauteur l'axe QM. Puisque par supposition le cylindre AO est égal au cylindre EP et que ES est un autre cylindre, le cylindre AO sera au cylindre ES comme le cylindre EP est au cylindre ES (prop. 7. 5). Mais le cylindre AO est au cylindre ES comme la base ABCD est à la base EFGH (prop. 11. 12), car les cylindres AO, ES ont la même hauteur ;

mais le cylindre EP est au cylindre ES comme la
hauteur MN est à la hauteur MQ (prop. 13. 12),
car le cylindre EP est coupé par le plan TVS
parallèle aux plans opposés ; mais la base ABCD
est à la base EFGH comme la hauteur MN est
à la hauteur MQ, et la hauteur MQ est égale
à la hauteur KL : donc la base ABCD est à la
base EFGH comme la hauteur MN est à la
hauteur KL : donc les bases des cylindres AO,
EP sont réciproquement proportionnelles aux
hauteurs de ces cylindres.

A présent que les bases des cylindres AO,
EP soient réciproquement proportionnelles aux
hauteurs de ces cylindres, c'est-à-dire que la
base ABCD soit à la base EFGH comme la
hauteur MN est à la hauteur KL : je dis que
le cylindre AO est égal au cylindre EP.

Faites la même construction. Puisque la base
ABCD est à la base EFGH comme la hauteur
MN est à la hauteur KL et puisque la hauteur
KL est égale à la hauteur MQ, la base ABCD
sera à la base EFGH comme la hauteur MN est
à la hauteur MQ ; mais la base ABCD est à la
base EFGH comme le cylindre AO est au cylindre ES (prop. 11. 12), car ils ont la même
hauteur, et la hauteur MN est à la hauteur MQ
comme le cylindre EP est au cylindre ES

(prop. 15. 12) : donc le cylindre AO est au cylindre ES comme le cylindre EP est au cylindre ES : donc le cylindre AO est égal au cylindre EP (prop. 9. 5) : la démonstration sera la même pour les cônes ; ce qu'il falloit démontrer.

PROPOSITION XVI.

PROBLÈME.

Deux cercles concentriques étant donnés, décrire dans le plus grand un polygone dont les côtés soient égaux et pairs en nombre et qui ne touche point le plus petit cercle.

Soient les deux cercles ABCD, EFGH (fig. 219) ayant le même centre K : il faut dans le plus grand cercle ABCD décrire un polygone dont les côtés soient égaux et pairs en nombre et qui ne touche point le plus petit cercle EFGH.

Par le centre K menez la droite BD ; par le point G menez la droite AG perpendiculaire sur BD et prolongez cette droite vers le point C. La droite AC touchera le cercle EFGH (prop. 16. 3). Partagez la demi-circonférence BAD en deux parties égales et sa moitié en deux parties égales, et ainsi de suite jusqu'à ce qu'il reste un arc plus petit que l'arc AD (prop. 1. 10). Qu'on ait cet arc et que cet arc soit LD; par le point L conduisez sur BD la perpendiculaire LM; prolongez cette perpendiculaire vers le point N et menez les droites LD, DN; la droite LD sera égale à la droite DN; et puisque la droite LN est parallèle à la droite AC et que la droite AC touche le cercle EFGH, la droite LN ne touchera point le cercle EFGH, à plus forte raison les droites LD, DN ne toucheront point ce même cercle : donc si l'on applique à la circonférence ABCD, à la suite les unes des autres, des droites égales à la droite LD (prop. 1. 4), on décrira un polygone dont les côtés seront égaux et pairs en nombre et qui ne touchera point le cercle EFGH; ce qu'il falloit faire.

PROPOSITION XVII.

PROBLÊME.

Deux sphères concentriques étant données, décrire dans la plus grande un polyèdre qui ne touche point la surface de la plus petite.

Imaginez deux sphères qui aient le même centre A (fig. 220) : il faut dans la plus grande sphère décrire un polyèdre qui ne touche point la surface de la plus petite.

Faites passer un plan quelconque par le centre de ces sphères, les sections seront des cercles, parce qu'une sphère étant engendrée par un demi-cercle qui tourne autour de son diamètre immobile (déf. 14. 11), dans quelque position que nous concevions ce demi-cercle, le plan prolongé de ce demi-cercle produira nécessairement une circonférence de cercle sur la surface de la sphère ; et il est évident que cette circonférence sera celle d'un grand cercle, parce que le diamètre de la sphère, qui est aussi celui du demi-cercle, est la plus grande de toutes les droites menées dans le cercle ou dans la sphère (prop. 15. 3). Supposons en conséquence que BCDE soit un cercle de la plus grande sphère et que FGH soit un cercle de la plus petite ; menez leurs diamètres BD, CE de manière qu'ils soient perpendiculaires l'un sur l'autre. Les deux cercles BCDE, FGH ayant le même centre, décrivez dans le plus grand BCDE un polygone dont les côtés soient égaux et pairs en nombre et qui ne touche point le plus petit cercle FGH (prop. 16. 12); que les côtés de ce polygone qui sont dans le quart de cercle BE soient BK, KL, LM, ME; menez la droite KA que vous prolongerez vers N ; au point A et sur le plan du cercle BCDE

élevez la perpendiculaire AO qui rencontre la
surface de la sphère au point O, et par la droite
AO et par chacune des droites BD, KN conduisez deux plans qui, d'après ce que nous
avons dit, produiront deux grands cercles dans
la surface de la sphère. Supposons qu'on ait
ces deux grands cercles et que BOD, KON
en soient les moitiés, et que BD, KN en soient
les diamètres. Puisque la droite OA est perpendiculaire sur le plan du cercle BCDE, tous les
plans qui passeront par cette droite AO seront
perpendiculaires sur le plan du cercle BCDE
(prop. 18. 11) : donc les demi-cercles BOD,
KON sont perpendiculaires sur ce même plan ;
et puisque les demi-cercles BED, BOD, KON
sont égaux, car leurs diamètres EC, BD, KN
sont égaux entr'eux, les quarts de leurs circonférences BE, BO, KO seront égaux entr'eux :
donc les quarts de cercle BO, KO contien-
dront chacun autant de côtés du polygone inscrit que le quart de cercle BE, et les côtés
contenus dans les quarts de cercles BO, KO
seront égaux aux côtés BK, KL, LM, ME,
chacun à chacun. Menez les côtés BP, PQ,
QR, RO, KS, ST, TV, VO et conduisez les
droites SP, TQ, VR, et des points P, S abais-
sez des perpendiculaires sur le plan du cercle

BCDE; ces perpendiculaires tomberont dans
les communes sections B D, K N des plans
des demi-cercles BOD, KON (prop. 38. 11),
puisque ces plans sont perpendiculaires sur
le plan du cercle BCDE, par construction;
que ces perpendiculaires tombent donc sur ces
communes sections et que ces perpendiculaires
soient PX, SY et menez la droite XY. Puisqu'on a pris les arcs égaux BP, KS dans les
demi-circonférences égales BOD, KON et
qu'on a mené les perpendiculaires PX, SY, la
droite PX sera égale à la droite SY et la droite
BX égale à la droite KY. Mais la droite totale
BA est égale à la droite totale KA : donc la
droite restante XA est égale à la droite restante
YA : donc BX est à XA comme KY est à YA :
donc la droite XY est parallèle à la droite KB
(prop. 2. 6); et puisque chacune des droites
PX, SY est perpendiculaire sur le plan du
cercle BCDE, la droite PX sera parallèle à la
droite SY (prop. 6. 11); mais on a démontré
que ces droites sont égales : donc les droites
YX, SP sont égales et parallèles (pr. 33. 11);
et puisque la droite YX est parallèle à la droite
SP et à la droite KB, la droite SP sera parallèle
à la droite KB (prop. 9. 11); mais ces droites

sont jointes par les droites BP, KS : donc le
quadrilatère KBPS est dans un seul plan, car
si deux droites sont parallèles et si dans chacune de ces droites on prend des points quelconques, les droites qui joignent ces points
sont dans le même plan que ces parallèles
(prop. 7. 11). Par la même raison l'un et
l'autre des quadrilatères SPQT, TQRV sont
dans un seul plan; mais le triangle VRO est
aussi dans un seul plan (prop. 2. 11) : donc si
des points P, S, Q, T, R, V on conçoit des
droites menées au point A, on aura construit
entre les arcs BO, KO un certain polyèdre
composé des pyramides dont les bases seront
les quadrilatères KBPS, SPQT, TQRV et le
triangle VRO et dont le sommet commun sera
le point A. Si sur chacun des côtés KL, LM,
ME nous faisons la même construction que
nous avons faites sur le côté KB, si nous faisons
ensuite la même chose dans les autres quarts
de cercle et dans l'autre hémisphère, nous aurons inscrit dans la sphère un certain polyèdre
qui sera composé des pyramides dont les bases
sont les quadrilatères KBPS, SPQT, TQRV et
le triangle VRO, et les quadrilatères et les triangles correspondans à ces quadrilatères et à ce

triangle et dont le sommet commun sera le point A.

Je dis à présent que ce polyèdre ne touche point la surface de la petite sphère dans laquelle est le cercle FGH. Du point A menez la droite AZ perpendiculaire sur le plan du quadrilatère KBPS (prop. 11.11), que cette perpendiculaire rencontre ce plan au point Z et menez les droites BZ, ZK. Puisque AZ est perpendiculaire sur le plan du quadrilatère KBPS, elle sera perpendiculaire sur toutes les droites qui la rencontrent et qui sont dans ce plan (déf. 3.11): donc AZ est perpendiculaire sur l'une et l'autre des droites BZ, ZK; mais puisque AB est égal à AK, le quarré de AB sera égal au quarré de AK; mais les quarrés des droites AZ, ZB sont égaux au quarré de AB (prop. 47.1), car l'angle en Z est droit par construction, et les quarrés de AZ, ZK sont égaux au quarré de AK : donc les quarrés des droites AZ, ZB sont égaux aux quarrés des droites AZ, ZK. Retranchant le quarré de AZ qui est commun, le quarré de BZ sera égal au quarré de ZK : donc la droite BZ est égale à la droite ZK. On démontrera semblablement que les droites menées du point Z aux points P, S sont égales chacune à l'une et à l'autre des droites BZ, ZK : donc le cercle

décrit du centre Z et avec un intervalle égal à
une des droites ZB, ZK passera aussi par les
points P, S : donc le quadrilatère KBPS sera
inscrit dans un cercle ; et puisque la droite KB
est plus grande que la droite YX et que la
droite YX est égale à la droite SP, la droite
KB sera plus grande que la droite SP. Mais la
droite KB est égale à l'une et à l'autre des
droites KS, BP : donc l'une et l'autre des droites
KS, BP sont plus grandes que la droite SP.
Puisque le quadrilatère KBPS est décrit dans
un cercle et que les droites KB, BP, KS sont
égales, que la droite PS est plus petite et que
la droite BZ est menée du centre du cercle, le
quarré de KB sera plus grand que le double du
quarré de BZ. Du point K menez la droite KA′
perpendiculaire sur BD. Puisque la droite BD
est plus petite que le double de DA′ et que DB
est à DA′ comme le rectangle compris sous DB,
BA′ est au rectangle compris sous DA′, A′B
(prop. 1. 6), si l'on décrit un quarré sur BA′
et si sur A′D on complète le parallélogramme
compris sous A′D, A′B, le rectangle compris sous
DB, BA′ sera plus petit que le double de celui qui
est compris sous DA′, A′B. Menez la droite
KD. Le parallélogramme compris sous DB, BA′
sera égal au quarré de KB (prop. 8. 6), et le

parallélogramme compris sous DA′, A′B égal
au quarré de KA′ : donc le quarré de KB est
plus petit que le double du quarré de KA′ ;
mais le quarré de KB est plus grand que le
double du quarré de BZ : donc le quarré de
KA′ est plus grand que le quarré de BZ ; et puisque BA est égal à KA, le quarré de BA sera
égal au quarré de KA. Mais les quarrés des
droites BZ, ZA sont égaux au quarré de la
droite BA (prop. 47. 1), et les quarrés des
droites KA′, A′A égaux au quarré de la droite
KA : donc les quarrés des droites BZ, ZA sont
égaux aux quarrés des droites KA′, A′A ; mais
le quarré de KA′ est plus grand que le quarré
de BZ : donc le quarré de A′A est plus petit
que le quarré de ZA : donc la droite AZ est
plus grande que la droite AA′ : donc la droite
AZ est à plus forte raison plus grande que la
droite AG ; mais la droite AZ est une perpendiculaire sur une des bases du polyèdre et la droite
AG est un rayon de la plus petite sphère : donc
ce polyèdre ne touche point la surface de la
plus petite sphère.

AUTREMENT.

Nous allons démontrer autrement et d'une
manière plus prompte que la droite AZ est plus

3.

grande que la droite AG. Du point G conduisez
une perpendiculaire GL sur AG et menez AL.
Puisque si l'on partage en deux parties égales
l'arc EB et la moitié de cet arc en deux parties
égales et ainsi de suite, il restera enfin un certain arc plus petit que celui de la circonférence du cercle BCD qui est soutendu par une
droite égale à la droite GL (prop. 1. 10). Qu'on
ait cet arc et que cet arc soit KB, la droite KB
est plus petite que la droite GL; mais puisque
le quadrilatère BKSP est inscrit dans un cercle
et que les droites PB, BK, KS sont égales et
que la droite PS est plus petite que chacune de
ces droites, l'angle BZK sera obtus : donc la
droite BK sera plus grande que la droite BZ;
mais la droite GL est plus grande que BK par
construction : donc à plus forte raison la droite
GL sera plus grande que la droite BZ et par conséquent le quarré de GL sera plus grand que le
quarré de BZ; mais puisque la droite AL est égale
à la droite AB, le quarré de AL sera égal au quarré
de AB; mais les quarrés des droites AG, GL sont
égaux au quarré de la droite AL et les quarrés
des droites BZ, ZA sont égaux aux quarrés de
la droite AB : donc les quarrés des droites AG,
GL sont égaux aux quarrés des droites BZ, ZA;
mais le quarré de BZ est plus petit que le quarré

de GL : donc le quarré de ZA est plus grand que le quarré de AG : donc la droite AZ est plus grande que la droite AG.

Donc, deux sphères concentriques ayant été données, on a décrit dans la plus grande un polyèdre qui ne touche pas la surface de la plus petite ; ce qu'il falloit faire.

COROLLAIRE.

Si l'on décrit dans une autre sphère un polyèdre semblable à celui qui est décrit dans la sphère BCDE, le polyèdre décrit dans la sphère BCDE sera au polyèdre qui est décrit dans une autre sphère en raison triplée du diamètre de la sphère BCDE au diamètre de l'autre sphère ; car ayant divisé ces polyèdres en pyramides égales en nombre et dans le même ordre, on aura des pyramides semblables. Mais les pyramides semblables sont en raison triplée des côtés homologues (cor. 8. 12) : donc la pyramide qui a pour base le quadrilatère KBPS et pour sommet le point A sera à la pyramide correspondante de l'autre sphère en raison triplée d'un côté de la première au côté homologue de la seconde, c'est-à-dire en raison triplée du rayon AB de la sphère qui a pour centre le point A au rayon de l'autre sphère. Semblablement chacune des pyramides comprises dans la sphère qui a pour centre le point A sera à chacune des pyramides du même ordre comprise dans l'autre sphère en raison triplée du rayon AB au rayon de l'autre sphère. Mais un des antécédens est à un des conséquens comme tous les antécédens sont à tous les conséquens (prop. 12. 5) : donc le polyèdre total compris dans la sphère qui a pour centre le point A est au polyèdre total compris dans l'autre sphère en raison triplée du rayon AB au rayon de l'autre sphère, c'est-à-dire en raison triplée du diamètre AB au diamètre de l'autre sphère ; ce qu'il falloit démontrer. •

PROPOSITION XVIII.

THÉORÊME.

Les sphères sont entr'elles en raisons triplées de leurs diamètres.

Imaginez les sphères ABC, DEF (fig. 221) dont les diamètres sont les droites BC, EF : je dis que la sphère ABC est à la sphère DEF en raison triplée du diamètre BC au diamètre EF.

Car si cela n'est point, la sphère ABC sera à une sphère plus petite ou à une sphère plus grande que la sphère DEF en raison triplée de

BC à EF. Supposons d'abord que la sphère ABC
soit à une sphère plus petite, savoir à la sphère
GHK en raison triplée de BC à EF. Imaginez
la sphère DEF placée autour du même centre que la sphère GHK ; décrivez dans la plus
grande sphère DEF un polyèdre qui ne touche point la surface de la plus petite sphère
GHK (prop. 17. 12), et dans la sphère ABC
décrivez un polyèdre semblable à celui qui est
décrit dans la sphère DEF; le polyèdre inscrit dans la sphère ABC sera au polyèdre inscrit
dans la sphère DEF en raison triplée de BC à
EF (cor. 17. 12); mais, par supposition, la
sphère ABC est à la sphère GHK en raison
triplée de BC à EF : donc la sphère ABC est à
la sphère GHK comme le polyèdre inscrit dans
la sphère ABC est au polyèdre inscrit dans la
sphère DEF (prop. 11. 5) : donc en échangeant les places des moyens la sphère ABC sera
au polyèdre inscrit dans cette sphère comme
la sphère GHK est au polyèdre inscrit dans la
sphère DEF ; mais la sphère ABC est plus
grande que le polyèdre qui lui est inscrit : donc
la sphère GHK est plus grande que le polyèdre inscrit dans la sphère DEF; mais au contraire il est plus petit, car il est inscrit dans
cette sphère, ce qui est impossible : donc la

sphère ABC n'est point à une sphère plus petite que la sphère DEF en raison triplée de BC à EF. Nous démontrerons semblablement que la sphère DEF n'est point à une sphère plus petite que la sphère ABC en raison triplée de EF à BC. Je dis de plus que la sphère ABC n'est point à une sphère plus grande que la sphère DEF en raison triplée de BC à EF; car si cela peut se faire, supposons que la sphère ABC soit à une sphère plus grande que la sphère DEF, savoir à la sphère LMN en raison triplée de BC à EF; en mettant les conséquens à la place des antécédens et les antécédens à la place des conséquens, la sphère LMN sera à la sphère ABC en raison triplée du diamètre EF au diamètre BC. Mais la sphère LMN est à la sphère ABC comme la sphère DEF est à une sphère plus petite que la sphère ABC, ainsi que cela a été démontré, puisque la sphère LMN est plus grande que la sphère DEF : donc la sphère DEF est à une sphère plus petite que la sphère ABC en raison triplée de EF à BC; ce qui a été démontré impossible : donc la sphère ABC n'est point à une sphère plus grande que la sphère DEF en raison triplée de BC à EF; mais nous avons démontré que la sphère ABC n'est point à une sphère plus petite que la sphère DEF en raison triplée de AB à EF : donc la sphère ABC est à la sphère DEF en raison triplée de AB à EF; ce qu'il falloit démontrer.

FIN DU DOUZIÈME ET DERNIER LIVRE.

SUPPLÉMENT

A LA GÉOMÉTRIE D'EUCLIDE;

par F. PEYRARD, Bibliothécaire de l'Ecole
Polytechnique.

SUPPLÉMENT

A LA GÉOMÉTRIE D'EUCLIDE.

DÉFINITIONS.

1. Un cercle est une surface plane comprise dans une seule ligne qu'on appelle circonférence et qui est telle que toutes les droites menées à cette ligne d'un des points qui sont placés dans la figure sont égales entr'elles.

2. Ce point s'appelle le centre du cercle.

3. Un diamètre est une droite menée par le centre et terminée des deux côtés par la circonférence du cercle.

4. Un rayon est une droite menée du centre à la circonférence.

5. Une corde est une droite menée d'un point de la circonférence à un autre point sans passer par le centre.

6. Un arc est une portion de la circonférence.

7. Un secteur est une figure comprise entre deux rayons qui font un angle et la circonférence du cercle.

8. Un segment de cercle est une figure comprise entre une corde et la circonférence du cercle.

9. Les secteurs et les segmens circulaires sont semblables lorsque les rayons qui comprennent leurs arcs sont égaux.

10. Un cylindre est un solide contenu sous deux cercles égaux et parallèles et sous la surface décrite par une droite qui se meut sur les circonférences de ces cercles parallèlement à la droite menée par les centres de ces mêmes cercles, jusqu'à ce qu'elle soit revenue au même endroit d'où elle étoit partie.

11. Les deux cercles égaux et parallèles s'appellent les bases du cylindre.

12. La surface décrite par cette droite s'appelle la surface convexe du cylindre.

13. La droite menée par les centres des deux bases s'appelle l'axe du cylindre.

14. Lorsque l'axe est perpendiculaire sur les bases, on dit que le cylindre est droit ; on dit qu'il est oblique lorsque l'axe n'est point perpendiculaire sur les bases.

15. On peut définir le cylindre droit en disant, que le cylindre droit est un solide compris sous la surface décrite par trois côtés d'un parallélogramme rectangle tournant autour de

son quatrième côté qui reste immobile jusqu'à ce que ce rectangle soit revenu au même endroit d'où il étoit parti.

16. Un cône est un solide contenu sous un cercle et sous la surface décrite par une droite qui se meut sur la circonférence de ce cercle en tournant autour d'un point immobile placé au-dessus de ce même cercle, jusqu'à ce que cette droite soit revenue au même endroit d'où elle étoit partie.

17. Ce cercle s'appelle la base du cône.

18. La surface décrite par la droite qui tourne autour d'un point immobile et sur la circonférence de la base s'appelle la surface convexe du cône.

19. Le point immobile s'appelle le sommet du cône.

20. La droite menée du sommet sur le centre de sa base s'appelle l'axe du cône.

21. Lorsque l'axe est perpendiculaire sur la base, on dit que le cône est droit; on dit qu'il est oblique lorsque l'axe n'est point perpendiculaire sur la base.

22. On peut définir le cône droit en disant que le cône droit est un solide contenu sous la surface décrite par deux côtés d'un triangle rectangle tournant autour d'un des côtés de

F f

l'angle droit qui reste immobile jusqu'à ce que ce triangle soit revenu au même endroit d'où il étoit parti.

23. Les cylindres droits et les cônes droits sont semblables lorsque leurs axes et les diamètres de leurs bases sont proportionnels ; les cylindres obliques et les cônes obliques sont semblables lorsque leurs axes et les diamètres de leurs bases sont proportionnels et que leurs axes sont également inclinés sur les bases.

24. Une sphère est un solide contenu sous la surface décrite par l'arc d'un demi-cercle tournant autour de son diamètre immobile jusqu'à ce que ce demi-cercle soit revenu au même endroit d'où il étoit parti.

25. L'axe de la sphère est cette droite immobile autour de laquelle tourne le demi-cercle.

26. Les extrémités de l'axe s'appellent les pôles de la sphère.

27. Le centre de la sphère est le même que celui du demi-cercle.

28. La surface décrite par la demi-circonférence est la surface de la sphère.

29. On appelle zône la surface décrite par un arc qui est plus petit que la demi-circonférence et dont une des extrémités n'est point un des pôles de la sphère.

30. Un secteur sphérique est un solide contenu sous la surface décrite par l'arc et par un des rayons d'un secteur circulaire tournant autour de son autre rayon jusqu'à ce que ce secteur circulaire soit revenu au même endroit d'où il étoit parti.

31. Un segment sphérique est un solide contenu sous la surface décrite par le demi-arc et par la demi-corde d'un segment circulaire tournant autour d'un rayon perpendiculaire sur la corde de cet arc jusqu'à ce que ce demi-segment circulaire soit revenu au même endroit d'où il étoit parti.

32. On appelle calotte de sphère la surface décrite par le demi-arc du secteur circulaire.

33. La hauteur d'un segment sphérique est la partie du rayon immobile qui est comprise entre l'arc et la corde du secteur circulaire.

34. Les secteurs et les segmens sphériques sont semblables lorsque les secteurs et les segmens circulaires qui les ont engendrés sont semblables.

PROPOSITION PREMIÈRE.

THÉORÈME.

Si un polygone est inscrit dans un cercle, il est évident que le contour du polygone inscrit est plus petit que la circonférence du cercle.

Car chaque côté du polygone inscrit est plus petit que l'arc qu'il soutend.

> Archimède, de la sphère et du cylindre
> (prop. 1 , liv. 1).

PROPOSITION II.

THÉORÈME.

Si un polygone est circonscrit à un cercle, le con-tour de ce polygone est plus grand que la cir-conférence de ce cercle.

Soit ABCDE (fig. 222) un polygone circons-crit au cercle RSTVX : je dis que le contour du polygone ABCDE est plus grand que la circonférence du cercle RSTVX.

Car puisque les deux droites XA, AR com-prennent l'arc XR et qu'elles ont les mêmes extrémités X, R que cet arc, les deux droites XA, AR sont plus grandes que l'arc XR. Pareil-lement les deux droites RB, BS sont plus grandes que l'arc RS. Les deux droites SC, CT sont aussi plus grandes que l'arc ST ; les deux droites

TD, DV plus grandes que l'arc TV, et enfin les deux droites VE, EX plus grandes que l'arc VX : donc le contour total du polygone circonscrit est plus grand que la circonférence entière (1); ce qu'il falloit démontrer.

Archimède, de la sphère et du cylindre (prop. 2, liv. 1).

---

(1) Il est évident que le contour du polygone inscrit dans un cercle est plus petit que la circonférence de ce cercle; mais il n'est pas également évident que le contour du polygone circonscrit à un cercle soit plus grand que la circonférence de ce cercle; et tous les efforts que l'on feroit pour démontrer cette proposition, qui est cependant incontestable, se réduiroient à démontrer qu'un polygone circonscrit est toujours plus grand qu'un polygone inscrit. Pour démontrer cette proposition, Archimède pose en principe que deux droites qui comprennent un arc et qui ont les mêmes extrémités que cet arc sont plus grandes que cet arc; si Archimède n'a pas démontré ce principe, qui n'est point évident par lui-même, c'est parce qu'il est impossible de le démontrer d'une manière satisfaisante. C'est sans doute à cause du défaut de l'évidence de cette proposition et à cause de l'impossibilité de la démontrer rigoureusement, qu'Euclide n'a point fait usage de cette proposition, sans laquelle il lui a été impossible de démontrer plusieurs théorêmes importans concernant le cercle, le cylindre, le cône et la sphère.

PROPOSITION III.

THÉORÊME.

*Si deux cercles sont concentriques et si les côtés
d'un polygone régulier inscrit dans le plus grand
cercle ne touchent point la circonférence du plus
petit, le contour de ce polygone est plus grand
que la circonférence du plus petit cercle.*

Soient FGHIK, LMNPQ (fig. 222) deux
cercles concentriques et LMNPQ un polygone
régulier inscrit dans le plus grand, de manière
que les côtés de ce polygone ne touchent point
la circonférence du plus petit cercle : je dis que
le contour du polgone LMNPQ est plus grand
que la circonférence FGHIK.

Du centre O menez sur les côtés du polygone LMNPQ les perpendiculaires OR', OS',
OT', OV', OX', et par les points où ces perpendiculaires rencontrent la circonférence FGHIK
menez les tangentes AB, BC, CD, DE, EA;
ces tangentes seront les côtés d'un polygone
régulier circonscrit au cercle FGHIK.

Puisque dans les triangles semblables LOM,
AOB le côté OL est plus grand que le côté
OA, le côté LM sera plus grand que le côté
AB. On démontrera de la même manière que

les autres côtés du polygone LMNPQ sont plus grands que les côtés correspondans du polygone ABCDE : donc le contour du polygone LMNPQ est plus grand que le contour du polygone ABCDE ; mais le contour du polygone ABCDE est plus grand que la circonférence FGHIK : donc à plus forte raison le contour du polygone LMNPQ est plus grand que la circonférence FGHIK.

Donc si deux cercles sont concentriques et si les côtés d'un polygone régulier inscrit dans le plus grand cercle ne touchent point la circonférence du plus petit, le contour de ce polygone sera plus grand que la circonférence du plus petit cercle ; ce qu'il falloit démontrer.

PROPOSITION IV.

PROBLÈME.

Deux cercles étant concentriques, inscrire dans le plus grand un polygone régulier d'un nombre pair de côtés qui ne touche point la circonférence du plus petit.

Soient les deux cercles concentriques ABCD, EFGH (fig. 223) : il faut dans le plus grand cercle ABCD inscrire un polygone régulier

4

d'un nombre pair de côtés qui ne touche point
le plus petit cercle EFGH.

Par le centre K conduisez la droite BD, et
par le point G menez la droite AG perpendiculaire sur la droite BD et prolongez cette droite
vers le point C. La droite AC touchera le cercle EFGH. Partagez la demi-circonférence BAD
en deux parties égales et sa moitié en deux
parties égales, et ainsi de suite jusqu'à ce qu'il
reste un arc plus petit que l'arc AD. Qu'on ait
cet arc et que cet arc soit LD; du point L conduisez sur la droite BD la perpendiculaire LM;
prolongez cette perpendiculaire vers le point N
et menez les droites LD, DN; la droite LD
sera égale à la droite DN; et puisque la droite
LN est parallèle à la droite AC et que la droite
AC touche le cercle EFGH, la droite LN ne
touchera point le cercle EFGH; et à plus forte
raison les droites LD, DN ne toucheront point
ce même cercle EFGH: donc si l'on applique
sur la circonférence ABED, à la suite les unes
des autres, des droites égales à la droite LD,
on décrira un polygone régulier d'un nombre
pair de côtés qui ne touchera point le cercle
EFGH; ce qu'il falloit faire.

PROPOSITION V.

PROBLÈME.

*Deux secteurs circulaires semblables et concen-
triques étant donnés, inscrire dans le plus grand
une portion de polygone régulier qui ne touche
point l'arc du plus petit.*

Soient les deux secteurs semblables et concentriques IKD, HKG (fig. 223) : il faut inscrire dans le plus grand une portion de polygone
régulier qui ne touche point l'arc du plus petit.

Par le centre K conduisez la droite BD et
par le point G menez la droite AC perpendiculaire sur la droite BD; partagez l'arc ID en
deux parties égales et sa moitié en deux parties
égales, et ainsi de suite jusqu'à ce qu'il reste
un arc plus petit que l'arc AD. Qu'on ait cet
arc, et que cet arc soit LD; du point L conduisez sur la droite BD la perpendiculaire LM,
prolongez cette perpendiculaire vers le point
N et menez les droites LD, DN; la droite LD
sera égale à la droite DN; et puisque la droite
LN est parallèle à la droite AC et que la droite
AC touche le cercle EFGH, la droite LN ne
touchera point le cercle EFGH; et à plus forte
raison les droites LD, DN ne toucheront point

le même cercle EFGH : donc si l'on applique
sur l'arc ID, à la suite les uns des autres des
droites égales à la droite LD, on décrira une
portion de polygone régulier qui ne touchera
point l'arc HG ; ce qu'il falloit faire.

PROPOSITION VI.

PROBLÊME.

*Deux cercles étant concentriques, circonscrire au
plus petit un polygone régulier dont les côtés
soient en nombre pair et ne rencontrent point
la circonférence du plus grand.*

Soient les deux cercles concentriques LMNPQ,
FGHIK (fig. 222) : il faut au plus petit cercle
FGHIK circonscrire un polygone régulier dont
les côtés soient pairs en nombre et ne rencontrent point la circonférence du plus grand cercle LMNPQ.

Dans le grand cercle LMNPQ inscrivez un
polygone régulier dont les côtés soient pairs en
nombre et ne touchent point la circonférence
du plus petit cercle. Circonscrivez ensuite au
plus petit cercle un polygone semblable au polygone inscrit. Il est évident que le polygone
circonscrit au plus petit cercle sera un polygone régulier dont les côtés seront pairs en

nombre et ne rencontreront point la circonférence du plus grand cercle ; ce qu'il falloit faire.

PROPOSITION VII.

PROBLÊME.

Deux secteurs circulaires, semblables et concen-
triques étant donnés, circonscrire au plus petit
une portion de polygone régulier dont les côtés
ne rencontrent point l'arc du plus grand.

Soient les deux secteurs circulaires semblables et concentriques I K D, H K G (fig. 223) :
il faut circonscrire au plus petit une portion de
polygone régulier dont les côtés ne rencontrent point l'arc du plus grand.

Dans le plus grand secteur inscrivez une
portion de polygone régulier dont les côtés ne
touchent point l'arc du plus petit secteur. Circonscrivez ensuite à l'arc du plus petit secteur
une portion de polygone semblable à la portion
du polygone régulier inscrit dans le plus grand
secteur.

Il est évident que la portion de polygone
circonscrite au plus petit secteur sera une portion de polygone régulier dont les côtés ne rencontreront point l'arc du plus grand secteur ;
ce qu'il falloit faire.

PROPOSITION VIII.

THÉORÈME.

Les circonférences de cercles sont entr'elles comme leurs diamètres.

Soient les deux cercles ABCD, EFGH (fig. 224) : je dis que le diamètre BD est au diamètre FH comme la circonférence ABCD est à la circonférence EFGH.

Car si cela n'est point, le diamètre BD sera au diamètre FH comme la circonférence ABCD est à une circonférence plus petite ou à une circonférence plus grande que la circonférence EFGH. Supposons d'abord, si cela est possible, que le diamètre BD soit au diamètre FH comme la circonférence ABCD est à une circonférence plus petite, savoir, à la circonférence concentrique RSTV. Inscrivons dans le cercle EFGH un polygone régulier EIFKGLHM dont les côtés soient pairs en nombre et ne touchent point la circonférence RSTV; inscrivons ensuite dans le cercle ABCD un polygone semblable ANBOCPDQ, le diamètre BD sera au diamètre FH comme le polygone ANBOCPDQ est au polygone EIFKGLHM; mais par supposition le diamètre BD est au diamètre FH comme la circonférence ABCD est à la circonférence RSTV : donc la circonférence ABCD est à la circonférence RSTV comme le polygone ANBOCPDQ est au polygone EIFKGLHM : donc, en échangeant les places des moyens, la circonférence ABCD sera au polygone ANBOCPDQ comme le cercle RSTV est au polygone EIFKGLHM ; mais la circonférence ABCD est plus grande que le contour du polygone ANBOCPDQ qui lui est inscrit : donc la circonférence RSTV est plus grande que le contour du polygone EIFKGLHM ; mais au contraire la circonférence RSTV est plus petite que le contour du polygone EIFKGLHM ; ce qui est impossible : donc le diamètre BD n'est point au diamètre FH comme la circonférence ABCD est à une circonférence plus petite que la circonférence EFGH.

Je dis à présent que le diamètre BB n'est point au diamètre FH comme la circonférence ABCD est à une circonférence plus grande que la circonférence EFGH. Car supposons que le diamètre BD soit au diamètre FH comme la circonférence ABCD est à une circonférence plus grande que la circonférence EFGH, savoir, à la circonférence concentrique R'S'T'V'. Circonscrivons au cercle EFGH un polygone régulier dont les côtés soient pairs en nombre et ne rencontrent point la circonférence R'S'T'V'. Circonscrivons au cercle ABCD un polygone semblable. Le diamètre BD est au diamètre FH comme le contour du polygone circonscrit au cercle ABCD est au contour du polygone circonscrit au cercle EFGH; mais par supposition le diamètre BD est au diamètre EH comme la circonférence ABCD est à la circonférence R'S'T'V' : donc la circonférence ABCD est à la circonférence R'S'T'V' comme le contour du polygone circonscrit au cercle ABCD est au contour du polygone circonscrit au cercle EFGH : donc en échangeant les places des moyens, la circonférence ABCD est au contour du polygone qui lui est circonscrit comme la circonférence R'S'T'V' est au contour du polygone circonscrit au cercle EFGH; mais la circonférence ABCD est plus petite que le contour du polygone qui lui est circonscrit : donc la circonférence R'S'T'V' est plus petite que le contour du polygone circonscrit au cercle EFGH; mais cette circonférence est au contraire plus grande; ce qui est impossible : donc le diamètre BD n'est point au diamètre FH comme la circonférence ABCD est à une circonférence plus grande que la circonférence

EFGH; mais on a démontré que le diamètre AD n'est point au diamètre FH comme la circonférence ABCD est à une circonférence plus petite que la circonférence EFGH : donc le diamètre AB est au diamètre FH comme la circonférence ABCD est à la circonférence EFGH.

Donc les circonférences de cercles sont entre elles comme leurs diamètres ; ce qu'il falloit démontrer.

COROLLAIRE.

Puisque les circonférences de cercles sont entr'elles comme leurs diamètres, et que par conséquent les diamètres des cercles sont entre eux comme leurs circonférences, il est évident que si l'on connoissoit le diamètre d'un cercle et sa circonférence, on trouveroit la circonférence de tout autre cercle dont le diamètre seroit connu, en faisant la proportion suivante : Le diamètre du cercle dont on connoît la circonférence est à la circonférence de ce cercle comme le diamètre du cercle dont on ne connoît pas la circonférence est à la circonférence de ce cercle. Si l'on vouloit trouver le diamètre d'un cercle dont on connoîtroit la circonférence, on feroit la proportion suivante : La circonférence du cercle dont on connoît le diamètre est au diamètre de ce cercle comme la circonférence connue du cercle dont on ne connoît pas le diamètre est au diamètre de ce cercle. Mais il est impossible de trouver exactement la longueur de la circonférence d'un cercle dont le diamètre est connu ; et il est également impossible de trouver exactement le diamètre d'un cercle lorsque la longueur de sa circonférence est donnée.

PROPOSITION IX.

THÉORÈME.

Un cercle étant donné, on peut lui circonscrire un polygone régulier et lui inscrire un polygone semblable, de manière que la différence des contours de ces deux polygones soit plus petite qu'une droite donnée quelque petite qu'elle soit.

Soit ABCDEF (fig. 225) le cercle donné et N la droite donnée : je dis qu'on peut circonscrire à ce cercle un polygone régulier et lui inscrire un polygone semblable, de manière que la différence des contours de ces deux polygones soit plus petite que la droite donnée N.

Circonscrivons au cercle ABCDEF un polygone régulier A'B'C'D'E'F' et inscrivons-lui un polygone semblable, de manière que leurs côtés soient parallèles, et du centre O menons la droite OG′ perpendiculaire sur le côté A′B′ du polygone circonscrit; cette droite sera aussi perpendiculaire sur le côté AB du polygone inscrit, à cause que les côtés de ces deux polygones sont parallèles. Puisque les contours des polygones réguliers et semblables sont entr'eux comme les perpendiculaires menées de leurs centres sur leurs côtés, le contour du polygone ABCDEF sera au contour du polygone A′B′C′D′E′F′ comme la droite OG est à la droite OG′. Si nous circonscrivons au cercle ABCDEF un polygone régulier dont le nombre des côtés soit double, et si nous lui inscrivons un polygone semblable, si nous continuons de faire toujours la même chose, et si nous appelons P′ le contour d'un des polygones circonscrits et P le contour du polygone inscrit qui lui est semblable ; si nous appelons R′ la perpendiculaire menée du centre sur un des côtés du polygone circonscrit et R la perpendiculaire menée du centre sur un des côtés du polygone inscrit, nous aurons la proportion suivante :

$$P' : P :: R' : R$$

ou bien

$$P' - P : P :: R' - R : R.$$

Gg

Cette dernière proposition donnera l'équation suivante :

$$P' - P = \frac{P \times (R' - R)}{R}.$$

Mais puisque la quantité $R' - R$ qui est la différence de la perpendiculaire menée du centre sur un côté des polygones circonscrits et de la perpendiculaire menée de ce même centre sur un côté du polygone inscrit qui lui èst semblable diminue toujours à mesure que le nombre des côtés des polygones circonscrits et inscrits augmente, il est évident qu'en continuant de circonscrire au cercle ABCDEF des polygones réguliers dont le nombre des côtés soit toujours double et de lui inscrire des polygones semblables, il arrivera nécessairement que la quantité $\frac{P}{R} \times (R' - R)$ deviendra plus petite que la quantité N et par conséquent que la quantité $P' - P$, c'est-à-dire que la différence des contours d'un polygone régulier circonscrit et d'un polygone semblable inscrit.

Donc un cercle étant donné, on peut lui circonscrire un polygone régulier et lui inscrire un polygone semblable, de manière que la différence des contours de ces polygones soit plus petite qu'une droite donnée N, quelque petite qu'elle soit ; ce qu'il falloit démontrer.

COROLLAIRE.

Puisqu'un cercle étant donné, on peut lui circonscrire un polygone régulier et lui inscrire un polygone semblable, de manière que la différence des contours de ces deux polygones soit plus petite qu'une droite donnée N, quelque petite qu'elle soit ; et puisque le contour d'un polygone circonscrit est toujours plus grand que la circonférence, et que le contour d'un polygone inscrit est toujours plus petit que cette même circonférence, il est évident qu'on peut, à plus forte raison, circonscrire à un cercle ou lui inscrire un polygone régulier de manière que la différence du contour du polygone circonscrit ou du polygone inscrit et de la circonférence de ce cercle soit plus petite qu'une droite donnée N, quelque petite qu'elle soit.

PROPOSITION X.

PROBLÊME.

*Trouver la circonférence approchée d'un cercle
dont on connoît le diamètre.*

Soit ABCDEF (fig. 225) un cercle dont on
connoît le diamètre AD : il faut trouver la circonférence approchée de ce cercle.

Inscrivons dans le cercle ABCDEF un exa-
gone régulier et circonscrivons-lui un polygone
semblable, de manière que les côtés de ces
deux polygones soient parallèles ; du centre O
menons la droite OG′ perpendiculaire sur le
côté A′B′ du polygone circonscrit ; cette droite
sera aussi perpendiculaire sur le côté AB,
parce que les côtés de ces polygones sont parallèles.

Puisque les côtés d'un hexagone régulier inscrit dans un cercle sont égaux chacun au rayon
de ce cercle, le contour de l'hexagone inscrit
dans le cercle ABCDEF sera égal au rayon OB
multiplié par six.

A cause que le triangle OGB est rectangle
en G et à cause que la droite GB est égale à la
moitié de la droite AB, le quarré de la droite
OG est égal au quarré du rayon OB moins le

quarré de la droite de GB qui égal à la moitié du rayon : donc la droite OG sera égale à la racine quarrée de la différence du quarré du rayon et du quarré de la moitié du rayon.

Les deux triangles AOB, A'OB' sont semblables : donc la droite OG est à la droite OG' comme la droite AB est à la droite A'B' : donc la droite A'B' est égale au produit de la droite AB par la droite OG' divisé par la droite OG : donc le contour de l'hexagone régulier circonscrit au cercle ABCDEF est égal à ce produit multiplié par six.

Le contour de l'hexagone inscrit dans le cercle ABCDEF est plus petit que la circonférence de ce cercle, et le contour de l'hexagone circonscrit à ce cercle est au contraire plus grand que sa circonférence. Pour avoir une première valeur approchée de la circonférence du cercle ABCDEF, ajoutons les deux quantités auxquelles les contours du polygone inscrit et du polygone circonscrit sont égales, et prenons la moitié de leur somme ; la moitié de la somme de ces deux quantités sera la première valeur approchée de la circonférence ABCDEF.

Pour avoir une seconde valeur qui soit plus approchée de la circonférence ABCDEF, inscrivons dans cette circonférence un dodéca-

gone régulier et circonscrivons-lui ensuite un
polygone semblable, de manière que les côtés
de ces deux polygones soient parallèles. Du
centre O menons un rayon perpendiculaire sur
un des côtés KH du dodécagone circonscrit,
ce rayon sera aussi perpendiculaire sur le côté
BG′ du polygone inscrit, puisque les côtés de
ces polygones sont parallèles. ,

Puisque le triangle HGB est rectangle en G,
le quarré du côté G′B est égal au quarré de la
droite GB et au quarré de la droite GG′ : donc
la droite G′B égale la racine quarrée de la somme
des quarrés de la droite BG qui est la moitié de
la droite AB et de la droite GG′ qui est la différence du rayon G′O et du rayon OG. Multi-
pliant cette racine par douze, on aura le contour du dodécagone régulier inscrit dans le
cercle ABCDEF.

Le triangle OgB étant rectangle en g, le
quarré de la droite Og sera égal au quarré du
rayon OB moins le quarré de la droite Bg : donc
la droite Og égale la racine quarrée de la différence du quarré du rayon OB et du quarré de
la droite Bg qui est la moitié de la droite BG′.

Les deux triangles G′OB, HOK sont semblables : donc la droite Og est à la droite Og′
comme la droite BG′ est à la droite KH : donc

la droite KH est égale au produit de la droite BG′ par la droite O𝑔′ divisé par la droite O𝑔 : donc le contour du dodécagone régulier circonscrit est égal à ce produit multiplié par douze.

Connoissant les contours du dodécagone régulier inscrit dans le cercle ABCDEF et du dodécagone régulier semblable qui lui est circonscrit, si l'on ajoute ces deux quantités et si l'on divise leur somme par deux, la moitié de la somme de ces deux quantités sera une seconde valeur qui sera plus approchée de la circonférence ABCDEF.

Si l'on continue d'inscrire dans la circonférence ABCDEF et de lui circonscrire des polygones dont le nombre des côtés soit toujours double, si l'on fait des opérations analogues à celles que nous venons de faire, et si l'on représente le rayon par un nombre quelconque, on aura des valeurs qui seront de plus en plus approchées de la circonférence dont on connoît le diamètre ou le rayon. C'est ainsi qu'Archimède a trouvé que la circonférence d'un cercle dont le diamètre est 7 égale 22 à peu de chose près, et qu'Adrien Métius a trouvé dans la suite que la circonférence d'un cercle dont le diamètre est 113 égale 355 à très-peu de chose près.

PROPOSITION XI.

THÉORÈME.

Un cercle est égal à un triangle rectangle dont un des côtés de l'angle droit est égal à la circonférence de ce cercle et dont l'autre côté de l'angle droit est égal au rayon.

Soient le cercle ABCD (fig. 226) et un triangle rectangle EFG dont le côté FG soit égal à la circonférence de ce cercle et dont le côté EF soit égal à son rayon : je dis que le cercle ABCD est égal au triangle EFG.

Car si cela n'est point, le triangle EFG sera plus petit ou plus grand que le cercle ABCD. Supposons d'abord que le triangle EFG soit plus petit que le cercle ABCD, et qu'il soit égal à un cercle plus petit, savoir au cercle HKLM. Inscrivons dans le cercle ABCD un polygone régulier dont les côtés soient pairs en nombre et ne touchent point la circonférence HKLM; du centre O menons sur le côté AN la perpendiculaire OP, le polygone inscrit est égal à un triangle rectangle dont un des côtés de l'angle droit est égal à la somme des côtés de ce polygone et dont l'autre côté de l'angle droit est égal à la perpendiculaire PO. Mais le contour du polygone inscrit est plus petit que la circonférence du cercle ABCD et la perpendiculaire PO est plus petite que le rayon de ce cercle : donc ce polygone est plus petit que le triangle EFG dont le côté FG est égal à la circonférence du cercle ABCD et dont le côté EF est égal au rayon de ce même cercle. Mais, par supposition, le triangle EFG est égal au cercle HKLM : donc le polygone inscrit est plus petit que ce même cercle ; mais au contraire il est plus grand ; ce qui est impossible : donc le triangle EFG n'est pas plus petit que le cercle ABCD.

Supposons en second lieu que le triangle EFG soit plus grand que le cercle ABCD, et qu'il soit égal au cercle H'K'L'M'. Circonscrivons au cercle ABCD un polygone régulier dont les côtés soient pairs en nombre et ne rencontrent point la circonférence H'K'L'M'; du centre O menons au point de contact P' le rayon OP'. Le polygone circonscrit est égal à un triangle rectangle dont un des côtés de l'angle droit est égal au contour de ce polygone et dont l'autre côté de l'angle droit est égal au rayon OP'. Mais le contour du polygone circonscrit est plus grand que la circonférence du cercle ABCD : donc le polygone circonscrit est

plus grand que le triangle EFG dont le côté
FG est égal à la circonférence du cercle ABCD
et dont le côté EF est égal au rayon de ce
même cercle. Mais, par supposition, le triangle
EFG est égal au cercle H K′L′M′ : donc le polygone circonscrit est plus grand que le cercle
H′K′L′M′; mais au contraire ce polygone est
plus petit ; ce qui est impossible : donc le triangle EFG n'est pas plus grand que le cercle
ABCD; mais on a démontré qu'il n'est pas plus
petit : donc il lui est égal.

Donc la surface d'un cercle est égale à un
triangle rectangle dont un des côtés de l'angle
droit est égal à la circonférence de ce cercle
et dont l'autre côté de l'angle droit est égal à
son rayon ; ce qu'il falloit démontrer.

PROPOSITION XII.

THÉORÈME.

Un secteur de cercle est égal à un triangle dont
un des côtés de l'angle droit est égal à l'arc
compris par les deux rayons de ce secteur et dont
l'autre côté de l'angle droit est égal au rayon
de ce cercle.

Soit le secteur ANO (fig. 226) et le triangle
rectangle EFG′ dont le côté FG′ de l'angle droit

est égal à l'arc AN et dont l'autre côté EF de l'angle droit est égal au rayon du cercle ABCD : je dis que le triangle EFG' est égal au secteur ANO.

Prolongez le côté FG' et faites le côté FG égal à la circonférence du cercle ABCD, et menez la droite EG'.

Puisqu'un cercle est à un secteur de ce cercle comme la circonférence entière est à l'arc compris par les deux rayons de ce secteur, le cercle ABCD est au secteur ANO comme la circonférence du cercle ABCD est à l'arc AN ; mais la circonférence du cercle ABCD est égale à la droite FG, par supposition, et l'arc AN égal aussi à la droite FG' : donc le cercle ABCD est au secteur ANO comme la droite FG est à la droite FG' ; mais le triangle EFG est au triangle EFG' comme la droite FG est à la droite FG : donc le cercle ABCD est au secteur ANO comme le triangle EFG est au triangle EFG' : donc, en échangeant les plans des moyens, le cercle ABCD est au triangle EFG comme le secteur ANO est au triangle EFG' ; mais le cercle ABCD est égal au triangle EFG : donc le secteur ANO est égal au triangle EFG'.

Donc la surface d'un secteur est égale à un triangle rectangle dont un des côtés de l'angle droit est égal à l'arc compris par les rayons de ce secteur et dont l'autre côté de l'angle droit est égal au rayon de ce secteur ; ce qu'il falloit démontrer.

PROPOSITION XIII.

THÉORÈME.

Les cercles sont entr'eux comme les quarrés de leurs rayons.

Soient les deux cercles ABCD, FGHK (fig. 227) : je dis que le cercle ABCD est au cercle FGHK comme le quarré du rayon AE est au quarré du rayon FL.

Supposons que le côté NO de l'angle droit du triangle rectangle MNO soit égal à la circonférence du cercle ABCD, que l'autre côté MN de l'angle droit soit égal au rayon du même cercle : supposons ensuite que le côté QR de l'angle droit du triangle rectangle PQR soit égal à la circonférence du cercle FGHK et que l'autre côté PQ de l'angle droit du même triangle soit égal au rayon du même cercle.

Puisque les droites NO, QR sont égales aux circonférences des cercles ABCD, FGHC, que les droites MN, PQ sont égales aux rayons de ces cercles, et que les circonférences des cercles sont entr'elles comme leurs rayons, le côté

NO sera au côté QR comme le côté MN est
au côté PQ; mais les angles N, Q sont droits :
donc les deux triangles MNO, PQR sont semblables; mais les triangles semblables sont entre
eux comme les quarrés de leurs côtés homologues : donc le triangle MNO est au triangle
PQR comme le quarré du côté MN est au
quarré du côté homolgue PQ; mais le cercle
ABCD est égal au triangle MNO, le cercle
FGHK égal au triangle PQR, le côté MN
égal au rayon AE, et le côté PQ égal au rayon
FL : donc le cercle ABCD est au cercle FGHK
comme le quarré du rayon AE est au quarré du
rayon FL.

Donc les cercles sont entr'eux comme les
quarrés de leurs rayons; ce qu'il falloit démontrer.

COROLLAIRE.

Il suit manifestement de là que les secteurs
semblables sont aussi entr'eux comme les
quarrés de leurs rayons. En effet ces secteurs
sont égaux à des triangles rectangles semblables
qui sont entr'eux comme les quarrés de leurs
côtés homologues; mais parmi ces côtés homologues il en est qui sont égaux aux rayons de
ces cercles : donc les secteurs semblables sont
entr'eux comme les quarrés de leurs rayons.

PROPOSITION XIV.

THÉORÈME.

La surface convexe d'un cylindre droit est égale à un rectangle dont la base est égale à la circonférence de la base du cylindre et dont la hauteur est égale à celle du cylindre.

Soit le cylindre droit AQ (fig. 226) dont la base est le cercle ABCD et dont la hauteur est la droite OQ qui est en même tems l'axe du cylindre ; soit le rectangle RT dont la base ST est égale à la circonférence de la base de ce cylindre et dont la hauteur RS est aussi égale à celle de ce même cylindre : je dis que la surface convexe du cylindre droit est égale au rectangle RT.

Car si le rectangle RT n'est point égal à la surface convexe de ce cylindre, ce rectangle sera plus petit ou plus grand que la surface convexe de ce même cylindre.

Supposons d'abord que ce rectangle soit plus petit que la surface convexe de ce cylindre et qu'il soit égal à la surface d'un cylindre plus petit, savoir au cylindre HQ.

Dans la circonférence de la base du cylindre AQ inscrivons un polygone régulier qui ne

touche point la circonférence de la base du
cylindre HQ. Imaginons que ce polygone soit
la base d'un prisme droit inscrit dans le cylindre AQ, la surface de ce prisme, sans y comprendre ses deux bases, est égale à un rectangle dont la base est égale à la somme des côtés
de la base de ce prisme et dont la hauteur est
la droite OQ. Mais le contour du polygone inscrit est plus petit que la circonférence ABCD :
donc la surface de ce prisme, sans y comprendre ses deux bases, est plus petite que le rectangle RT. Mais, par supposition, ce rectangle
est égal à la surface convexe du cylindre HQ :
donc la surface du prisme, sans y comprendre
ses deux bases, est plus petite que la surface
convexe du cylindre HQ. Mais au contraire la
surface de ce prisme, sans y comprendre ses
deux bases, est plus grande que la surface convexe de ce cylindre : donc le rectangle RT
n'est pas plus petit que la surface convexe du
cylindre HQ.

Supposons en second lieu que le rectangle
RT soit plus grand que la surface convexe du
cylindre AQ et qu'il soit égal à la surface convexe d'un cylindre plus grand, savoir au cylindre H'Q ; autour de la circonférence de la
base ABCD décrivons un polygone régulier

dont les côtés ne rencontrent point la circonférence de la base H′K′M′L′; imaginons que ce
polygone soit la base d'un prisme circonscrit au
cylindre AQ; la surface de ce prisme, sans y comprendre ses deux bases, est égale à un rectangle qui a pour base une droite égale à la somme
des côtés de ce polygone et pour hauteur la
droite OQ; mais le contour du polygone circonscrit est plus grand que la circonférence
ABCD : donc la surface de ce prisme, sans y
comprendre les deux bases, est plus grande
que celle du rectangle RT; mais par supposition le rectangle RT est égal à la surface convexe du cylindre H′Q : donc la surface de ce
prisme, sans y comprendre ses deux bases, est
plus grande que la surface convexe du cylindre
H′Q; mais au contraire la surface de ce prisme,
sans y comprendre les deux bases, est plus
petite que la surface du cylindre H′Q; ce qui
est impossible : donc le rectangle RT n'est pas
plus grand que la surface convexe du cylindre
AQ. Mais nous avons démontré que ce rectangle n'est pas plus petit que cette surface : donc
le rectangle RT est égal à la surface convexe
du cylindre AQ.

Donc la surface convexe du cylindre droit
est égale à un rectangle dont la base est égale

à la circonférence de la base de ce cylindre et
dont la hauteur est égale à celle de ce même
cylindre ; ce qu'il falloit démontrer.

Il suit manifestement de là que les surfaces
convexes des cylindres droits et semblables sont
entr'elles comme les quarrés des diamètres de
leurs bases ; car puisque les surfaces convexes des
cylindres droits et semblables sont égales à des
rectangles dont les bases sont égales aux circonférences des bases de ces cylindres et dont les
hauteurs sont aussi égales aux hauteurs de ces
mêmes cylindres, et puisque les circonférences
des bases des cylindres droits et semblables sont
proportionnelles aux hauteurs de ces mêmes
cylindres, il est évident que les rectangles qui
sont égaux aux surfaces convexes des cylindres
droits et semblables, sont des figures semblables,
puisque leurs bases sont proportionnelles à leurs
hauteurs : donc ces rectangles sont entr'eux
comme les quarrés de leurs bases ; mais ces rectangles semblables sont égaux aux surfaces convexes de ces cylindres et les bases de ces rectangles sont égales aux circonférences des bases
de ces mêmes cylindres : donc les surfaces convexes des cylindres droits et semblables sont

H h

entr'elles comme les quarrés des circonférences
de leurs bases, et par conséquent comme les
quarrés des diamètres de leurs bases.

PROPOSITION XV.

THÉORÈME.

*Un cylindre droit ou oblique est égal à un paral-
lélépipède dont la base et la hauteur sont égales
à la base et à la hauteur de ce cylindre.*

Soit le cylindre AQ (fig. 226) dont la base est
le cercle ABCD et dont l'axe est la droite OQ;
soit aussi un parallélépipède RV (fig. 228) dont
la base et la hauteur soient égales à la base et
à la hauteur du cylindre AQ : je dis que le parallélépipède RV est égal au cylindre AQ.

Car si le parallélépipède RV n'est pas égal au
cylindre AQ, ce parallélépipède sera égal à un
cylindre plus petit ou à un cylindre plus grand.

Supposons d'abord que le parallélépipède RV
soit plus petit que le cylindre AQ et qu'il soit
égal à un cylindre plus petit, au cylindre HQ,
par exemple. Dans la circonférence de la base
ABCD inscrivons un polygone régulier qui ne
touche point la circonférence de la base HKLM,
et imaginons que ce polygone régulier soit la
base d'un prisme inscrit dans le cylindre AQ.

Puisque la base du polygone inscrit est plus petite que la base du cylindre AQ et que la base du cylindre AQ est égale à la base du parallélépipède rectangle RV, la base du prisme inscrit sera plus petite que la base du parallélépipède RV; mais le prisme inscrit et le parallélépipède RV ont la même hauteur : donc le prisme inscrit est plus petit que le parallélépipède RV; mais nous avons supposé que le parallélépipède RV étoit égal au cylindre HQ : donc le prisme inscrit est plus petit que le cylindre HQ; mais au contraire le prisme inscrit est plus grand que le cylindre HQ, puisque ce prisme contient ce cylindre; ce qui est impossible : donc le parallélépipède rectangle RV n'est pas plus petit que le cylindre AQ.

Supposons à présent que le parallélépipède rectangle RV soit plus grand que le cylindre AQ et qu'il soit égal à un cylindre plus grand, au cylindre H'Q, par exemple. A la circonférence de la base ABCD, circonscrivons un polygone régulier dont les côtés ne rencontrent point la circonférence de la base H'K'L'M', et imaginons que ce polygone régulier soit la base d'un prisme circonscrit au cylindre AQ; la base du prisme circonscrit est plus grande que la base du cylindre AQ; mais la base du cylindre AQ est

égale à la base du parallélépipède rectangle RV :
donc la base du prisme circonscrit est plus
grande que la base du parallélépipède rectangle
R V.; mais le prisme inscrit et le parallélépipède
rectangle R V ont la même hauteur : donc le
prisme circonscrit est plus grand que le parallélépipède rectangle R V ; mais nous avons supposé que ce parallélépipède rectangle étoit égal
au cylindre H′Q : donc le prisme circonscrit est
plus grand que le cylindre H′Q ; mais au contraire le prisme circonscrit est plus petit que le
cylindre H′Q , car ce prisme est contenu dans
ce cylindre; ce qui est impossible : donc le parallélépipède rectangle R V n'est pas plus grand
que le cylindre A Q ; mais on a démontré qu'il
n'est pas plus petit : donc le parallélépipède
rectangle R V est égal au cylindre A Q.

Donc un cylindre droit ou oblique est égal
à un parallélépipède dont la base et la hauteur
sont égales à la base et à la hauteur de ce cylindre ; ce qu'il falloit démontrer.

PROPOSITION XVI.

THÉORÈME.

Les cylindres droits ou obliques qui ont des bases égales sont entr'eux comme leurs hauteurs, et ceux qui ont des hauteurs égales sont entr'eux comme leurs bases.

Car puisqu'un cylindre est égal à un parallélépipède dont la base et la hauteur sont égales à la base et à la hauteur de ce cylindre, il est évident que les cylindres sont entr'eux comme les parallélépipèdes qui ont des bases et des hauteurs égales aux bases et aux hauteurs de ces cylindres. Mais les parallélépipèdes qui ont des bases égales sont entr'eux comme leurs hauteurs : donc les cylindres qui ont des bases égales sont entr'eux comme les hauteurs des parallélépipèdes qui ont des bases et des hauteurs égales aux bases et aux hauteurs de ces cylindres ; c'est-à-dire que les cylindres qui ont des bases égales sont entr'eux comme leurs hauteurs.

Puisque les cylindres sont entr'eux comme les parallélépipèdes qui ont des bases et des hauteurs égales aux bases et aux hauteurs de ces cylindres, et que les parallélépipèdes qui ont des hauteurs égales sont entr'eux comme leurs bases, il est évident que les cylindres qui ont des hauteurs égales sont entr'eux comme les bases des parallélépipèdes qui ont des bases et des hauteurs égales aux bases et aux hauteurs de ces cylindres ; c'est-à-dire que les cylindres qui ont des hauteurs égales sont entre eux comme leurs bases.

Donc les cylindres droits ou obliques qui ont des bases égales, sont entr'eux comme leurs hauteurs, et ceux qui ont des hauteurs égales sont entr'eux comme leurs bases ; ce qu'il falloit démontrer.

PROPOSITION XVII.

THÉORÈME.

Les cylindres semblables, droits ou obliques, sont entr'eux comme les cubes des diamètres de leurs bases.

Que les cylindres qui ont pour bases les cercles ABC, DEF (fig. 228), pour diamètres de leurs bases les droites AC, DF, et pour axes les droites GH, KL, soient semblables entr'eux : je dis que ces deux cylindres sont entr'eux comme les cubes des diamètres de leurs bases AC, DF.

Construisez les deux parallélépipèdes rectangles MP, RV dont les bases soient des quarrés ; que la base et la hauteur du premier soient égales à la base et à la hauteur du cylindre AH, et que la base et la hauteur du second soient égales à la base et à la hauteur du cylindre DL.

Puisque le cercle ABC est égal au quarré NP et que le cercle DEF est égal au quarré SV, le cercle ABC sera au quarré NP comme le cercle DEF est au quarré SV : donc, en échangeant les places des moyens, le cercle ABC sera au cercle DEF comme le quarré NP est au quarré SV. Mais le cercle ABC est au cercle DEF comme le quarré du diamètre AC est au quarré du diamètre DF, et le quarré NP est au quarré SV comme le quarré du côté NO est au quarré du côté ST : donc le quarré du diamètre AC est au quarré du diamètre DF comme le quarré du côté NO est au quarré du côté ST : donc le diamètre AC est au diamètre DF comme le côté NO est au côté ST. Mais puisque la hauteur du cylindre AH est à la hauteur du cylindre DL comme le diamètre AC est au diamètre DF et que le côté MN est égal à la hauteur du cylindre AH et le côté RS égal à la hauteur du cylindre DL, le diamètre AC sera au diamètre DF comme le côté MN est

4

au côté RS ; mais on a démontré que le diamètre AC est au diamètre DF comme le côté
NO est au côté RS : donc le côté NO est au
côté ST comme le côté MN est au côté RS :
donc les côtés des parallélépipèdes rectangles
MP, RV sont proportionnels : donc ces parallélépipèdes sont semblables : donc les parallélépipèdes MP, RV sont entr'eux comme les
cubes de leurs côtés homologues NO, ST ; mais
le côté NO est au côté ST comme le diamètre
AC est au diamètre DF : donc le cube du côté
NO est au cube du côté ST comme le cube du
diamètre AC est au côté du diamètre DF : donc
les parallélépipèdes MP, RV sont entr'eux
comme les cubes des diamètres AC, DF ; mais
les parallélépipèdes MP, RV sont égaux aux
cylindres AH, DL, chacun à chacun : donc les
cylindres AH, DL sont entr'eux comme les cubes
de leurs diamètres AC, DF.

Donc les cylindres semblables, droits ou obliques, sont entr'eux comme les cubes des diamètres de leurs bases ; ce qu'il falloit démontrer.

PROPOSITION XVIII.

THÉORÈME.

La surface convexe d'un cône droit est égale à un triangle rectangle dont un des côtés de l'angle droit est égal à la circonférence de la base de ce cône, et dont l'autre côté de l'angle droit est égal au côté de ce même cône.

Soit le cône droit AQ (fig. 229) dont la base est le cercle ABCD et dont le sommet est le point Q; soit aussi le triangle rectangle EFG dont un des côtés FG de l'angle droit est égal à la circonférence de la base du cône AQ et dont l'autre côté de l'angle droit est égal au côté de ce cône : je dis que la surface convexe du cône AQ est égale au triangle rectangle EFG.

Car si le triangle rectangle EFG n'est pas égal à la surface convexe du cône droit AQ, ce triangle sera plus petit ou plus grand que la surface convexe de ce cône.

Supposons d'abord que le triangle rectangle EFG soit plus petit que la surface convexe du cône AQ, et qu'il soit égal à la surface convexe du cône plus petit, à la surface convexe du cône HQ, par exemple. Dans la circonférence de la base ABCD inscrivons un polygone régulier qui ne touche point la circonférence de la base HKLM, et imaginons que ce polygone régulier soit la base d'une pyramide inscrite dans le cône AQ; la surface de la pyramide AQ, sans y comprendre sa base, est égale à un triangle rectangle dont un des côtés de l'angle droit est égal au contour de la base de cette pyramide et dont l'autre côté de l'angle droit est égal à la perpendiculaire menée du sommet de cette pyramide sur un des côtés de sa base; mais le contour de la base de la pyramide inscrite est plus petit que la circonférence de la base du cône AQ qui est égal à un des côtés de l'angle droit du triangle EFG et la perpendiculaire menée du sommet de la pyramide sur un des côtés de sa base est plus courte que le côté du cône AQ qui est égal à l'autre côté de l'angle droit du triangle rectangle EFG : donc la surface de la pyramide inscrite, sans y comprendre sa base, est plus petite que le triangle rectangle EFG. Mais nous avons supposé que le triangle rectangle EFG est égal à la surface convexe du cône HQ : donc la surface de la pyramide inscrite, sans y comprendre sa base, est plus petite que la surface convexe du cône HQ; mais au contraire la surface de la pyramide inscrite, sans y comprendre sa base, est plus grande que la surface convexe du cône H Q; ce qui est impossible : donc le triangle rectangle EFG n'est pas plus petit que la surface convexe du cône AQ.

Supposons à présent que le triangle rectangle EFG soit plus grand que la surface convexe du cône AQ, et qu'il soit égal à la surface convexe d'un cône plus grand, à la surface convexe du cône H'Q, par exemple; autour de la circonférence de la base du cône AQ décrivons un polygone régulier dont les côtés ne rencontrent pas la circonférence de la base du cône H'Q, et imaginons que ce polygone soit la base d'une pyramide circonscrite au cône AQ; la surface de cette pyramide, sans y comprendre sa base, est égale à un triangle rectangle dont un des côtés de l'angle droit est égal au contour de la base de cette pyramide et dont l'autre côté de l'angle droit est égal à la perpendiculaire menée du sommet sur un des côtés de la base de cette pyramide; mais le contour de la pyramide circonscrite au cône AQ est plus grand que la circonférence de la base du cône AQ, qui est égal à un des côtés FG de l'angle droit du triangle rectangle EFG, et la perpendiculaire menée du sommet de la pyramide sur un côté de sa base est plus grande que le côté du cône AQ qui est

égal à l'autre côté de l'angle droit : donc la surface de la pyramide circonscrite au cône A Q,
sans y comprendre sa base, est plus grande que
le triangle rectangle EFG; mais nous avons supposé que le triangle rectangle EFG est égal à la
surface convexe du cône H'Q : donc la surface
de cette pyramide, sans y comprendre sa base,
est plus grande que la surface convexe du cône
H'Q ; mais au contraire la surface de cette pyramide est plus petite que la surface du cône H'Q ;
ce qui est impossible : donc le triangle rectangle
EFG n'est pas plus grand que la surface convexe du cône AQ ; mais nous avons démontré
que ce triangle n'est pas plus petit : donc le
triangle rectangle EFG est égal à la surface
convexe du cône AQ.

Donc la surface convexe du cône droit, sans
y comprendre sa base, est égale à un triangle
rectangle dont un des côtés de l'angle droit est
égal à la circonférence de la base de ce cône et
dont l'autre côté de l'angle droit est égal au
côté de ce même cône ; ce qu'il falloit démontrer.

PROPOSITION XIX.

THÉORÊME.

La section de la surface convexe d'un cône droit ou oblique par un plan parallèle à sa base est une circonférence de cercle.

Coupez le cône ABRC (fig. 229) par un plan FSG parallèle à la base BRC : je dis que la section FSG de la surface convexe de ce cône par ce plan est une circonférence de cercle.

Du centre O de la base du cône menez autant de rayons que vous voudrez OB, OR, et par l'axe AO et par les rayons OB, OR conduisez les plans AOB, AOR, les sections AB, AR de la surface convexe du cône par ces plans seront des lignes droites, car les lignes AB, AR se confondent nécessairement avec la droite génératrice de la surface convexe du cône, lorsque cette droite a une des positions AB, AR. Le plan BRC étant parallèle au plan FSG, les sections OB, PF de ces deux plans par le plan AOB seront deux droites parallèles : donc les deux triangles AOB, APF sont semblables : donc l'axe AO est à l'axe AP comme le rayon OB est au rayon PF. On démontrera de la même manière que l'axe AO est à l'axe AP comme le rayon OR est au rayon PS : donc le rayon OB est au rayon PF comme le rayon OR est au rayon PS : donc, en échangeant les plans des moyens, le rayon OB est au rayon OR comme le rayon PF est au rayon PS ; mais le rayon OB est égal au rayon OR : donc le rayon PF est égal au rayon PS. On démontrera, de la même manière, que toute autre section du plan FSG par un plan qui passe par l'axe est égale à cha-cune des droites PF, PS : donc la section de la surface convexe du cône ABRC par un plan parallèle à la base de ce cône est une circon-férence de cercle.

Donc la section de la surface convexe d'un cône droit ou oblique, par un plan parallèle à sa base, est une circonférence de cercle ; ce qu'il falloit démontrer.

PROPOSITION XX.

THÉORÊME.

La surface convexe d'un tronc de cône droit à bases parallèles est égale à un rectangle qui a pour hauteur une droite égale au côté du tronc et pour base une droite égale à la circonférence qui résulte de la section de la surface convexe de ce tronc par un plan parallèle aux deux bases et mené à égale distance de ces deux bases.

Soit le tronc du cône droit BD (fig. 229) dont les bases BRC, ETD sont parallèles : je dis que la surface convexe de ce tronc de cône est égale à un rectangle qui a pour hauteur le côté DC du tronc BD et pour base une droite égale à la circonférence qui résulte de la section de la surface convexe de ce tronc par un plan parallèle aux deux bases et mené à égale distance de ces deux bases.

Complétez le cône ABRC ; sur le côté AC et au point C élevez la perpendiculaire CH ; faites la droite CH égale à la circonférence de la base BRC ; menez la droite AH, et par le point D menez la droite DK parallèle à la droite CH.

Puisque les triangles AOC, AQD sont semblables, la droite AC sera à la droite AD comme

le rayon OC est au rayon QD. Mais les circonférences sont entr'elles comme leurs rayons : donc
la droite AC est à la droite AD comme la circonférence BRC est à la circonférence ETD;
et à cause que les triangles ACH, ADK sont
semblables, la droite AC est à la droite AD
comme la droite CH est à la droite DK : donc la
circonférence BRC est à la circonférence ETD
comme la droite CH est à la droite DK : donc en
échangeant les places des moyens, la circonférence BRC est à la droite CH comme la circonférence ETD est à la droite DK; mais la
circonférence BRC est égale à la droite CH,
par supposition : donc la circonférence ETD
est égale à la droite DK. Mais la surface convexe du cône total ABRC est égale au triangle
rectangle total ACH et la surface convexe du
cône AETD est égale au triangle rectangle ADK :
donc la surface convexe du tronc de cône BD est
égale au trapèze restant DCHK. Du milieu de la
droite DC menez la droite GL parallèle à l'une
ou à l'autre des bases parallèles DK, CH; par le
point L, où la droite GL rencontre le côté KH,
conduisez la droite MN parallèle au côté DC,
et prolongez la droite DK jusqu'à ce qu'elle rencontre la droite MN au point M. Puisque, par
construction, la droite DC est perpendiculaire

sur la droite CH, la droite DC sera égale à la distance des deux bases parallèles DK, CH; et puisque la droite GL est égale à la droite CN, le trapèze DCHK sera égal au rectangle DCNM. Mais nous avons démontré que la surface convexe du tronc de cône BD est égale au trapèze DCHK : donc la surface convexe du tronc de cône BD est égale au rectangle DCNM. Nous démontrerons que la circonférence FSG est égale à la droite GL, de la même manière que nous avons démontré que la circonférence ETD est égale à la droite DK : donc la surface convexe du cône BD est égale à un rectangle qui a pour base une droite égale à la circonférence FSG et pour hauteur la droite DC.

Donc la surface convexe du tronc de cône droit à bases parallèles est égale à un rectangle qui a pour hauteur une droite égale au côté du tronc de cône et pour base une droite égale à la circonférence de cercle qui résulte de la section de la surface convexe du tronc de cône par un plan parallèle aux deux bases et mené à égale distance de ces deux bases ; ce qu'il falloit démontrer.

PROPOSITION XXI.

THÉORÈME.

La surface convexe d'un cône droit est égale à un rectangle qui a pour hauteur une droite égale au côté de ce cône et pour base une droite égale à la circonférence de cercle qui résulte de la section de la surface convexe du cône par un plan parallèle à la base du cône et mené par le milieu de son côté.

Soit un cône droit ABRC (fig. 229) : je dis que la surface convexe du cône ABRC est égale à un rectangle qui a pour hauteur une droite égale au côté de ce cône et pour base une droite égale à la circonférence de cercle qui résulte de la section de sa surface convexe par un plan parallèle à sa base et mené par le milieu de son côté AC.

Sur le côté AC et au point C élevons une perpendiculaire CH, faisons cette droite égale à la circonférence de la base du cône et menons la droite AH.

Puisque nous avons démontré que la surface convexe d'un cône droit est égale à un triangle rectangle qui a pour base une droite égale à la circonference de sa base et pour hauteur une droite égale au côté de ce cône, le triangle ACH sera égal à la surface convexe du cône ABRC.

Du milieu de la droite AC menons la droite DK; nous démontrerons, comme dans la proposition précédente, que la droite DK est égale à la circonférence ETD.

Puisque les deux triangles ACH, ADK sont semblables et que le côté AC est double du côté AD, le côté CH sera double du côté DK : donc le triangle ACH est égal à un rectangle qui a pour base la droite DK et pour hauteur la droite AC, parce qu'un triangle est égal à un rectangle qui a la même hauteur que ce triangle et qui a pour base une droite égale à la moitié de la base de ce même triangle. Mais le triangle ACH est égal à la surface convexe du cône droit ABRC : donc le rectangle qui a pour base la droite DK et pour hauteur la droite AC est aussi égal à la surface convexe du cône droit ABRC; mais la base de ce rectangle est égale à la circonférence ETD et la hauteur de ce même rectangle est égale au côté de ce cône.

Donc la surface convexe d'un cône droit est égale à un rectangle qui a pour hauteur une droite égale au côté de ce cône et pour base une droite égale à la circonférence de cercle qui résulte de la section de sa surface convexe par un plan parallèle à sa base et mené par le milieu de son côté ; ce qu'il falloit démontrer

PROPOSITION XXII.

THÉORÈME.

Un cône droit ou oblique est la troisième partie d'un cylindre qui a la même base et la même hauteur que ce cône.

Soient le cône AQ (fig. 226) et le cylindre AQ ayant la même base et le même axe : je dis que le cône AQ est la troisième partie du cylindre AQ.

Car si le tiers du cylindre AQ n'est pas égal au cône AQ, le tiers de ce cylindre sera plus petit ou plus grand que le cône AQ. Supposons d'abord que le tiers de ce cylindre soit plus petit que le cône AQ, et qu'il soit égal à un cône plus petit, au cône HQ, par exemple. Dans la circonférence de la base du cône AQ inscrivons un polygone régulier dont les côtés ne touchent pas la circonférence de la base du cône HQ, et imaginons que ce polygone régulier soit la base d'un prisme inscrit dans le cylindre AQ et d'une pyramide inscrite dans le cône AQ.

La pyramide inscrite dans le cône AQ est

égale au tiers du prisme inscrit dans le cylindre
AQ; mais le prisme inscrit est plus petit que le
cylindre AQ : donc la pyramide inscrite est plus
petite que le tiers du cylindre AQ; mais le tiers
du cylindre AQ est égal au cône HQ, par supposition : donc la pyramide inscrite est plus petite
que le cône HQ; mais au contraire cette pyramide est plus grande, puisqu'elle le contient;
ce qui est impossible : donc le tiers du cylindre AQ n'est pas plus petit que le cône AQ.

Je dis à présent que le tiers du cylindre AQ
n'est pas plus grand que le cône AQ; car supposons que le tiers du cylindre AQ soit égal à
un cône plus grand, au cône H'Q, par exemple; autour de la base du cône AQ décrivons
un polygone régulier dont les côtés ne rencontrent point la base du cône H'Q, et imaginons
que ce polygone régulier soit la base d'un
prisme circonscrit au cylindre AQ et d'une pyramide circonscrite au cône AQ; la pyramide
circonscrite est égale au tiers du prisme circonscrit; mais le prisme circonscrit est plus
grand que le cylindre AQ : donc la pyramide
circonscrite est plus grande que le tiers du cylindre AQ; mais le tiers du cylindre AQ est
égal au cône H'Q, par supposition : donc la
pyramide circonscrite est plus grande que le

3

cône H′Q; mais au contraire cette pyramide est plus petite que ce cône, puisque le cône contient cette pyramide; ce qui est impossible : donc le tiers du cylindre AQ n'est pas plus grand que le cône AQ; mais nous avons démontré qu'il n'est pas plus petit : donc le tiers du cylindre AQ est égal au cône AQ.

Donc un cône droit ou oblique est le tiers d'un cylindre qui a la même base et le même axe que ce cône; ce qu'il falloit démontrer.

COROLLAIRE I.

Puisque les cylindres qui ont des bases égales sont entr'eux comme leurs hauteurs, et que les cylindres qui ont des hauteurs égales sont entre eux comme leurs bases, et parce qu'un cône est le tiers d'un cylindre qui a la même base et le même axe que ce cône, et que les tiers sont proportionnels aux tous; il est évident que les cônes qui ont des bases égales sont entr'eux comme leurs hauteurs, et que ceux qui ont des hauteurs égales sont entr'eux comme leurs bases.

COROLLAIRE II.

Puisque les cylindres semblables sont entre eux comme les cubes des diamètres de leurs bases, et parce que les cônes semblables sont les tiers de cylindres semblables qui ont les mêmes bases et les mêmes axes, il est encore évident que les cônes semblables sont entr'eux comme les cubes des diamètres de leurs bases.

PROPOSITION XXIII.

THÉORÈME.

Si un demi-polygone régulier d'un nombre pair de côtés tourne autour de son diamètre, la surface décrite par un certain nombre de côtés de ce demi-polygone est égale à un rectangle qui a pour base une droite égale à la circonférence inscrite dans le demi-polygone et pour hauteur la portion du diamètre interceptée par deux droites qui lui sont perpendiculaires et qui comprennent les côtés qui ont décrit cette surface; et la surface décrite par tous les côtés du demi-polygone est égale à un rectangle qui a pour base une droite égale à la circonférence inscrite dans ce demi-polygone et pour hauteur le diamètre de ce même polygone.

Soit ABCDEFG (fig. 23o) un demi-polygone régulier dont la droite AG est le diamètre et le point H le centre ; du centre H menez la perpendiculaire HK sur un des côtés CB de ce demi-polygone, et des points B et E menez les droites BM, EO perpendiculaires sur le dia-

4

mètre AG : je dis que la surface décrite par les
côtés BC, CD, DE est égale à un rectangle
qui a pour base une droite égale à la circonférence inscrite et pour hauteur la droite MO :
je dis de plus que la surface décrite par tous
les côtés du demi-polygone est égale à un
rectangle qui a pour base une droite égale à
la circonférence inscrite et pour hauteur le
diamètre AG.

Du point C et du milieu du côté CB menez
les droites CN, KL perpendiculaires sur le diamètre AG, et du point B menez aussi une droite
BQ perpendiculaire sur la droite CN.

Le triangle HKL est semblable au triangle
BCQ; en effet, ces deux triangles ont chacun
un angle droit en L et en Q; l'angle HKL avec
l'angle BKL est égal à un angle droit; mais
l'angle BCN est égal à l'angle BKL : donc l'angle HKL avec l'angle BCN est égal à un angle
droit; mais l'angle KHL avec l'angle HKL est
aussi égal à un angle droit : donc les deux angles
KHL, BCN sont égaux entr'eux : donc les
deux triangles HKL, BCQ ont deux angles
égaux chacun à chacun : donc ils sont semblables : donc la droite HK est à la droite KL
comme la droite CB est à la droite BQ ou à la
droite MN qui lui est égale. Mais les circon-

férences sont proportionnelles à leurs rayons :
donc la circonférence qui a pour rayon la droite
HK est à la circonférence qui a pour rayon la
droite KL comme la droite CB est à la droite
MN; mais lorsque quatre droites sont proportionnelles, le rectangle compris sous les deux
droites extrêmes est égal au rectangle compris
sous les deux droites moyennes : donc le rectangle compris sous la droite MN et sous une
droite égale à la circonférence qui a pour rayon
la droite HK est égal au rectangle compris sous
le côté CB et sous une droite égale à la circonférence qui a pour rayon la droite KL;
mais le rectangle compris sous le côté CB et
sous une droite égale à la circonférence qui a
pour rayon la droite KL est égal à la surface
convexe du tronc de cône décrit par le côté
CB : donc le rectangle compris sous la droite
MN et sous une droite égale à la circonférence
qui a pour rayon la droite HK est égal à la
surface convexe du tronc de cône décrit par le
côté CB. On démontrera, de la même manière,
que chacune des surfaces des troncs de cône
et des pyramides décrites par les autres côtés
AB, CD, DE, EF, FG est égale à un rectangle compris sous la portion du diamètre intercepté par les deux perpendiculaires qui com-

prennent chacun des côtés AB, CD, DE, EF,
FG et sous une droite égale à la circonférence
qui a pour rayon la perpendiculaire menée du
centre sur chacun des côtés AB, CD, DE,
EF, FG. Mais les perpendiculaires menées du
centre du polygone régulier sur les côtés de ce
polygone sont égales entr'elles : donc les circonférences qui ont pour rayons ces perpendiculaires sont aussi égales entr'elles, et par conséquent égales à la circonférence inscrite dans
le demi-polygone régulier ABCDEFG : donc
la surface convexe d'un tronc de cône décrite
par un côté quelconque du demi-polygone est
égale à un rectangle compris sur la portion du
diamètre interceptée par les deux droites qui
lui sont perpendiculaires et qui comprennent
ce côté, et sous une droite égale à la circonférence inscrite : donc les trois surfaces de troncs
de cône décrites par les trois côtés BC, CD,
DE sont égales à trois rectangles qui ont pour
bases des droites égales chacune à la circonférence inscrite et pour hauteur les droites MN,
NH, HO ; mais ces trois rectangles sont égaux
à un seul rectangle qui a pour base une droite
égale à la circonférence inscrite et pour hauteur la droite MO, c'est-à-dire la portion du
diamètre interceptée par les deux droites BM,

EO qui lui sont perpendiculaires et qui comprennent les côtés BC, CD, EF : donc, par la même raison, la somme des surfaces convexes des troncs de cône et des deux pyramides décrites par tous les côtés du demi-polygone est égale à un rectangle qui a pour base une droite égale à la circonférence inscrite et pour hauteur le diamètre du polygone.

Donc si un demi-polygone régulier d'un nombre pair de côtés tourne autour de son diamètre, la surface décrite par un certain nombre de côtés de ce demi-polygone est égale à un rectangle qui a pour base une droite égale à la circonférence inscrite et pour hauteur la portion du diamètre interceptée par deux droites qui lui sont perpendiculaires et qui comprennent les côtés qui ont décrit cette surface ; et la surface décrite par tous les côtés du demi-polygone est égale à un rectangle qui a pour base une droite égale à la circonférence inscrite et pour hauteur le diamètre de ce demi-polygone ; ce qu'il falloit démontrer.

PROPOSITION XXIV.

THÉORÊME.

La surface d'une sphère est égale à un rectangle qui a pour base une droite égale à la circonférence d'un grand cercle de la sphère et pour hauteur une droite égale à son diamètre.

Soit une sphère qui ait pour diamètre la droite AB (fig. 23 1) et pour centre le point C : je dis que la surface de la sphère qui a pour diamètre la droite AB est égale à un rectangle Q qui a pour base une droite égale à la circonférence d'un grand cercle de cette sphère et pour hauteur une droite égale à son diamètre.

Car si ce rectangle n'est pas égal à la surface de la sphère qui a pour diamètre la droite AB, ce rectangle sera égal à la surface d'une sphère plus petite ou à la surface d'une sphère plus grande. Supposons d'abord que ce rectangle soit égal à la surface d'une sphère concentrique plus petite, à celle, par exemple, qui a pour diamètre la droite KM.

Faisons passer un plan par le diamètre AB, les sections des sphères qui ont pour diamètres les droites AB, KM par ce plan donneront les deux demi-cercles ADEFGHB, KLM; car

les droites menées du centre d'une sphère à la
section de sa surface par un plan qui passe par
son centre sont égales chacune au rayon de
cette sphère. Dans la demi-circonférence dont
AB est le diamètre inscrivons un demi-polygone régulier dont les côtés soient en nombre
pair et ne touchent point la circonférence du
demi-cercle KLM. Supposons que ce demi-
polygone fasse une révolution autour du diamètre AB; le contour de ce demi-polygone régulier décrira une surface égale à un rectangle
qui aura pour base une droite égale à la circonférence inscrite dans ce demi-polygone régulier et pour hauteur une droite égale au
diamètre AB; mais le rectangle qui a pour base
une droite égale à la circonférence inscrite dans
le demi-polygone ADEFGHB et pour hauteur
une droite égale au diamètre AB est plus petit
que le rectangle Q qui a pour base une droite
égale à la circonférence ADEFGHB circonscrite à ce demi-polygone régulier et pour hauteur le diamètre AB, parce que ces deux rectangles ayant des hauteurs égales, le premier a
une base plus grande que celle du second : donc
la surface décrite par le contour du demi-polygone inscrit est plus petite que la surface de la
sphère décrite par le demi-cercle KLM, c'est-

à-dire que la surface de la sphère qui a pour
diamètre la droite KM, parce que nous avons
supposé que le rectangle Q étoit égal à la surface de cette sphère ; mais au contraire la surface décrite par les côtés du demi-polygone
inscrit est plus grande que la surface décrite par
la demi-circonférence KLM, c'est-à-dire que
la surface de la sphère qui a pour diamètre la
droite KM, puisque le contour de ce demi-
polygone est plus grand que la demi-circonférence KLM ; ce qui est impossible : donc le
rectangle Q n'est pas plus petit que la surface
de la sphère dont AB est le diamètre.

Supposons en second lieu que le rectangle Q
soit égal à la surface d'une sphère concentrique plus grande que celle dont le diamètre est
la droite AB et qu'il soit égal, par exemple, à
la surface de la sphère dont le diamètre est la
droite K'M'.

Faisons passer un plan par le diamètre K'M' ;
les sections des sphères dont les diamètres sont
les droites AB, K'M' par ce plan donneront les
deux demi-cercles ADEFGHB, K'L'M'. Circonscrivons au demi-cercle dont AB est le diamètre un demi-polygone régulier dont les côtés
soient en nombre pair et ne rencontrent pas
la demi-circonférence K'L'M', et supposons

que ce demi-polygone fasse une révolution
autour du diamètre A′B′.

Le contour de ce demi-polygone régulier décrira une surface égale à un rectangle qui aura
pour base une droite égale à la circonférence
ADEFGHB et pour hauteur le diamètre A′B′;
mais le rectangle qui a pour base une droite
égale à la circonférence ADEFGHB et pour
hauteur une droite égale au diamètre A′B′ est
plus grand que le rectangle Q qui a pour base
une droite égale à la circonférence ADEFGHB
et pour hauteur une droite égale à la droite AB,
parce que ces deux rectangles ayant des bases
égales, le premier a une hauteur plus grande
que celle du second : donc la surface décrite
par le contour du demi-polygone circonscrit est
plus grande que la surface de la sphère décrite
par le demi-cercle K′L′M′, parce que nous avons
supposé que le rectangle Q étoit égal à la surface de cette sphère. Mais au contraire la surface décrite par le contour du demi-polygone
circonscrit est plus petite que la surface décrite par la demi-circonférence K′L′M′, c'est-
à-dire que la surface de la sphère qui a pour
diamètre la droite K′M′, puisque le contour du
demi-polygone circonscrit est plus petit que la
demi-circonférence K′L′M′; ce qui est impos-

sible : donc le rectangle Q n'est pas plus grand
que la surface de la sphère qui a pour diamètre la droite AB; mais nous avons démontré
que le rectangle Q n'est pas plus petit que la
surface de cette sphère : donc le rectangle Q
est égal à la surface de la sphère qui a pour
diamètre la droite AB.

Donc la surface d'une sphère est égale à un
rectangle qui a pour base une droite égale à la
circonférence d'un grand cercle de cette sphère
et pour hauteur le diamètre de cette même
sphère.

COROLLAIRE.

Il suit évidemment de là que la surface de la
sphère est égale à la surface convexe du cylindre
droit qui lui est circonscrit. En effet, la surface
d'un cylindre droit est égale à un rectangle qui a
pour base une droite égale à la circonférence de
la base de ce cylindre et pour hauteur une droite
égale à la hauteur de ce même cylindre ; mais la
circonférence de la base du cylindre circonscrit
est égale à la circonférence d'un grand cercle de
la sphère et la hauteur du cylindre égale au diamètre de la sphère : donc la surface convexe du
cylindre circonscrit est égale à un rectangle qui
a pour base une droite égale à la circonférence
de la sphère inscrite et pour hauteur une droite

égale au diamètre de cette même sphère : donc
la surface convexe du cylindre circonscrit est
égale à la surface de la sphère inscrite : donc la
surface de la sphère est égale à la surface con=
vexe du cylindre qui lui est circonscrit.

PROPOSITION XXV.

THÉORÈME.

*La surface convexe d'un segment sphérique est
égale à un rectangle qui a pour base une droite
égale à la circonférence d'un grand cercle de
la sphère et pour hauteur une droite égale à la
hauteur du segment sphérique.*

Soit un segment sphérique dont la surface
convexe soit décrite par l'arc ADE (fig. 231)
pendant que le demi-cercle ADEFGHB fait
une révolution sur son diamètre AB : je dis que
la surface convexe de ce segment est égale à
un rectangle R qui a pour base une droite égale
à la circonférence d'un grand cercle et pour
hauteur une droite égale à la hauteur AN du
segment sphérique.

Car si le rectangle R n'est pas égal à la surface convexe de ce segment sphérique, ce rectangle sera plus petit ou plus grand. Supposons
d'abord qu'il soit plus petit et qu'il soit égal à

K k

la surface convexe d'un segment sphérique semblable d'une sphère plus petite; savoir, à la surface convexe d'un segment sphérique semblable
de la sphère dont le diamètre est la droite KM
et qui a le même centre que la sphère où se
trouve le segment décrit par l'arc ADE.

Par le diamètre AB et par l'arc ADE faisons
passer un plan; la section de la sphère qui a
pour diamètre la droite KM, par ce plan, donnera le demi-cercle KLM. Menons la droite
EC; il est évident que le segment sphérique
dont la surface convexe est décrite par l'arc KL
sera semblable au segment dont la surface convexe est décrite par l'arc ADE.

Dans l'arc ADE inscrivons une portion de
polygone régulier dont les côtés ne touchent
point l'arc KL; cette portion de polygone régulier, en faisant une révolution autour du diamètre AB, décrira une surface égale à un rectangle qui a pour base une droite égale à la
circonférence inscrite dans cette portion de
polygone et pour hauteur une droite égale à la
droite AN; mais le rectangle qui a pour base
une droite égale à la circonférence inscrite et
pour hauteur une droite égale à la droite AN
est plus petit que le rectangle R, qui a pour
base une droite égale à la circonférence dont

le diamètre est la droite AB et pour hauteur une
droite égale à la droite AN, parce que ces deux
rectangles ayant la même hauteur, le premier
a une base plus petite que celle du second. Mais
le rectangle R est égal, par supposition, à la
surface convexe du segment sphérique décrite
par l'arc KL : donc la surface décrite par le
contour de la portion du polygone régulier
inscrit dans l'arc ADE est plus petite que la
surface convexe du segment sphérique décrite
par l'arc KL ; mais, au contraire, la surface
décrite par cette portion du polygone régulier
inscrit est plus grande que la surface du segment sphérique décrite par l'arc KL, parce que
le contour de la portion du polygone régulier
inscrit dans l'arc ADE est plus grand que l'arc
KL ; ce qui est impossible : donc le rectangle R
n'est pas plus petit que la surface du segment
sphérique décrite par l'arc ADE.

Supposons en second lieu que le rectangle R
soit plus grand que la surface convexe du segment sphérique décrite par l'arc ADE et qu'il
soit égal à la surface convexe d'un segment
sphérique semblable d'une sphère plus grande ;
savoir, à la surface d'un segment sphérique
semblable de la sphère dont le diamètre est la
droite K'M' et qui a le même centre que la

sphère où se trouve le segment décrit par l'arc ADE.

Par le diamètre K'M' et par l'arc ADE faisons passer un plan ; la section de la sphère qui a pour diamètre la droite K'M' par ce plan donnera le demi-cercle K'L'M'. Menons la droite CE et prolongeons-la jusqu'à ce qu'elle rencontre la demi-circonférence K'L'M' au point L' ; il est évident que le segment sphérique dont la surface convexe est décrite par l'arc K'L' sera semblable au segment dont la surface convexe est décrite par l'arc ADE.

Circonscrivons à l'arc ADE une portion de polygone régulier dont les côtés ne rencontrent point l'arc K'L' ; du point E' menons la droite E'O perpendiculaire sur le diamètre K'M', et du point E la droite EI perpendiculaire sur la droite E'O. Le contour de cette portion de polygone régulier, en faisant une révolution autour du diamètre A'B', décrira une surface égale à un rectangle dont la base sera égale à la circonférence du cercle ADEFGHB, et dont la hauteur sera la droite A'O. Mais la circonférence ADEFGHB qui a pour diamètre la droite AB est égale à la base du rectangle R et la droite A'O est plus grande que la hauteur AN de ce même rectangle ; car la droite A'A est égale à

l'hypoténuse E'E du triangle rectangle E'EI;
mais l'hypoténuse E'E est plus grande que le
côté EI qui est égal à la droite ON : donc la
droite A'A est plus grande que la droite ON :
donc la droite AO avec la droite A'A est plus
grande que la droite AO avec la droite ON :
donc la droite A'O est plus grande que la droite
AN : donc le rectangle qui a pour base une droite
égale à la circonférence dont le diamètre est la
droite AB et pour hauteur la droite A'O est plus
grand que le rectangle R qui a pour base une
droite égale à la circonférence dont le diamètre
est la droite AB et pour hauteur une droite égale
à la droite AN, parce que ces deux rectangles
ayant la même base, le premier a une hauteur
plus grande que celle du second. Mais le rectangle R est par supposition égal à la surface convexe du segment sphérique décrite par l'arc K'L' :
donc la surface décrite par le contour de la portion du polygone régulier circonscrit à l'arc ADE
est plus grande que la surface convexe du segment décrite par l'arc K'L'; mais au contraire la
surface décrite par le contour de cette portion
de polygone régulier est plus petite que la surface du segment sphérique décrite par l'arc K'L',
parce que le contour de la portion de ce polygone régulier circonscrit à l'arc ADE est plus

petit que l'arc K′L′; ce qui est impossible : donc le rectangle R n'est pas plus grand que la surface du segment sphérique décrite par l'arc ADE ; mais nous avons démontré qu'il n'est pas plus petit : donc le rectangle R est égal à la surface convexe du segment décrite par l'arc ADE.

Donc la surface convexe d'un segment sphérique est égale à un rectangle qui a pour base une droite égale à la circonférence d'un grand cercle et pour hauteur une droite égale à la hauteur du segment sphérique ; ce qu'il falloit démontrer.

PROPOSITION XXVI.

THÉORÊME.

La surface d'une zone est égale à un rectangle qui a pour base une droite égale à la circonférence d'un grand cercle de la sphère et pour hauteur une droite égale à la portion d'un diamètre intercepté par deux droites qui lui sont perpendiculaires et qui embrassent cette zone.

Soit la zone décrite par l'arc EG (fig. 231); des extrémités de l'arc EG menez les deux droites EN, GP perpendiculaires sur le diamètre AB : je dis que la surface de la zone dé-

crite par l'arc EG est égale à un rectangle qui a
pour base une droite égale à la circonférence
dont la droite AB est le diamètre et pour hauteur la droite NP.

Puisque la surface convexe du segment sphérique décrite par l'arc ADEFG est égale à un
rectangle qui a pour base une droite égale à la
circonférence dont le diamètre est la droite AB,
et pour hauteur la droite AP et que la surface
du segment sphérique décrite par l'arc ADE est
égale à un rectangle qui a pour base une droite
égale à la circonférence dont la droite AB est le
diamètre et pour hauteur la droite AN, il est évident que la différence des surfaces convexes de
ces deux segmens sphériques sera égale à la différence de ces deux rectangles qui ont la même
base ; mais la différence des surfaces convexes de
ces deux segmens sphériques est égale à la zone
décrite par l'arc EFG et la différence de ces deux
rectangles est égale à un rectangle qui a pour
base une droite égale à la circonférence dont la
droite AB est le diamètre et pour hauteur la différence des droites AP, AN, c'est-à-dire la droite
NP ; mais la droite NP est la portion du diamètre
intercepté par les droites EN, GP qui lui sont
perpendiculaires et qui comprennent l'arc EFG ;
donc la surface de la zone décrite par l'arc EFG

4

est égale à la surface d'un rectangle qui a pour base une droite égale à la circonférence dont la droite AB est le diamètre et pour hauteur la portion du diamètre intercepté par les deux droites EN, GP qui lui sont perpendiculaires et qui comprennent l'arc EFG.

Donc la surface d'une zone est égale à un rectangle qui a pour base une droite égale à la circonférence d'un grand cercle de la sphère et pour hauteur une droite égale à la portion d'un diamètre intercepté par deux droites qui lui sont perpendiculaires et qui embrassent cette zone ; ce qu'il falloit démontrer.

PROPOSITION XXVII.

THÉORÈME.

Les surfaces des sphères sont entr'elles comme les quarrés de leurs diamètres.

Soient deux sphères ABCD, FGHK (fig. 227) : je dis que ces deux sphères sont entr'elles comme les quarrés de leurs diamètres AC, FH.

En effet, la surface de la sphère est égale à un rectangle qui a pour base une droite égale à la circonférence d'un grand cercle et pour hauteur le diamètre de ce grand cercle ; et la surface d'un grand cercle est égale à un triangle rectangle dont

un des côtés de l'angle droit est égal à la circonférence, et dont l'autre côté de l'angle droit est
égal à son rayon ; mais ce triangle rectangle est
égal à un rectangle qui a pour base une droite
égale à la circonférence de ce grand cercle et
pour hauteur le quart du diamètre : donc la
surface de la sphère est quadruple d'un grand
cercle : donc la surface de la sphère est égale
à quatre grands cercles : donc la surface de la
sphère ABCD est à la surface de la sphère FGHK,
comme quatre grands cercles de la première
sphère sont à quatre grands cercles de la seconde,
ou comme un grand cercle de la première est
à un grand cercle de la seconde. Mais ces cercles sont entr'eux comme les quarrés de leurs
diamètres, et le diamètre d'un grand cercle est
le même que le diamètre de la sphère : donc
les surfaces des sphères ABCD, FGHK sont
entr'elles comme les quarrés de leurs diamètres.

Donc les surfaces des sphères sont entr'elles
comme les quarrés de leurs diamètres ; ce qu'il
falloit démontrer.

PROPOSITION XXVIII.

THÉORÈME.

Deux sphères concentriques étant données, on peut inscrire dans la plus grande un polyèdre dont les faces ne touchent point la circonférence de la plus petite.

Imaginons deux sphères qui aient le même centre A (fig. 220) : je dis qu'on peut inscrire dans la plus grande sphère un polyèdre dont les faces ne touchent point la surface de la plus petite.

Faites passer un plan quelconque par le centre de ces sphères, les sections seront des grands cercles de la sphère. Supposons en conséquence que BCDE soit un cercle de la plus grande sphère et que FGH soit un cercle de la plus petite ; menons les diamètres BD, CE de manière qu'ils soient perpendiculaires l'un sur l'autre. Les deux cercles BCDE, FGH ayant le même centre, décrivons dans le plus grand BCDE un polygone dont les côtés soient égaux et pairs en nombre et ne touchent point le plus petit cercle FGH ; que les côtés de ce polygone qui sont dans le quart de cercle BE soient BK, KL, LM, ME ; menons le rayon KA que nous

prolongerons vers N ; au point A et sur le plan
du cercle BCDE élevons la perpendiculaire
AO qui rencontrera la surface de la sphère au
point O, et par la droite AO et par chacune
des droites BD, KN conduisons deux plans;
ces deux plans produiront deux grands cercles dans la surface de la sphère. Supposons
qu'on ait ces deux grands cercles et que BOD,
KON en soient les moitiés, et que BD, KN
en soient les diamètres. Puisque la droite OA
est perpendiculaire sur le plan du cercle
BCDE, tous les plans qui passeront par cette
droite AO seront perpendiculaires sur le plan
du cercle BCDE : donc les demi-cercles BOD,
KON sont perpendiculaires sur ce même plan ;
et puisque les demi-cercles BED, BOD, KON
sont égaux, car leurs diamètres EC, BD, KN
sont égaux entr'eux, les quarts de leurs circonférences BE, BO, KO seront égaux entr'eux :
donc les quarts de cercle BO, KO contien-
dront chacun autant de côtés du polygone inscrit que le quart de cercle BE, et les côtés
contenus dans les quarts de cercles BO, KO
seront égaux aux côtés BK, KL, LM, ME,
chacun à chacun. Menons les cordes BP, PQ,
QR, RO, KS, ST, TV, VO et les droites
SP, TQ, VR. Des points P, S abaissons des

perpendiculaires sur le plan du cercle BCDE;
ces perpendiculaires tomberont sur les communes sections BD, KN des plans des demi-
cercles BOD, KON, puisque ces plans sont
perpendiculaires sur le plan du cercle BCDE,
par construction; que ces perpendiculaires tombent donc sur ces communes sections et que
ces perpendiculaires soient PX, SY; menez
la droite XY. Puisqu'on a pris les arcs égaux
BP, KS dans les demi-circonférences égales
BOD, KON et que les droites PX, SY sont
perpendiculaires sur les diamètres BD, KN,
la droite PX sera égale à la droite SY et la
droite BX égale à la droite KY. Mais la droite
totale BA est égale à la droite totale KA : donc
la droite restante XA est égale à la droite restante YA : donc BX est à XA comme KY est
à YA : donc la droite XY est parallèle à la droite
KB; et puisque chacune des droites PX, SY est
perpendiculaire sur le plan du cercle BCDE, la
droite PX sera parallèle à la droite SY; mais on
a démontré que ces droites sont égales : donc
les droites YX, SP sont égales et parallèles;
et puisque la droite YX est parallèle à la droite
SP et à la droite KB, la droite SP sera parallèle
à la droite KB (prop. 9. 11); mais ces droites
sont jointes par les droites BP, KS : donc le

quadrilatère KBPS est dans un seul plan, car
si deux droites sont parallèles et si dans chacune de ces droites on prend des points quelconques, les droites qui joignent ces points
sont dans le même plan que ces parallèles. On
démontrera de la même manière, que la droite
TQ est parallèle à la droite SP et la droite VR
parallèle à la droite TQ : donc chacun des
quadrilatères SPQT, TQRV est dans un seul
plan ; mais le triangle VRO est aussi dans un
seul plan : donc si des points P, S, Q, T,
R, V on conçoit des droites menées au point
A, on aura construit entre les arcs BO, KO
un certain polyèdre composé des pyramides
dont les bases seront les quadrilatères KBPS,
SPQT, TQRV et le triangle VRO et dont
le sommet commun sera le point A. Si sur chacun des côtés KL, LM, ME nous faisons la
même construction que nous avons faite sur le
côté KB, si nous faisons ensuite la même chose
dans les autres quarts de cercle EAD, DAC,
OAB et dans l'autre hémisphère, nous aurons
inscrit dans la sphère un certain polyèdre qui
sera composé des pyramides dont les bases sont
les quadrilatères KBPS, SPQT, TQRV et le
triangle VRO, et les quadrilatères et les triangles correspondans à ces quadrilatères et à ce

triangle et dont le sommet commun sera le point A.

Je dis à présent que ce polyèdre ne touche point la surface de la petite sphère dans laquelle est le cercle F G H. Du point A menons la droite A Z perpendiculaire sur le plan du quadrilatère K B P S, que cette perpendiculaire rencontre ce plan au point Z et menons les droites B Z, Z K. Puisque A Z est perpendiculaire sur le plan du quadrilatère K B P S, elle sera perpendiculaire sur toutes les droites qui la rencontrent et qui sont dans ce plan : donc A Z est perpendiculaire sur l'une et l'autre des droites B Z, Z K; mais puisque A B est égal à A K, le quarré de A B sera égal au quarré de A K; mais les quarrés des droites A Z, Z B sont égaux au quarré de A B, car l'angle en Z est droit par construction, et les quarrés de A Z, Z K sont égaux au quarré de A K: donc les quarrés des droites A Z, Z B sont égaux aux quarrés des droites A Z, Z K : donc si l'on retranche le quarré commun de A Z, le quarré de B Z sera égal au quarré de Z K : donc la droite B Z est égale à la droite Z K. On démontrera semblablement que les droites menées du point Z aux points P, S sont égales chacune à l'une et à l'autre des droites B Z, Z K : donc le cercle décrit du centre Z et avec un intervalle égal à une des droites ZB, ZK passera aussi par les points P, S : donc le quadrilatère KBPS sera inscrit dans un cercle ; et puisque la droite KB est plus grande que la droite YX et que la droite YX est égale à la droite SP, la droite KB sera plus grande que la droite SP. Mais la droite KB est égale à l'une et à l'autre des droites KS, BP : donc l'une et l'autre des droites KS, BP sont plus grandes que la droite SP.

Puisque le quadrilatère KBPS peut être inscrit dans un cercle, que les droites KB, BP, KS sont égales et que chacune de ces trois droites est plus grande que la droite PS, la droite KB soutendra un arc plus grand que le quart de la circonférence : donc l'angle KZB est obtus : donc le quarré de KB est plus grand que les quarrés des rayons KZ, ZB, c'est-à-dire que le quarré de KB est plus grand que le double du quarré du rayon BZ.

Menons la droite KX. Puisque dans les triangles KBX, PBX les droites KB, BX sont égales aux droites PB, BX, et que l'angle KBX est égal à l'angle BBX, l'angle KXB sera égal à l'angle PXB ; mais l'angle PXB est droit : donc l'angle KXB est un angle droit. Puisque la droite DB est plus petite que le double de DX et que DB est à DX comme le rectangle compris sous

DB, XB est au rectangle compris sous DX,
XB, si sur DB on complète le rectangle compris sous DB, XB, et si sur DX on complète le
rectangle compris sous DX, XB, le rectangle
compris sous DB, BX sera plus petit que le
double de celui qui est compris sous DX, XB.
Menez la droite KD. Le rectangle compris sous
DB, XB sera égal au quarré de KB, et le rectangle
compris sous DX, XB égal au quarré de KX :
donc le quarré de KB est plus petit que le double du quarré de KX; mais le quarré de KB
est plus grand que le double du quarré de BZ :
donc le quarré de KX est plus grand que le
quarré de BZ; et puisque BA est égal à KA, le
quarré de BA sera égal au quarré de KA. Mais
les quarrés des droites BZ, ZA sont égaux
au quarré de la droite BA, et les quarrés des
droites KX, XA égaux au quarré de la droite
KA : donc les quarrés des droites BZ, ZA sont
égaux aux quarrés des droites KX, XA; mais
le quarré de KX est plus grand que le quarré
de BZ : donc le quarré de XA est plus petit
que le quarré de ZA : donc la droite AZ est
plus grande que la droite AX : donc la droite
AZ est à plus forte raison plus grande que la
droite AG; mais la droite AZ est une perpendiculaire sur une des faces du polyèdre inscrit, et

la droite AG est un rayou de la plus petite sphère :
donc la face de ce polyèdre sur laquelle la droite
AZ est perpendiculaire ne touche point la surface de la plus petite sphère.

Du centre A conduisons la droite AZ′ perpendiculaire sur le plan du quadrilatère SPQT
et menez la droite PZ′.

Nous démontrerons, de la même manière que
nous l'avons fait pour le quadrilatère KBPS,
que le point Z′ est le centre d'un cercle circonscrit au quadrilatère SPQT et que la droite
SP est plus grande que la droite TQ ; mais on
a démontré que la droite SP est parallèle à la
droite TQ : donc les quadrilatères KBPS,
SPQT qui peuvent être inscrits dans des cercles
ont leurs côtés KB, SP, TQ parallèles entre
eux ; mais les autres côtés BP, KS, PQ, ST
de ces quadrilatères sont égaux entr'eux, et le
côté KB est plus grand que le côté SP et le
côté SP plus grand que le côté TQ : donc le
rayon BZ est plus grand que le rayon PZ′
(lem. suiv.). Menez la droite AP ; cette droite
sera égale à la droite AB. Puisque l'angle AZ′P,
est droit, les quarrés des droites AZ′, Z′P
seront égaux au quarré de la droite AP ou au
quarré de la droite AB ; mais le quarré de la
droite AB est égal aux quarrés des droites AZ,

ZB : donc les quarrés des droites AZ', Z'P sont égaux aux quarrés des droites AZ, ZB. Mais le quarré de Z'P est plus petit que le quarré de ZB : donc le quarré de la droite AZ' est plus grand que le quarré de AZ : donc la droite AZ' est plus grande que la droite AZ. Mais on a démontré que la droite AZ est plus grande que la droite AG : donc la droite AZ' est, à plus forte raison, plus grande que la droite AG : donc le quadrilatère SPQT ne touche point la surface de la plus petite sphère. Par la même raison, le quadrilatère TQRV ne touche point la surface de la plus petite sphère ; il en est de même du triangle VRO (cor. 2 du lem. suiv.) ; et il en sera encore de même de toutes les autres faces du polyèdre inscrit : donc les faces de ce polyèdre ne touchent point la surface de la plus petite sphère.

Donc, deux sphères concentriques étant données, on peut toujours inscrire dans la plus grande un polyèdre dont les faces ne touchent pas la surface de la plus petite ; ce qu'il falloit démontrer.

LEMME.

Que les deux quadrilatères ABCD, EFGH (fig. 232) soient inscrits dans les cercles ABCD, EBGH ; que les côtés AB, DC soient paral-

lèles, ainsi que les côtés EF, HG; que les
autres côtés AD, CB, HE, GF soient égaux
entr'eux et que le côté AB soit plus grand que
le côté EF et le côté DC plus grand que le
côté HG : je dis que le rayon KA sera plus
grand que le rayon LE.

Car si le rayon KA n'est pas plus grand que
le rayon LE, le rayon KA sera égal au rayon
LE ou plus petit ; suppposons d'abord que le
rayon KA soit égal au rayon LE; puisque les
cercles ABCD, EFGH sont égaux, et que les
cordes AD, BC soit égales aux cordes EH,
GF, les arcs AD, BC seront égaux aux arcs
EH, FG ; mais la droite AB est plus grande
que la corde EF et la corde DC plus grande
que la corde HG : donc l'arc AB est plus grand
que l'arc EF et l'arc DC plus grand que l'arc
HG : donc la circonférence entière ABCD sera
plus grande que la circonférence entière EFGH;
mais ces deux circonférences sont égales ; ce
qui est impossible : donc le rayon KA n'est
pas égal au rayon LE.

Supposons en second lieu que le rayon KA
soit plus petit que le rayon LE, et que ce rayon
soit égal à la droite LM. Du centre L avec l'intervalle LM décrivons la circonférence MNOP ;
menons les rayons LE, LF, LG, LP et les cordes

MN, NO, GP, PM. Les cordes MN, NO, OP,
PM seront parallèles aux cordes EF, FG, GH,
HE, et les premières seront plus petites que
les dernières : donc puisque la corde EH est
plus grande que la corde MP, la corde AD sera
plus grande que la corde MP ; mais les cercles
ABCD, MNOP sont égaux : donc l'arc AD
est plus grand que l'arc MP ; l'arc BC est plus
grand que l'arc NO, par la même raison ; mais
la corde AB est plus grande que la corde EF,
et la corde EF est plus grande que la corde
MN : donc, à plus forte raison, la corde AB est
plus grande que la corde MN : donc l'arc AB
est plus grand que l'arc MN ; l'arc DC sera
plus grand que l'arc PO, par la même raison :
donc la circonférence entière ABCD est plus
grande que la circonférence entière MNOP ;
mais, au contraire, ces deux circonférences
sont égales ; ce qui est impossible : donc le
rayon KA n'est pas plus petit que le rayon LE ;
mais nous avons démontré qu'il ne lui est pas
égale : donc le rayon KA est nécessairement
plus grand que le rayon LE ; ce qu'il falloit
démontrer.

COROLLAIRE I.

Si le côté DC du quadrilatère ABCD étoit
égal au côté HG du quadrilatère EFGH, et si

les autres côtés du premier quadrilatère étoient plus petits que les autres côtés du second, on démontreroit semblablement que le rayon KA est plus grand que le rayon LE.

COROLLAIRE II.

Si les deux triangles isoscèles ABC, DEF (fig. 233) sont inscrits dans des cercles, et si les côtés AC, CB, DF, FE sont égaux entre eux, et si le côté AB est plus grand que le côté DE, on démontrera, comme dans le lemme précédent, que le rayon du cercle circonscrit au triangle ABC est plus grand que le rayon du cercle circonscrit au triangle DEL.

COROLLAIRE III.

Si les deux triangles isoscèles ABC, DEF (fig. 233) sont inscrits dans des cercles et si les côtés du premier sont plus petits que les côtés du second, on démontrera semblablement que le rayon du cercle circonscrit au triangle ABC est plus grand que le rayon du cercle circonscrit au triangle DEF.

PROPOSITION XXIX.

THÉORÈME.

Deux secteurs sphériques semblables et concen-
triques étant donnés, on peut toujours inscrire
dans le plus grand un polyèdre dont les faces
ne touchent pas la surface du plus petit.

Soient deux secteurs sphériques semblables
et concentriques dont les surfaces ont été décrites par deux arcs des quarts de cercle OBA,
O'GA (fig. 220) pendant que ces deux quarts
de cercle ont fait une révolution autour du
rayon AO : je dis qu'on peut inscrire dans le
plus grand un polyèdre dont les faces ne touchent point la surface du plus petit secteur sphérique.

Complettons les sphères et inscrivons dans la
plus grande un polyèdre dont les faces ne touchent point la surface de la plus petite. Il peut
arriver ou que l'arc qui a décrit la surface du
plus grand secteur contienne exactement un ou
plusieurs des arcs égaux OR, RQ, QP, PB ou
que cet arc ne contienne qu'une partie d'un de
ces arcs égaux, ou bien que ce même arc contienne un ou plusieurs de ces arcs égaux avec
un reste.

Supposons d'abord que l'arc qui a décrit la surface du secteur sphérique contienne exactement un ou plusieurs de ces arcs égaux ; il est évident qu'on aura inscrit dans le plus grand secteur un polyèdre dont les faces ne toucheront point la surface du plus petit.

Supposons en second lieu que l'arc qui a décrit la surface du plus grand secteur sphérique contienne l'arc OR, avec un reste RQ' ; faisons l'arc VT' égal à l'arc RQ', et menons les cordes VT', T'Q', Q'R, et faisons la même chose dans les autres portions de fuseaux qui composent le reste de la surface du secteur sphérique décrite par l'arc OQ'. Nous démontrerons absolument de la même manière que nous l'avons fait dans le théorême précédent, que la perpendiculaire menée du centre A sur le quadrilatère T'Q'RV est plus petite que la perpendiculaire menée du centre A sur le quadrilatère SPQT (cor. 1 du lem. précéd.), et nous conclurons que le quadrilatère T'Q'RV ne touche pas la surface du plus petit secteur.

Supposons enfin que l'arc qui a décrit la surface du plus grand secteur ne contienne qu'une partie de l'arc OR, la partie OR', par exemple ; faisons l'arc OV' égal à l'arc OR', menons les cordes OV', V'R', R'O, et faisons la même chose dans les autres portions de fuseaux qui composent le reste de la surface du secteur sphérique décrite par l'arc OR'; nous démontrerons encore de la même manière que nous l'avons fait dans le théorème précédent, que la perpendiculaire menée du centre A sur le triangle OV'R' est plus petite que la perpendiculaire menée du centre A sur le quadrilatère TQRV (cor. 3 du lem. précéd.), et nous conclurons que le triangle OV'R' ne touche pas la surface du plus petit secteur.

Donc deux secteurs sphériques semblables et concentriques étant donnés, on peut inscrire dans le plus grand un polyèdre dont les faces ne touchent point la surface du plus petit; ce qu'il falloit démontrer.

PROPOSITION XXX.

THÉORÈME.

La sphère est égale à une pyramide triangulaire dont la base est égale à la surface de cette sphère et dont la hauteur est égale au rayon de cette même sphère.

Soit la sphère ABC (fig. 234); imaginons une pyramide HIKL dont la base IKL soit égale à la surface de cette sphère et dont la hauteur HI soit égale au rayon de cette même sphère : je dis que la sphère ABC est égale à la pyramide HIKL.

Car si la pyramide HIKL n'est pas égale à la sphère ABC, cette pyramide sera plus petite ou plus grande. Supposons qu'elle soit plus petite et qu'elle soit égale à une sphère concentrique plus petite, savoir, à la sphère DEF.

Inscrivons dans la sphère ABC un polyèdre dont les faces ne touchent point la surface de la sphère DEF ; ce polyèdre sera un assemblage de pyramides qui auront toutes leurs sommets au centre de la sphère ABC. Si la hauteur de chacune de ces pyramides étoit égale au rayon de la sphère, ce polyèdre seroit égal à une pyramide triangulaire qui auroit pour base une surface égale à la surface du polyèdre inscrit et pour hauteur le rayon de la sphère ; mais les hauteurs de ces pyramides sont chacune plus petites que le rayon de la sphère ABC, et la surface de ce polyèdre est plus petite que la surface de cette sphère : donc le polyèdre inscrit est plus petit que la pyramide triangulaire HIKL qui a pour base une surface égale à la surface de la sphère ABC et pour hauteur une droite égale au rayon de cette sphère ; mais la pyramide GHKL est, par supposition, égale à

la sphère DEF : donc le polyèdre inscrit dans
la sphère ABC est plus petit que la sphère DEF ;
mais, au contraire, le polyèdre inscrit dans la
sphère ABC est plus grand que la sphère DEF,
puisque ce polyèdre contient la sphère DEF ;
ce qui est impossible : donc la pyramide HIKL
n'est pas plus petite que la sphère ABC.

Supposons, en second lieu, que la pyramide
HIKL soit plus grande que la sphère ABC et
qu'elle soit égale à une sphère concentrique
plus grande, savoir, à la sphère D′E′F′.

Inscrivons dans la sphère D′E′F′ un polyèdre
dont les faces ne touchent point la surface de
la sphère ABC ; ce polyèdre sera un assemblage de pyramides qui auront toutes leurs sommets au centre de la sphère D′E′F′. Si la hauteur de chacune de ces pyramides étoit égale
au rayon de la sphère ABC, ce polyèdre seroit
égal à une pyramide triangulaire qui auroit pour
base une surface égale à la surface de ce polyèdre
et pour hauteur une droite égale au rayon de
cette sphère ; mais les hauteurs de ces pyramides sont chacune plus grandes que le rayon
de la sphère ABC et la surface de ce polyèdre
est plus grande que la surface de la sphère ABC :
donc ce polyèdre inscrit est plus grand que la
pyramide HIKI, qui a pour base une surface

égale à la surface de la sphère ABC et pour hauteur une droite égale au rayon de cette sphère. Mais la pyramide HIKL est, par supposition, égale à la sphère D'E'F' : donc le polyèdre inscrit est plus grand que la sphère D'E'F'; mais, au contraire, le polyèdre inscrit dans la sphère D'E'F' est plus petit que cette sphère, car il est contenu dans cette sphère ; ce qui est impossible : donc la pyramide HIKL n'est pas plus grande que la sphère ABC ; mais nous avons démontré qu'elle n'est pas plus petite : donc la pyramide HIKL est égale à la sphère ABC.

Donc une sphère est égale à une pyramide triangulaire dont la base est égale à la surface de cette sphère et dont la hauteur est égale au rayon de cette même sphère ; ce qu'il falloit démontrer.

COROLLAIRE.

Puisque la surface de la sphère est égale à quatre grands cercles, le quart de la sphère est égal à un cône qui a pour base un grand cercle et pour hauteur le rayon de cette sphère : donc la moitié de la sphère est égale à un cône qui a pour base un grand cercle et pour hauteur le diamètre de la sphère ; mais le cylindre circonscrit est égal à trois cônes qui ont pour base un grand cercle et pour hauteur le diamètre de la sphère : donc la moitié de la sphère est égale au tiers du cylindre circonscrit : donc la sphère entière est égale aux deux tiers du cylindre circonscrit.

PROPOSITION XXXI.

THÉORÈME.

Un secteur sphérique est égal à une pyramide triangulaire qui a pour base une surface égale à la surface sphérique de ce secteur et pour hauteur une droite égale au rayon de ce même secteur.

Soit le secteur sphérique ABG (fig. 234) : je dis que ce secteur sphérique est égal à une pyramide triangulaire HIMN qui a pour base une surface égale à la surface sphérique de ce secteur et pour hauteur une droite égale au rayon de ce même secteur.

Car si cette pyramide n'est pas égale à ce secteur, elle sera plus petite ou plus grande. Supposons d'abord qu'elle soit plus petite et qu'elle soit égale à un secteur sphérique plus petit, savoir au secteur sphérique DEG qui est semblable au secteur sphérique ABG.

Après avoir inscrit dans le secteur sphérique ABG une portion de polyèdre qui ne touche

point la surface du secteur sphérique DEG,
nous démontrerons, comme dans la proposition
précédente, que la pyramide HIMN n'est pas
plus petite que le secteur ABG.

Nous supposerons en second lieu que cette
pyramide est égale à un secteur sphérique plus
grand, savoir au secteur sphérique D′E′G′ qui
est semblable au secteur sphérique ABG.

Après avoir inscrit dans le secteur sphérique
D′F′G′ une portion de polyèdre dont les faces
ne touchent point la surface du secteur sphérique ABG, on démontrera encore, comme
dans la proposition précédente, que la pyramide
HIMN n'est pas plus grande que le secteur sphérique ABG, et l'on conclura que cette pyramide est égale au secteur sphérique ABG, et
que par conséquent un secteur sphérique est
égal à une pyramide triangulaire qui a pour base
une surface égale à la surface sphérique de ce
secteur et pour hauteur une droite égale au
rayon de ce même secteur; ce qu'il falloit démontrer.

PROPOSITION XXXII.

THÉORÊME.

Les sphères sont entr'elles comme les cubes de leurs rayons, et les secteurs sphériques semblables sont aussi entr'eux comme les cubes de leurs rayons.

Soient les deux sphères ABC, DEF (fig. 235) : je dis que ces deux sphères sont entr'elles comme les cubes de leurs rayons.

Supposons que la base de la pyramide GHKL soit égale à la surface de la sphère ABC et que sa hauteur soit égale au rayon de cette même sphère. Faisons la droite GM égale au rayon de la sphère DEF, et par le point M conduisons un plan qui soit parallèle à la base de la pyramide GHKL ; la section de cette pyramide par ce plan sera un triangle semblable au triangle HKL. Mais les triangles semblables sont entre eux comme les quarrés de leurs côtés homologues : donc le triangle HKL est au triangle MNO comme le quarré de la droite HK est au quarré de la droite MN ; mais les triangles GHK, GMN sont semblables : donc la droite HK est à la droite MN comme la droite GH est à la droite GM : donc le triangle HKL est au triangle MNO comme le quarré de la droite

GH est au quarré de la droite GM ; mais la surface de la sphère ABC est à la surface de la
sphère DEF comme le quarré du rayon de la
sphère ABC est au quarré du rayon de la sphère
DEF, comme le quarré de la droite GH est au
quarré de la droite GM : donc la surface de la
sphère ABC est à la surface de la sphère DEF
comme le triangle HKL est au triangle MNO :
donc, en échangeant les places des moyens, la
surface de la sphère ABC est au triangle HKL
comme la surface de la sphère DEF est au triangle MNO ; mais la surface de la sphère est égale,
par supposition, au triangle HKL : donc la surface de la sphère DEF est égale au triangle
MNO, c'est-à-dire à la base de la pyramide
GMNO ; mais le rayon de cette sphère est égal
à la hauteur de cette même pyramide : donc la
sphère DEF est égale à la pyramide GMNO ;
mais les pyramides semblables GHKL, GMNO
sont entr'elles comme les cubes de leurs hauteurs GH, GM : donc les sphères ABC, DEF
qui sont égales aux pyramides GHKL, GMNO
sont entr'elles comme les cubes des hauteurs
GH, GM de ces pyramides, c'est-à-dire
comme les cubes des rayons des sphères ABC,
DEF. On démontreroit d'une manière semblable que les secteurs sphériques semblables

sont aussi entr'eux comme les cubes de leurs rayons.

Donc les sphères sont entr'elles comme les cubes de leurs rayons; donc les secteurs sphériques semblables sont aussi entr'eux comme les cubes de leurs rayons; ce qu'il falloit démontrer (1).

De la mesure des lignes, des surfaces et des solides.

DÉFINITIONS.

1. On mesure une quantité en déterminant combien de fois cette quantité contient une quantité connue.

2. On mesure une ligne, une surface et un solide en déterminant combien de fois cette

---

(1) On pourroit démontrer de la manière suivante que les sphères sont entr'elles comme les cubes de leurs rayons. Les sphères inscrites dans des cylindres sont égales aux deux tiers des cylindres dans lesquels elles sont inscrites; mais les cylindres circonscrits à des sphères sont des solides semblables : donc les cylindres circonscrits à des sphères sont entr'eux comme les cubes des rayons de leurs bases, c'est-à-dire comme les cubes des rayons des sphères; donc les deux tiers de ces cylindres, c'est-à-dire les sphères inscrites, sont aussi entr'elles comme les cubes de leurs rayons.

ligne, cette surface et ce solide contiennent
une droite connue, un quarré connu, et un
cube connu : ces quantités connues s'appellent
unités de mesure.

PROPOSITION PREMIÈRE.

THÉORÈME.

*Deux rectangles sont entr'eux comme les produits
de leurs bases par leurs hauteurs.*

Soient les deux rectangles DB, DF (fig. 236) :
je dis que le rectangle DB est au rectangle DF
comme le produit de la base AD du rectangle
DB par sa hauteur DC est au produit de la base
DE du rectangle DF par sa hauteur GD.

Placez les deux rectangles DB, DF de manière que le côté DE soit dans la direction du
côté AD et le côté GD dans la direction du
côté DC, et terminez le rectangle AG. Puisque les deux rectangles DB, DH ont la même
base AD, le rectangle DB est au rectangle DH
comme la hauteur DC du rectangle DB est à
la hauteur DG du rectangle DH ; et à cause que
les deux rectangles DH, DF ont la même hauteur GD, le rectangle DH est au rectangle DF
comme la base AD du rectangle DH est à la base
DE du rectangle DF. Si l'on multiplie chaque

M m

ʃ

terme de la première proposition par chaque
terme de la seconde, les produits qui résulteront de cette multiplication formeront encore
une proportion : donc le produit du rectangle
DB par le rectangle DH est au produit du rectangle DF par le rectangle DH comme le produit de la base AD du rectangle DB par sa
hauteur DC est au produit de la base DE du
rectangle DF par sa hauteur DG : donc si l'on
supprime le facteur DH qui est commun aux
deux premiers termes, le rectangle DB sera au
rectangle DF comme le produit de la base AD du
rectangle DB par sa hauteur DC est au produit
de la base DE du rectangle DF par sa hauteur
DG : donc les deux rectangles DB, DF sont
entr'eux comme les produits de leurs bases par
leurs hauteurs.

Donc deux rectangles quelconques sont entre
eux comme les produits de leurs bases par leurs
hauteurs ; ce qu'il falloit démontrer.

PROPOSITION II.

THÉORÈME.

Un rectangle a pour mesure le produit de sa base par sa hauteur (1).

Soit le rectangle AC (fig. 237) dont on veut avoir la mesure ; que le quarré D soit l'unité de mesure. Multiplions le nombre qui exprime combien de fois la base BC du rectangle AC contient le côté du quarré D par le nombre qui exprime combien de fois la hauteur AB du

(1) Je ne dis point, comme on le dit ordinairement, que la surface ou l'aire d'un rectangle, &c.; car, en parlant ainsi, c'est comme si l'on disoit la surface d'une surface qui est terminée par quatre droites parallèles, ou bien l'aire d'une aire terminée par quatre droites parallèles, &c. C'est par la même raison que je ne dis point la solidité du parallélépipède ou bien le volume d'un parallélépipède, parce que c'est comme si l'on disoit la solidité d'un solide terminé par six parallélogrammes dont les parallélogrammes opposés sont égaux et parallèles, ou bien le volume d'un volume terminé par six parallélogrammes dont les parallélogrammes opposés sont égaux et parallèles. Si je ne m'exprime point ainsi, c'est pour me conformer à la manière d'Euclide, et pour ne pas me servir d'une façon de parler que rien ne sauroit autoriser.

2

rectangle AC contient le côté du même quarré
D (1) : je dis que ce produit exprime combien
de fois le rectangle AC contient le quarré D.

Car puisque les rectangles sont entr'eux
comme les produits de leurs bases par leurs
hautëurs, le rectangle AC est au quarré D
comme le produit du nombre qui exprime
combien de fois la base BC du rectangle AC
contient le côté du quarré D par le nombre qui
exprime combien de fois la hauteur du rectangle AB contient le côté du même quarré D, est
au produit du nombre 1 que représente la base
du quarré D par le nombre 1 qui représente
aussi la hauteur de ce même quarré. Mais le
produit du nombre 1 par lui-même est égal à 1 :
donc le rectangle AC est au quarré D comme
le produit du nombre qui exprime combien de
fois la base BC du rectangle AC contient le côté
du quarré D par le nombre qui exprime combien de fois la hauteur AB du rectangle AC con-

_____

(1) Il est inutile d'avertir que le nombre qui exprime
combien de fois la base du rectangle AC contient le
côté du quarré D ou le nombre qui exprime combien de fois la hauteur du rectangle AC contient le
côté de ce même quarré, peut être un nombre com-
mensurable, ou incommensurable, entier ou frac-
tionnaire, ou même une fraction.

tient la hauteur de ce même quarré, est à 1 : donc le produit du nombre qui exprime combien de fois la base BC du rectangle AC contient le côté du quarré D par le nombre qui exprime combien de fois la hauteur AB du rectangle AC contient le côté de ce même quarré, est la mesure du rectangle AC, puisque ce produit exprime combien de fois le rectangle AC contient le quarré D, pris pour unité de mesure : donc pour avoir la mesure du rectangle AC, le quarré D étant pris pour unité, il faut multiplier le nombre qui exprime combien de fois la base du rectangle AC contient le côté du quarré D par le nombre qui exprime combien de fois la hauteur du rectangle AC contient le côté de ce même quarré, le produit de ces deux nombres sera la mesure du rectangle AC; ce qu'on énonce en disant que le produit de la base du rectangle AC par sa hauteur est la mesure de ce rectangle.

Donc un rectangle quelconque a pour mesure le produit de sa base par sa hauteur; ce qu'il falloit démontrer.

COROLLAIRES.

1. Puisqu'un parallélogramme quelconque est égal à un rectangle de même base et de

même hauteur, il est évident qu'un parallélogramme quelconque a pour mesure le produit de sa base par sa hauteur.

2. Un triangle étant égal à la moitié d'un parallélogramme de même base et de même hauteur, il est évident qu'un triangle a pour mesure
le produit de sa base par la moitié de sa hauteur.

3. Toute figure rectiligne pouvant se partager
en triangles, il est évident qu'une figure rectiligne quelconque aura pour mesure la somme
des produits de la base de chacun des triangles
qui la composent par la moitié de sa hauteur.

4. Puisqu'un polygone régulier peut être partagé en autant de triangles égaux et semblables
que le polygone a de côtés, en menant du
centre des droites à tous les angles de ce polygone, et puisque chacun de ces triangles a pour
mesure le produit d'un des côtés du polygone
par la moitié d'une perpendiculaire menée du
centre sur un des côtés, il est évident qu'un
polygone régulier a pour mesure le produit de
son contour par la moitié d'une perpendiculaire
menée du centre sur un de ses côtés.

5. Un cercle étant égal à un triangle qui a
pour base une droite égale à la circonférence
de ce cercle et pour hauteur le rayon de ce
même cercle, il est évident qu'un cercle a pour

mesure le produit de sa circonférence par la
moitié de son rayon.

6. Un secteur circulaire étant égal à un triangle qui a pour base une droite égale à l'arc de
ce secteur et pour hauteur le rayon de ce secteur, il est évident qu'un secteur a pour mesure
le produit de son arc par la moitié de son rayon.

7. La surface convexe d'un cylindre droit
étant égale à un rectangle qui a pour base une
droite égale à la circonférence de la base de ce
cylindre et pour hauteur une droite égale à la
hauteur du même cylindre, il est évident que
la surface convexe du cylindre droit a pour mesure le produit de la circonférence de sa base
par sa hauteur.

8. La surface convexe du cône droit étant
égale à un triangle qui a pour base une droite
égale à la circonférence de la base de ce cône
et pour hauteur une droite égale au côté de ce
cône, il est évident que la surface convexe d'un
cône droit a pour mesure le produit de la circonférence de sa base par la moitié de son côté.

9. La surface de la sphère étant égale à un
rectangle qui a pour base une droite égale à la
circonférence d'un de ses grands cercles et
pour hauteur le diamètre de la sphère, il est
évident que la surface de la sphère est égale

4

au produit de la circonférence d'un de ses grands cercles par son diamètre.

10. La surface convexe d'un segment sphérique étant égale à un rectangle qui a pour base une droite égale à la circonférence d'un grand cercle de la sphère et pour hauteur une droite égale à la hauteur du segment sphérique, il est évident que la surface convexe d'un segment sphérique a pour mesure le produit de la circonférence d'un grand cercle de la sphère par la hauteur du segment sphérique.

PROPOSITION III.

THÉORÈME.

Les parallélépipèdes rectangles sont entr'eux comme les produits de leurs bases par leurs hauteurs.

Soient les deux parallélépipèdes rectangles BG, BO (fig. 238) : je dis que le parallélépipède BG est au parallélépipède BO comme le produit de la base BD du parallélépipède BG par sa hauteur AB est au produit de la base BM du parallélépipède BO par sa hauteur QB.

Placez les deux parallélépipèdes BG, BO de manière que l'angle QBC soit commun ; prolongez la base AG et terminez le parallélépipède BS.

Puisque les deux parallélépipèdes rectangles BG, BS ont la même hauteur, le parallélépipède BG est au parallélépipède BS comme la base BD du premier est à la base BM du second ; et à cause que les deux parallélépipèdes rectangles BS, BO ont la même base BM, le parallélépipède BS est au parallélépipède BO comme la hauteur AB du premier est à la hauteur QB du second. Si l'on multiplie chaque terme de la première proportion par chaque terme de la seconde, les produits qui résulteront de cette multiplication seront encore en proportion : donc le produit du parallélépipède BG par le parallélépipède BS est au produit du parallélépipède BO par le parallélépipède BS comme la base BD du parallélépipède BG par sa hauteur AB est au produit de la base BM du parallélépipède BO par sa hauteur QB : donc si l'on supprime le facteur BS qui est commun aux deux premiers termes, le parallélépipède BG sera au parallélépipède BO comme le produit de la base BD du premier par sa hauteur AB est au produit de la base BM du second par sa hauteur QB : donc les deux parallélépipèdes rectangles BG, BO sont entr'eux comme les produits de leurs bases par leurs hauteurs.

Donc les parallélépipèdes rectangles sont entre

eux comme les produits de leurs bases par leurs hauteurs ; ce qu'il falloit démontrer.

PROPOSITION IV.

THÉORÈME.

Un parallélépipède rectangle a pour mesure le produit de sa base par sa hauteur.

Soit le parallélépipède rectangle AD (fig. 239) dont on veut avoir la mesure ; que le cube F soit l'unité de mesure. Multiplions le nombre qui exprime combien de fois la base BD contient la base du cube F par le nombre qui exprime combien de fois la hauteur AB contient le côté du cube F : je dis que ce produit exprime combien de fois le parallélépipède rectangle AD contient le cube F.

Car puisque les parallélépipèdes rectangles sont entr'eux comme les produits de leurs bases par leurs hauteurs, le parallélépipède AB est au cube F comme le produit du nombre qui exprime combien de fois la base BD du parallélépipède AD contient la base du cube F par le nombre qui exprime combien de fois la hauteur AB du parallélépipède AD contient la hauteur du cube F, est au produit de la base du cube F par sa hauteur ; mais la base du cube a pour mesure

le produit du nombre 1 qui représente le côté
de ce cube par le nombre 1 : donc le produit de
la base du cube par sa hauteur est égal au produit du quarré de 1 par 1 qui est 1 : donc le
parallélépipède AD est au cube F comme le
produit du nombre qui exprime combien de
fois la base BD du parallélépipède AB contient
la base du cube F par le nombre qui exprime
combien de fois la hauteur AB du parallélépipède AD contient la hauteur du cube F, est à 1 :
donc le produit du nombre qui exprime combien de fois la base BD du parallélépipède AD
contient la base du cube F par le nombre qui
exprime combien de fois la hauteur AB du parallélépipède AD contient le côté de ce même
cube, est la mesure du parallélépipède AD, puisque ce produit exprime combien de fois le cube
AD contient le cube F pris pour unité de mesure : donc pour avoir la mesure du parallélépipède rectangle AD, il faut multiplier le nombre
qui exprime combien de fois la base du parallélépipède rectangle AD contient la base du cube F
par le nombre qui exprime combien de fois la
hauteur AB du parallélépipède AD contient le
côté du cube F, et le produit de ces deux nombres sera la mesure du parallélépipède AD ; ce
qu'on énonce en disant que le produit de la

base du parallélépipède AD par sa hauteur est la mesure de ce parallélépipède.

Donc un parallélépipède rectangle quelconque a pour mesure le produit de sa base par sa hauteur ; ce qu'il falloit démontrer.

COROLLAIRES.

1. Puisqu'un parallélépipède quelconque est égal à un parallélépipède rectangle de même base et de même hauteur, il est évident qu'un parallélépipède quelconque a pour mesure le produit de sa base par sa hauteur.

2. Un prisme triangulaire quelconque étant la moitié d'un parallélépipède qui a une base double et la même hauteur, il est évident qu'un prisme triangulaire quelconque a pour mesure le produit de sa base par sa hauteur.

3. Un prisme quelconque pouvant être partagé en prismes triangulaires de même hauteur, et chacun de ces prismes triangulaires ayant pour mesure le produit de sa base par sa hauteur, il est évident que le prisme total a pour mesure le produit de sa base par sa hauteur.

4. Un cylindre droit ou oblique étant égal à un parallélépipède qui a une base égale et la même hauteur, il est évident qu'un cylindre

droit ou oblique a pour mesure le produit de
sa base par sa hauteur.

5. Une pyramide triangulaire étant égale au
tiers d'un prisme de même base et de même
hauteur, il est évident qu'une pyramide triangulaire quelconque a pour mesure le produit de
sa base par le tiers de sa hauteur.

6. Une pyramide quelconque pouvant être
partagée en pyramides triangulaires de même
hauteur, et chacune de ces pyramides triangulaires ayant pour mesure le produit de sa base
par le tiers de sa hauteur, il est évident que la
pyramide totale aura pour mesure le produit de
sa base totale par le tiers de sa hauteur.

7. Un solide quelconque terminé par des
surfaces planes pouvant se partager en pyramides, il est évident que la mesure d'un solide
quelconque terminé par des surfaces planes sera
égale à la somme des produits de la base de chacune de ces pyramides par le tiers de sa hauteur.

8. Un cône droit ou oblique étant égal au
tiers d'un cylindre de même base et de même
hauteur, il est évident qu'un cône quelconque
a pour mesure le produit de sa base par le tiers
de sa hauteur.

9. Une sphère étant égale à une pyramide
qui a une base égale à la surface de la sphère et

pour hauteur le rayon de cette même sphère, il est évident que la sphère a pour mesure le produit de sa surface par le tiers de son rayon.

10. Un secteur sphérique étant égal à une pyramide qui a une base égale à la surface sphérique de ce secteur et pour hauteur une droite égale au rayon de la sphère, il est évident qu'un secteur sphérique est égal au produit de sa surface sphérique par le tiers de son rayon.

FIN DU SUPPLÉMENT.

NOTES.

Cette définition d'Euclide a paru insignifiante à plusieurs géomètres; pour en comprendre le sens, comparons une ligne droite avec une autre ligne qui ait les mêmes extrémités. Soit pour cet effet la droite AFGE (fig. 240) et la ligne ABCDE.

La ligne AB est également placée entre ses points A et B, c'est-à-dire qu'elle ne s'avance ni vers la droite ni vers la gauche, qu'elle ne va ni en haut ni en bas; il en est de même de la ligne BC; mais il n'en est pas de même de la ligne ABC, car cette ligne s'avance vers B. La ligne CDE n'est pas également placée entre ses points C et E, car elle s'avance vers D : donc la ligne ABCDE n'est pas également placée entre ses points A, B, C, E, car elle s'avance tantôt vers un endroit, tantôt vers un autre. La ligne AGHE est au contraire également placée entre ses points A et F, F et G, G et E, A et G, F et E, A et E, car elle ne s'avance jamais vers aucun côté.

Selon Archimède, la ligne droite est la plus courte des lignes qui ont les mêmes extrémités.

Selon Platon, la ligne droite est celle dont les extrémités sont ombragées par les points intermédiaires. Ne pourroit-on pas dire que la ligne droite est celle qui peut tourner sur ses extrémités immobiles sans changer de place?

LIVRE I. — DÉFINITION VII.

Cette définition est analogue à celle de la ligne droite et peut par conséquent être expliquée d'une manière analogue.

Selon Héron, la superficie plane est celle sur toutes les parties de laquelle on peut appliquer une ligne droite.

LIVRE I. — DÉFINITION XXXIII.

Cette définition renferme une condition superflue ; car si les côtés opposés d'un quadrilatère sont égaux, les angles opposés sont nécessairement égaux. (*Robert Simson.*)

LIVRE I. — AXIÔME VIII.

Cet axiôme veut dire que les lignes, que les surfaces qui s'appliquent exactement les unes sur les autres sont égales ; que les angles dont les côtés s'appliquent exactement les uns sur les autres sont égaux, et que deux solides sont égaux lorsque les faces de l'un s'appliquent exactement sur les faces de l'autre. Si l'on disoit que les choses qui *s'appliquent exactement les unes sur les autres sont égales*, on ne pourroit point se servir de cet axiôme, lorsque l'on voudroit conclure que deux solides dont les faces s'appliquent exactement les unes sur les autres, sont égaux entr'eux.

LIVRE I. — PROPOSITION VII.

Cette proposition a deux cas, car il peut arriver que le point D tombe dans le triangle ABC. Robert Simson démontre le second cas ; mais cela étoit inutile, car le second cas est compris implicitement dans la proposition xxi du même livre, où Euclide démontre que les deux droites BD, DC sont plus courtes que les droites BA, AC; car il est évident que si les deux droites BD, DC sont plus courtes que les deux droites BA, AC, les deux droites BD, DC ne seront point égales aux deux droites BA, AC, chacune à chacune.

LIVRE I. — PROPOSITION XXIV, *pag. 38, lig. 4.*

Car puisque, &c. *lisez* que parmi les droites DE, DF la droite DE soit celle qui n'est pas plus grande que la droite DF. Puisque, &c. (*Robert Simson*).

LIVRE I. — PROPOSITION XXXV.

Robert Simson remarque que cette proposition a trois cas, et qu'Euclide ne démontre que le cas où le point E tombe entre le point D et le point F.

Les deux autres cas ont lieu lorsque le point E (fig. 241) tombe sur le point D et lorsque le point E tombe entre le point A et le point D (fig. 242). Voici comment on peut démontrer ces deux autres cas :

Après avoir démontré, pour le second cas, que le triangle ABD (fig. 241) est égal au triangle DCF, et après avoir ajouté à chacun de ces deux triangles égaux le triangle BCD, on conclura que le parallélogramme ABCD sera égal au parallélogramme BCFD.

Après avoir démontré, pour le troisième cas, que le triangle ABE (fig. 242) est égal au triangle DCE, et après avoir ajouté à chacun de ces deux triangles égaux le quadrilatère BCDE, on conclura que le parallélogramme ABCD sera égal au parallélogramme BCFE.

LIVRE IV. — COROLLAIRE DE LA PROPO-
SITION XXV, *pag. 206, lig. 11.*

Hexagone, *lisez* hexagone équilatéral et équiangle.
(*Robert Simson*).

LIVRE VI. — DÉFINITION II.

Robert Simsom trouve cette définition obscure et
la remplace par la suivante :

« Les figures, les triangles et les parallélogrammes,
par exemple, sont réciproques lorsque les côtés qui comprennent deux angles sont proportionnels, de manière qu'un côté de la première figure est à un côté de
la seconde comme un autre côté de la seconde est à un
autre côté de la première ». Je donne la préférence à
la définition d'Euclide, mais j'approuve la définition
de Robert Simson comme explication.

LIVRE VI. — DÉFINITION V.

Euclide entend par la quantité d'une raison le quo-
tient qui résulte de la division de l'antécédent par son
conséquent : d'où il suit que la quantité d'une raison
peut toujours être représentée par une fraction dont le
numérateur est l'antécédent de la raison et dont le dé-
nominateur en est le conséquent.

Soient les raisons suivantes, $a:b$, $c:d$, $e:f$. Les
quantités de ces raisons sont les fractions $\frac{a}{b}$, $\frac{c}{d}$, $\frac{e}{f}$ dont
le produit est la fraction $\frac{ace}{bdf}$ ou la raison $ace:bdf$
qui est une raison composée des raisons $a:b$, $c:d$, $e:f$.

Il est évident que l'antécédent ace de la raison composée est égal au produit de tous les antécédens des

raisons composantes, et que le conséquent $b\,d\,f$ de la raison composée est égal au produit de tous les conséquens des raisons composantes; d'où il suit qu'on pourroit énoncer la définition vᵉ de la manière suivante :

Une raison composée de raisons est celle dont l'antécédent est égal au produit de tous les antécédens des raisons composantes et dont le conséquent est égal au produit de tous les conséquens des raisons composantes.

LIVRE XI. — DÉFINITION X.

Cette définition n'est pas proprement une définition, mais bien un théorème qu'il faut démontrer. Je donnerai la démonstration de cette définition dans le cas où les angles solides ne sont pas compris par plus de trois angles plans; je ne démontrerai que ce cas, parce que dans toutes les démonstrations qui sont appuyées sur cette définition, il n'est pas question d'un seul solide dont les angles solides soient compris par plus de trois angles plans.

Robert Simson soutient que la définition x n'est pas vraie dans tous les cas, et que par conséquent un grand nombre de démonstrations du xiᵉ Livre et plusieurs démonstrations du Livre xii ont un fondement ruineux; en conséquence il supprime cette définition et la remplace par trois théorêmes, qu'il met à la suite de la proposition xxii.

Pour démontrer que la définition x est fausse dans certains cas, Robert Simson suppose deux solides qui ont le même nombre de faces semblables et égales, mais dont l'un a un angle solide rentrant, tandis que tous les angles solides de l'autre sont saillans. Mais

2

n'est-il pas évident qu'Euclide n'avoit en vue que les solides qui n'ont point d'angles rentrans? Etoit-il nécessaire de l'énoncer d'une manière expresse? Cette définition est vraie dans tous les cas, lorsque les angles solides sont saillans. *Voyez* les notes qui sont à la suite des Elémens de Géométrie de A. M. Legendre.

Le théorême que Robert Simson met à la place de cette définition est exprimé ainsi : « Les solides qui sont contenus dans des plans semblables, égaux en nombre et en grandeur et semblablement posés, et dont les angles solides ne sont pas contenus par plus de trois angles plans, sont égaux et semblables entre eux ».

Ce théorême renferme une condition superflue; de cela seul que deux solides sont terminés par le même nombre de faces égales et semblables, les faces de ces solides sont également posées dans chaque solide; c'est comme si l'on disoit que les triangles qui sont terminés par des droites égales et semblablement posées sont égaux et semblables.

Le théorême de Robert Simson a deux cas; car une face du premier solide étant appliquée exactement sur la face homologue du second, il peut arriver que les autres faces du premier solide s'appliquent exactement sur les autres faces du second solide, et il peut arriver aussi que le premier solide soit placé hors du second. Robert Simson ne démontre que le premier cas, et il ne parle pas du second, qui sert de base aux démonstrations XXVIII et XL du XIe Livre et aux démonstrations III et IV du XIIe Livre : donc toutes ces démonstrations ont véritablement un fondement ruineux par le moyen des corrections de Robert Simson (1).

LIVRE XI. — PROPOSITION XV, *pag. 309, lig. 1.*

Après cette phrase, « et puisque BA est parallèle à la droite GH », Robert Simson veut qu'on ajoute : « car chacune de ces deux droites est parallèle à la droite ED qui n'est pas dans le même plan que ces droites ».

---

(1) Etonné que les Géomètres aient cru pendant treize siècles que la définition x étoit vraie, Robert Simson s'écrie, pag. 388 : Quid autem dicendum, si hæc propositio non vera sit? Nonne confitendum est Geometras per mille tercentos annos in hâc re elementari deceptos fuisse? Et ex hoc quidam modestiam discere debemus, atque agnoscere quam parum nobis cavere possumus, quæ est mentis humanæ imbecillitas, ne in errores incidamus etiam in principiis scientiarum quæ inter maxime certas merito æstimantur.

Mais que devons-nous dire si cette proposition n'est pas vraie? Ne devons-nous pas avouer que les Géomètres ont été dans l'erreur pendant treize siècles au sujet de cette proposition élémentaire? Que cela nous apprenne à être modestes et à reconnoître combien il nous est difficile d'être toujours sur nos gardes, et combien notre esprit est foible, puisque nous ne pouvons pas même nous garantir de l'erreur dans les principes des sciences qui passent avec raison pour les plus certaines.

N. B. Les propositions suivantes, qui sont la démonstration de la définition x, doivent être mises après la proposition xxii.

PROPOSITION *A.*

*Si deux angles solides sont compris chacun par trois
angles plans, et si les angles plans du premier sont
égaux aux angles plans du second, chacun à chacun,
les plans des angles égaux seront également inclinés
les uns sur les autres dans les deux solides.*

Soient les deux angles solides A et A' (fig. 243); que
l'angle solide A soit compris par les trois angles plans
BAC, CAD, DAB; que l'angle solide A' soit compris par les trois angles plans B'A'C', C'A'D', D'A'B';
que l'angle BAC soit égal à l'angle B'A'C', l'angle CAD
égal à l'angle C'A'D' et l'angle DAB égal à l'angle
D'A'B' : je dis que les plans des angles égaux sont
également inclinés les uns sur les autres dans les deux
angles solides.

D'un point quelconque B de la droite AB menez
dans le plan BAD la droite BD perpendiculaire sur
la droite AB; du même point B menez dans le plan
BAC la droite BC perpendiculaire sur la droite AB;
joignez les points C, D : faites la droite A'B' égale à la
droite AB, et du point B' menez dans le plan A'B'D'
la droite B'D' perpendiculaire sur la droite A'B', et
dans le plan B'A'C' la droite B'C' perpendiculaire
sur la droite A'B'; joignez les points C', D'. La droite
AB étant égale à la droite A'B', l'angle BAD égal à
l'angle B'A'D', et l'angle ABD étant droit ainsi que
l'angle A'B'D', les triangles ABD, A'B'D' seront

égaux : donc la droite BD est égale à la droite B′D′ et la droite AD égale à la droite A′D′. La droite BC est égale à la droite B′C′ et la droite AC égale à la droite A′C′, par la même raison. Mais l'angle CAD est égal à l'angle C′A′D′, la droite AC égale à la droite A′C′ et la droite AD égale à la droite A′D′ : donc le triangle CAD est égal au triangle C′A′D′ : donc les deux triangles BCD, B′C′D′ ont leurs côtés égaux chacun à chacun : donc ces deux triangles ont aussi leurs angles égaux chacun à chacun : donc l'angle CBD est égal à l'angle C′B′D′ : donc l'inclinaison du plan CBA sur le plan DBA est égale à l'inclinaison du plan C′B′A′ sur le plan D′B′A′. On démontrera de la même manière, que les plans des autres angles égaux sont également inclinés les uns sur les autres dans ces deux angles solides.

Donc si deux angles solides sont compris chacun par trois angles plans, et si les angles plans du premier sont égaux aux angles plans du second, chacun à chacun, les plans des angles égaux seront également inclinés les uns sur les autres dans les deux solides ; ce qu'il falloit démontrer.

PROPOSITION B.

Si deux angles solides sont compris chacun par trois angles plans, et si les angles plans du premier sont égaux aux angles plans du second, chacun à chacun, ces angles solides seront égaux entr'eux.

Soient les angles solides A, A′ ; que les angles plans BAC, CAD, DAB de l'angle solide A soient égaux aux angles plans B′A′C′, C′A′D′, D′A′B′ de l'angle

4

solide A′, chacun à chacun : je dis que l'angle solide A
sera égal à l'angle solide A′.

Appliquons exactement l'angle BAD sur son égal
B′A′D′, il peut arriver que les autres angles plans qui
sont égaux dans les deux angles solides A, A′ soient
placés des mêmes côtés ou ne soient pas placés des
mêmes côtés. Supposons d'abord que l'angle BAD
étant appliqué exactement sur son égal B′A′D′, les
autres angles plans qui sont égaux dans les deux angles
solides A, A′ soient placés des mêmes côtés. Puisque
l'inclinaison du plan de l'angle BAC sur le plan de
l'angle BAD est égale à l'inclinaison du plan de l'angle
B′A′C′ sur le plan de l'angle B′A′D′ (pr. *A*), le plan
de l'angle BAC s'appliquera exactement sur le plan de
l'angle B′A′C′ ; mais l'angle BAC est égal à l'angle
B′A′C′ : donc la droite AC s'applique exactement sur
la droite A′C′ ; mais la droite AD est appliquée sur la
droite A′D′ et la droite AC sur la droite A′C′ : donc
l'angle plan DAC s'applique exactement sur l'angle
plan D′A′C′ : donc les trois angles plans de l'angle
solide A s'appliquent exactement sur les trois angles
plans de l'angle solide A′ : donc les angles solides A
et A′ sont égaux.

Supposons en second lieu que les angles plans BAD,
dab, qui sont égaux entr'eux, soient appliqués exactement l'un sur l'autre, la droite AB sur la droite *ad* et
la droite AD sur la droite *ab*, et que les autres angles
plans qui sont égaux entr'eux ne soient pas placés des
mêmes côtés ; il est évident, dans cette supposition, que
le plan BAC ne s'appliquera point sur le plan *dac*,
parce que l'inclinaison du plan BAC sur le plan BAD
n'est pas égale à l'inclinaison du plan *dac* sur le plan

dab. Le plan D A C ne s'appliquera point sur le plan *b a c*, par la même raison : donc les angles plans BAD, *dab* étant appliqués exactement l'un sur l'autre, la droite A B sur la droite *a d* et la droite A D sur la droite *a b*, les autres angles plans qui sont égaux dans ces deux angles solides ne s'appliqueront pas les uns sur les autres.

Si l'on plaçoit l'angle plan B A D sur l'angle plan *b a d*, de manière que le point A tombât sur le point *a*, que la droite A B s'appliquât sur la droite *a b*, il est évident que la droite A D s'appliqueroit sur la droite *a d*; mais alors le plan de l'angle BAC auroit la position *b a c'*, et le plan de l'angle CAD auroit la position C'*a d*, de sorte que l'angle solide A seroit placé au-dessous du plan *abd*. D'où je conclus que le principe de super-position ne peut pas être employé pour démontrer l'égalité de deux angles solides qui sont compris chacun par trois angles plans et dont les angles plans du premier sont égaux aux angles plans du second, chacun à chacun, lorsqu'ayant appliqué l'un sur l'autre deux angles plans qui sont égaux, les autres angles égaux de ces angles solides ne sont pas placés des mêmes côtés (1) : donc, dans ce cas, l'on doit se contenter de dire que deux angles solides qui sont compris chacun par trois angles plans et dont les angles plans du premier sont égaux aux angles plans du second sont égaux entr'eux, parce que leurs parties constituantes, leurs angles plans et leurs inclinaisons sont égales de part et d'autre.

---

(1) Les angles solides égaux dont les angles plans ne peuvent point être superposés les uns sur les autres, s'appellent solides symétriques.

Donc si deux angles solides sont compris chacun par trois angles plans, et si les angles plans du premier sont égaux aux angles plans du second, chacun à chacun, ces angles solides sont égaux entr'eux; ce qu'il falloit démontrer.

PROPOSITION C.

Les solides qui sont contenus dans le même nombre de faces égales et semblables entr'elles et dont les angles solides ne sont pas compris par plus de trois angles plans sont égaux et semblables entr'eux.

Soient les solides ABCDEF, A'B'C'D'E'F' (fig. 244) dont les angles solides ne sont pas compris par plus de trois angles plans et que ces solides soient contenus sous le même nombre de faces égales et semblables, c'est-à-dire que les faces ABC, DEF, BD, BE, EC soient semblables et égales aux faces A'B'C', D'E'F', B'D', B'E', E'C' : je dis que ces solides sont égaux et semblables.

Si l'on pose une face quelconque ABC du premier solide sur la face homologue A'B'C' du second, de manière que les côtés de ces faces, qui sont des côtés homologues des faces égales et semblables BD, BE, EC, B'D', B'E', E'C' soient appliqués exactement les uns sur les autres, ces deux solides seront placés du même côté sur le plan A'B'C', où ils seront placés l'un au-dessus et l'autre au-dessous du plan A'B'C' (1).

Supposons d'abord que les deux solides ABCDEF,

_____

(1) Lorsque les solides sont placés l'un au-dessus et l'autre au-dessous du plan A'B'C', ils s'appellent solides symétriques.

A′B′C′D′E′F′ soient placés du même côté sur le plan A′B′C′. Puisque l'inclinaison du plan AF sur le plan ABC est égale à l'inclinaison du plan A′F′ sur le plan A′B′C′ (pr. *A*), la face AF s'appliquera exactement sur la face A′F′ qui lui est semblable et égale. Les autres faces du solide ABCDEF s'appliqueront exactement sur les autres faces des solides A′B′C′D′E′F′, par la même raison : donc ces deux solides seront égaux. Mais les faces homologues sont également inclinées les unes sur les autres dans ces deux solides (pr. *A*) : donc les deux solides ABCDEF, A′B′C′D′E′F′, qui sont contenus dans le même nombre de faces égales et semblables, sont égaux et semblables entr'eux.

Supposons en second lieu que les solides ABCDEF, *abcdef* soient placés l'un au-dessus et l'autre au-dessous du plan *abc;* il est évident que dans ce cas le principe de superposition ne peut pas être employé pour démontrer l'égalité de deux solides qui sont contenus dans le même nombre de faces égales et semblables entr'elles, et dont les angles solides ne sont pas compris par plus de trois angles plans : donc l'on doit se contenter de dire que ces deux solides sont égaux et semblables, parce que leurs parties constituantes, savoir, leurs faces, les inclinaisons de ces faces (pr. *A*), leurs angles solides (pr. *B*), sont parfaitement égales de part et d'autre.

Donc les solides qui sont contenus dans le même nombre de faces égales et semblables entr'elles, et dont les angles solides ne sont pas compris par plus de trois angles plans, sont égaux et semblables entr'eux; ce qu'il falloit démontrer.

LIVRE XI. — PROPOSITION XXVIII, *pag. 341, fig. 9.*

Selon Robert Simson et Clavius, Euclide auroit dû démontrer que les diagonales CF, DE sont parallèles; ce que Robert Simson démontre de la manière suivante :

« Soit le parallélipipède AB (fig. 188) et que les diagonales DE, CF joignent les extrémités des mêmes arêtes; puisque chacune des arêtes CD, FE est parallèle à l'arête GA qui n'est pas dans le même plan, les arêtes CD, FE seront parallèles : donc les diagonales CF, DE sont dans le même plan que les arêtes CD, FE, et sont parallèles entr'elles : je dis, &c.

LIVRE XI. — PROPOSITION XXIX.

Cette proposition a trois cas, et Euclide n'en démontre qu'un seul. En effet, il peut arriver que la droite MH tombe sur la droite GE ou bien entre la droite GE et la droite FD. Pour démontrer ces deux derniers cas, on fera des raisonnemens analogues à ceux qu'on a faits pour démontrer les deux derniers cas de la proposition xxxv du 1er Livre. *Voyez* la note sur cette proposition.

LIVRE XII. — PROPOSITION XVII.

Cette démonstration est incomplète selon Robert Simson et selon moi. Après avoir démontré que le quadrilatère BKSP ne touchera point la surface de la plus petite sphère, Euclide conclud que les faces du polyèdre inscrit ne toucheront point la surface de la plus petite sphère. J'ai complété cette démonstration d'Euclide. *Voyez* la proposition xxvIII du Supplément, le Lemme et le deuxième Corollaire qui suivent cette proposition.

FIN.

DE L'IMPRIMERIE DE CRAPELET.

ERRATA.

L'étoile placée après le second nombre indique qu'il faut compter les lignes en montant, et la figure — veut dire lisez.

pag.	lig.	
1	6*	qui est toute également interposée — qui est également placée
2	5	pleine — plane
2	4	interposée et — placée entre ses lignes
2	13	à — sur
2	1*	les figures — la figure
3	9	interceptée — soutendue
3	9*	*supprimez* ou polygone
4	7	qui — qui a
10	4	et si les deux angles compris entre les côtés égaux de ces deux triangles sont aussi égaux — et si l'angle compris entre les côtés égaux est égal dans les deux triangles
10	18	c'est-à-dire — savoir
11	9*	des — de ces
11	6*	c'est-à-dire l'angle ABC — c'est-à-dire que l'angle ABC sera
11	2*	même correction que 10, 4
14	7*	puisque—puisque la droite
15	11*	et — et s'il
16	3*	et — et qu'il
17	5	les deux angles, &c. — l'angle compris entre les côtés égaux est égal dans les deux triangles
17	2*	s'appliquant — s'appliquoit
18	2*	même correction que 17, 5
19	12	la droite AF. — la droite AF : je dis que l'angle BAC est partagé en deux parties égales par la droite AF
21	8	à — sur
23	7	à — sur
26	6	point—point quelconque
28	3	jusqu'en F—vers le point F
31	14	*supprimez* cependant
32	13	jusqu'au — vers le
33	7*	que cependant elles — qu'elles

pag.	lig.	
33	6*	BDD — BDC
34	2*	*supprimez* cependant
36	1	FD — FK
36	1	FK — FD
36	2	FK — FD
36	13	démontrer. — faire.
38	11	AC — AC égale
38	11*	et l'angle DEG — l'angle DEG sera
48	10	parallèles — droites
50	8	en — vers
50	10	CAD — CAB
52	9	puisque — donc puisque
56	7	égales — égales et parallèles
58	4*	FFD — EFD
60	1	DBC — EBC
64	7	soient — sont
64	5*	*le dernier mot,* KFC—KGC
65	14	triangle — angle
69	9	à — sur
80	6*	GC — la droite GC
85	16	LH — LG
86	7	directement une droite quelconque — une droite qui ait la même direction
87	3*	*idem.*
89	9	au — au double du
96	4	même correction que 86 7,
96	3*	CF — CE
99	2	même correction que 86, 7
101	11	obus angle — obtusangle
101	7*	*idem.*
102	9*	*idem.*
106	10	commun — commun de
111	5	AFB — AEB
112	6*	FF — FE
113	11*	*supprimez* un
125	1	BND — NMD
130	1	ABD — ABC
132	4	et qu'on mène —; menez
136	5	dans une circonférence de — dans un
138	4	FG — FA
141	3	au — sur le
141	13	à — sur

pag. lig.

142	3	une position comme — la même position que
148	12	ligne — droite
155	6*	placés, &c. — placés tous deux au centre ou tous deux à la circonférence
156	2*	*idem.*
157	5	*idem.*
158	8	*idem.*
159	2*	des — de ces
162	6*	les — des
163	2*	*supprimez* on démontre que
167	11	l'angle —; mais l'angle
168	7*	*supprimez* fig. 98
168	1*	conduisez — du point F conduisez
169	3	FG — FA
169	4	AG — FG
169	4	BG — BF
175	6	quarrés — quarrés de
176	1*	la — le
177	8	et — mais
178	8	autour d'une — à une
178	10	autour de — à
178	7*	autour d'un — à un
179	1	autour d'une — à une
179	3	autour de — à
180	12	avec — à
180	15	*idem.*
181	8	*idem.*
181	11	*idem.*
181	10*	*idem.*
181	7*	*idem.*
182	12	mais — et que
182	14	donc —,
182	4*	avec le — au
182	1*	avec — à
184	7*	107 — 109
185	6*	108 — 109*
185	8	autour du — au
186	1	109 — 109**
187	5	cet angle — ce triangle
188	14	autour du — au
189	14	FH — FK
190	1	autour du — au
191	6*	autour d'un — à un
191	4*	autour de — à
192	4	la base — mais la base
192	4*	autour du — au
192	2*	autour d'un — à un
193	14	autour du — au
197	12	au — à ce

198	3	FK — CK
199	6*	GMH — GML
200	11	FE — FL
201	8	KCE — KCF
201	13	*supprimez* un
217	4	FD — CD
217	6	AC — FE
217	7	FE — AC
218	6*	BAC — EGF
218	5*	EGF — BAC
219	11*	puisque — puisque l'angle
226	6	que de même — de même que
228	9	double — triple
231	3*	étant — ayant été
240	3*	es — ces
243	13	*supprimez* (fig. 138)
243	9*	rechange — échange
244	5*	comme — comme le
244	5*	est — est au
246	8	EB — donc EB
248	8	GH — GK
248	9*	FH — FG
249	7*	l'on démontre — l'on a démontré
251	10*	B — C
253	10	NG — NH
254	9*	construites — et construites
257	15	du diamètre — de la diagonale
257	18	*idem.*
259	10*	*idem.*
259	3*	145 — 146
261	7*	du même diamètre — de la même diagonale
262	1	*idem.*
262	4	diamètre — diagonale
262	8	du même diamètre — de la même diagonale
262	5*	*idem.*
263	1	*idem.*
263	9	*supprimez* que lui
264	8	*idem.*
264	13	*idem.*
264	13*	puis — puisque
264	11*	du même diamètre — de la même diagonale
264	10*	diamètre — diagonale
265	2*	du même diamètre — de la même diagonale
265	1*	diamètre — diagonale

pag.	lig.	
266	4*	*supprimez* que lui
267	8	figure — parallélogramme
267	11	les défauts, &c. — et qui est semblable au parallélogramme donné
267	8*	appliqué sur la moitié de la droite AB, les défauts étant semblables, et que le parallélogramme auquel le défaut doit être semblable soit D — qui est appliqué sur la moitié de la droite AB et qui est semblable au parallélogramme donné D
268	11	donné — donnée
268	8*	*supprimez* que lui
268	7*	mais EF est semblable à D : donc — puisque le parallélogramme EF est semblable au parallélogramme D,
271	14	EL — FL
277	3*	ACE — DCE
278	9	seront — seront égaux
280	9	et — et les
280	9	BHF — EHF
280	11	BGL — BGC
300	8	; mais —, et
304	10	à — sur
304	11	*idem.*
304	7*	à l'un et à l'autre — sur l'un et sur l'autre
306	13	DAF — DAE
308	8	avec — à
322	12	je dis — je dis aussi
323	2*	soient — sont
327	15	AL — RL
334	8	parallélipipède — parallélépipède, *et la même correction par-tout.*
335	10	mais trois plans — mais trois plans de ces solides
338	5	FHE — FGE
339	4*	angles solides — angles plans
340	9*	parallélogrammes — parallélogrammes de ces parallélépipèdes
342	6	droites insistentes — arêtes
342	11	*idem.*
343	15	*idem.*
343	5*	*idem.*
344	5*	*idem.*
345	1	*idem.*
345	13	d'abord — supposons d'abord
345	13	droites insistentes — arêtes
348	9	*idem.*
349	2	*idem.*
351	5*	AE — le côté AE
353	3	droites insistentes — arêtes
353	8*	sont — sont réciproquement
354	4	QP — QR
356	5	droites insistentes — arêtes
357	11	*idem.*
357	12	PQ — RQ
359	15	BC — BT
359	18	*idem.*
360	6	droites insistentes — arêtes
362	6	soutendus par — adjacens à
367	5	et — et si
376	9	si — car si
395	9*	ABCEM — ABCDEM
397	6*	. La pyramide —, mais la pyramide
397	1*	mais on — et l'on
400	9	DEFO — DEFH
410	7*	sera — est
430	6*	qui ne touche — dont les faces ne touchent
430	2*	*idem.*
433	1	dans — sur
433	8	et menez —; menez
437	7*	bases — faces
437	6*	donc — donc les faces de
437	5*	touche — touchent
439	6	qui ne touche — dont les faces ne touchent
441	6	*idem.*
448	6	sont — forment des angles
475	9*	G — G'

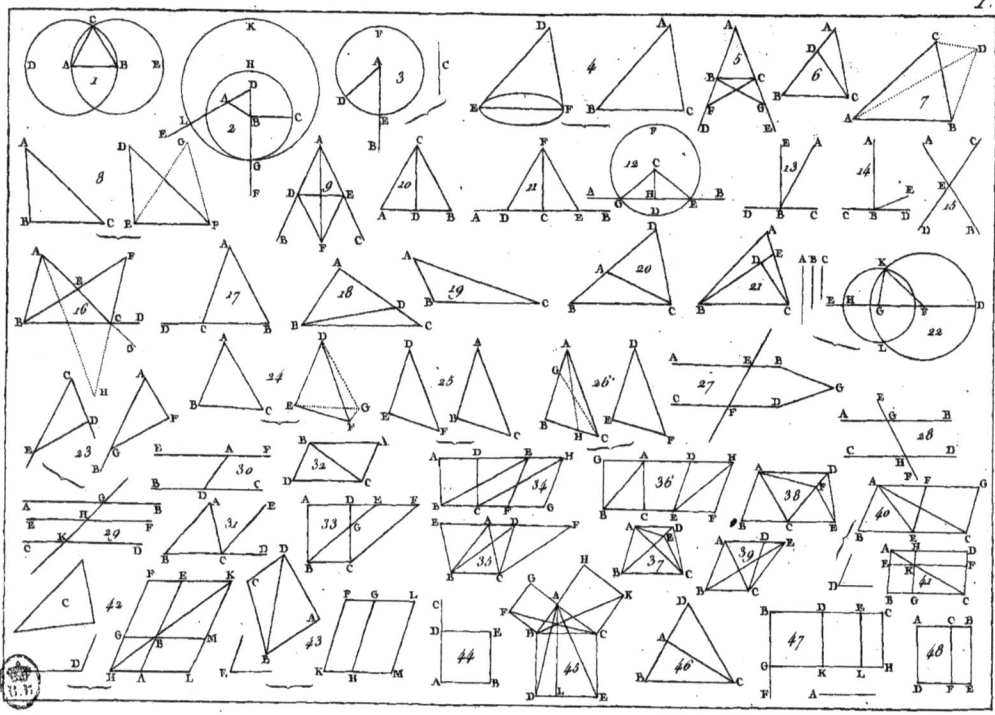

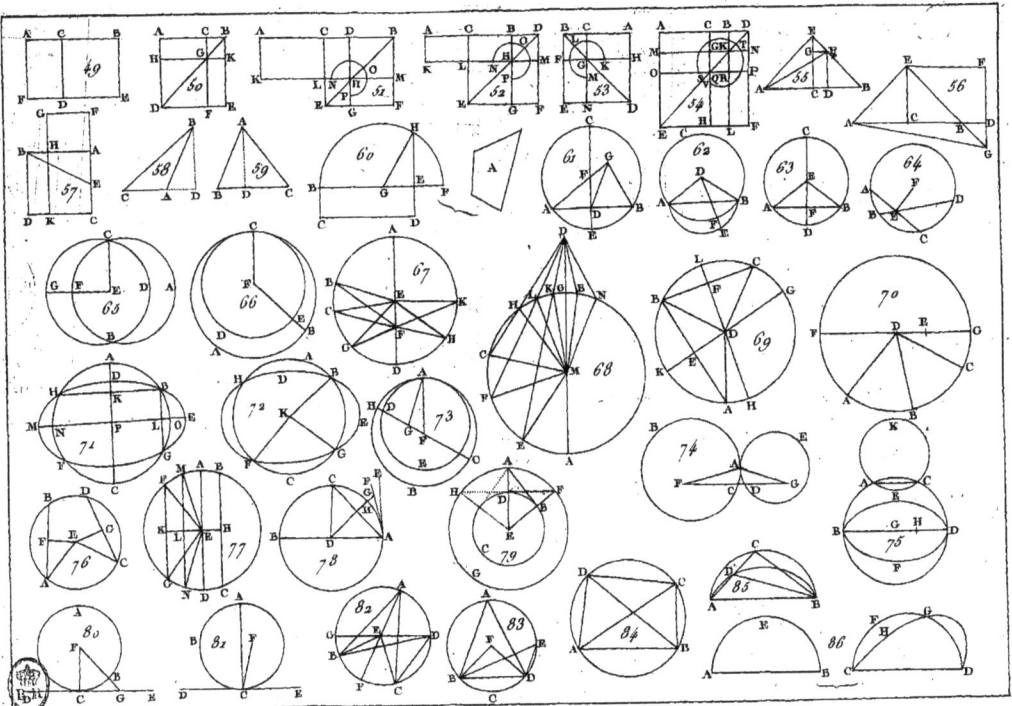

3.

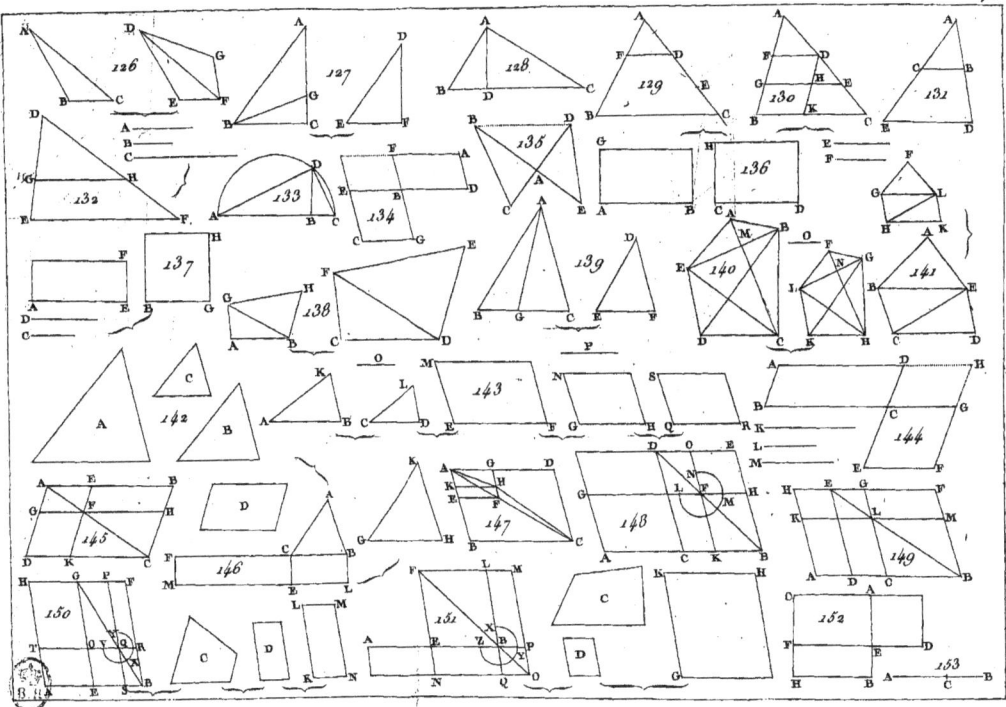

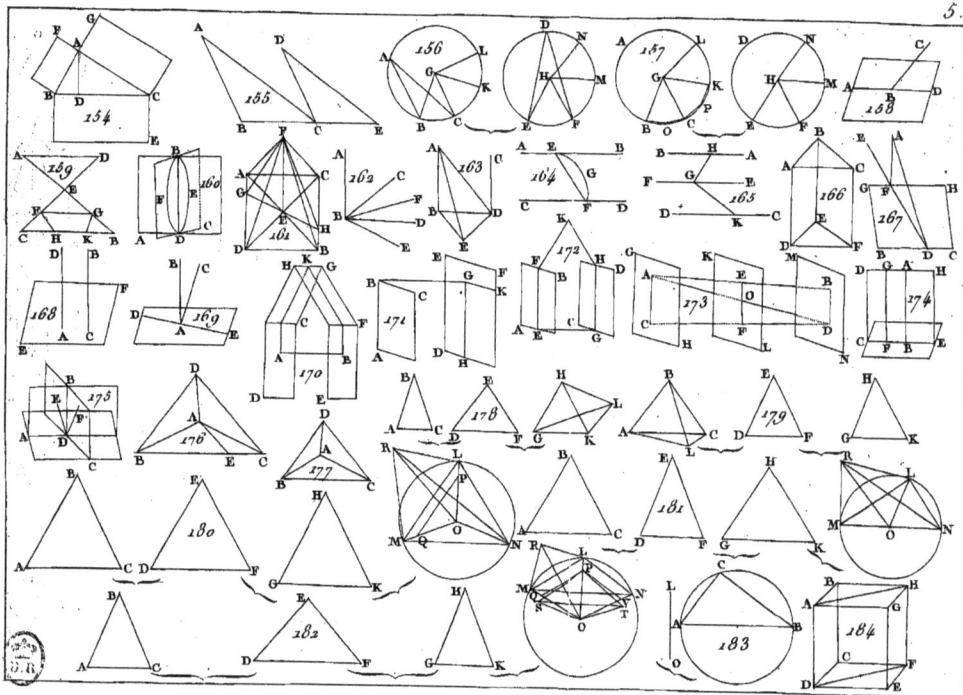

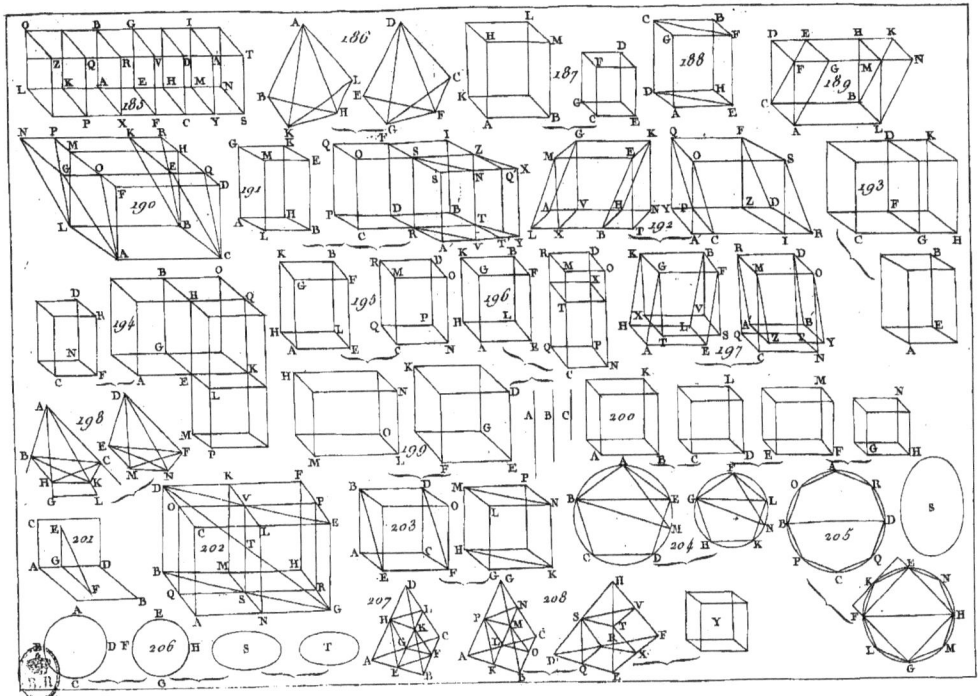

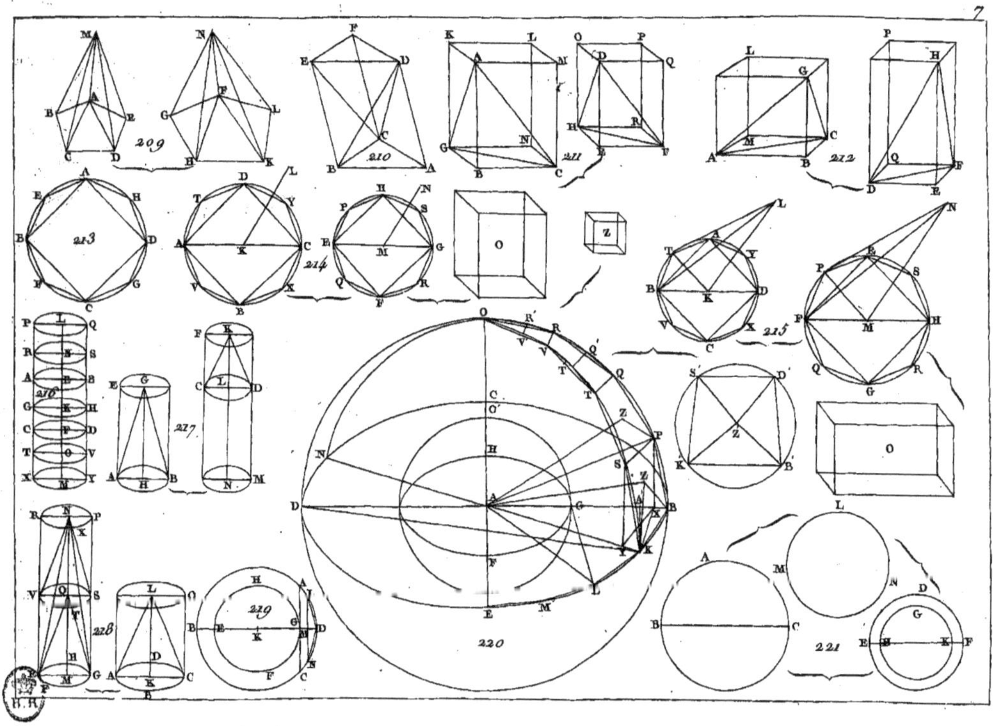
209
210
211
212
213
214
215
216
217
218
219
220
221

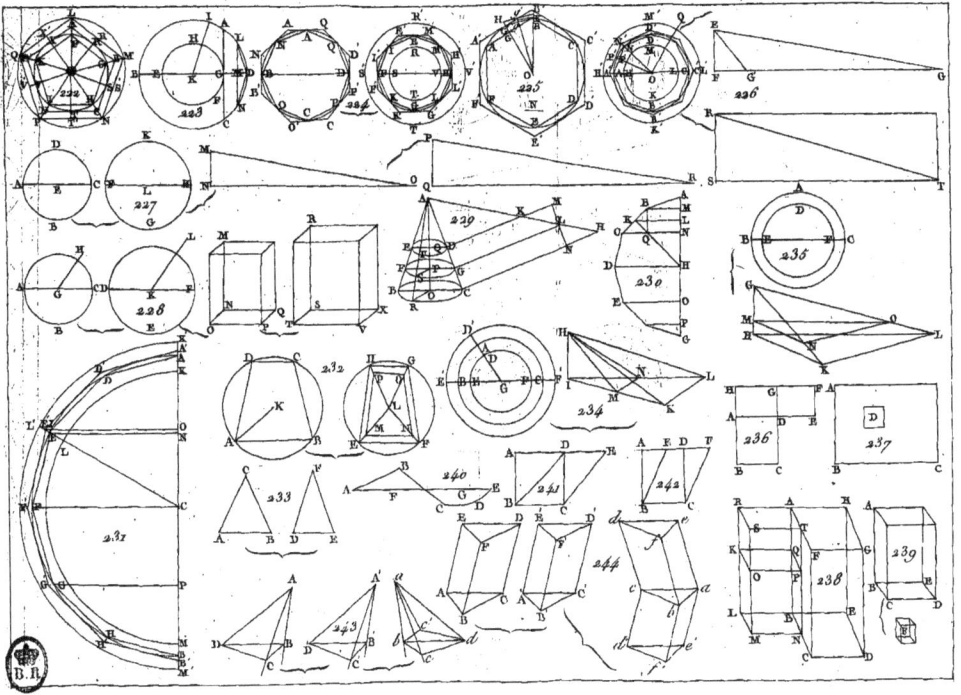

www.ingramcontent.com/pod-product-compliance
Lightning Source LLC
Chambersburg PA
CBHW031723210326
41599CB00018B/2489